최신 피부관리학

(개정판)

김경영, 이은경

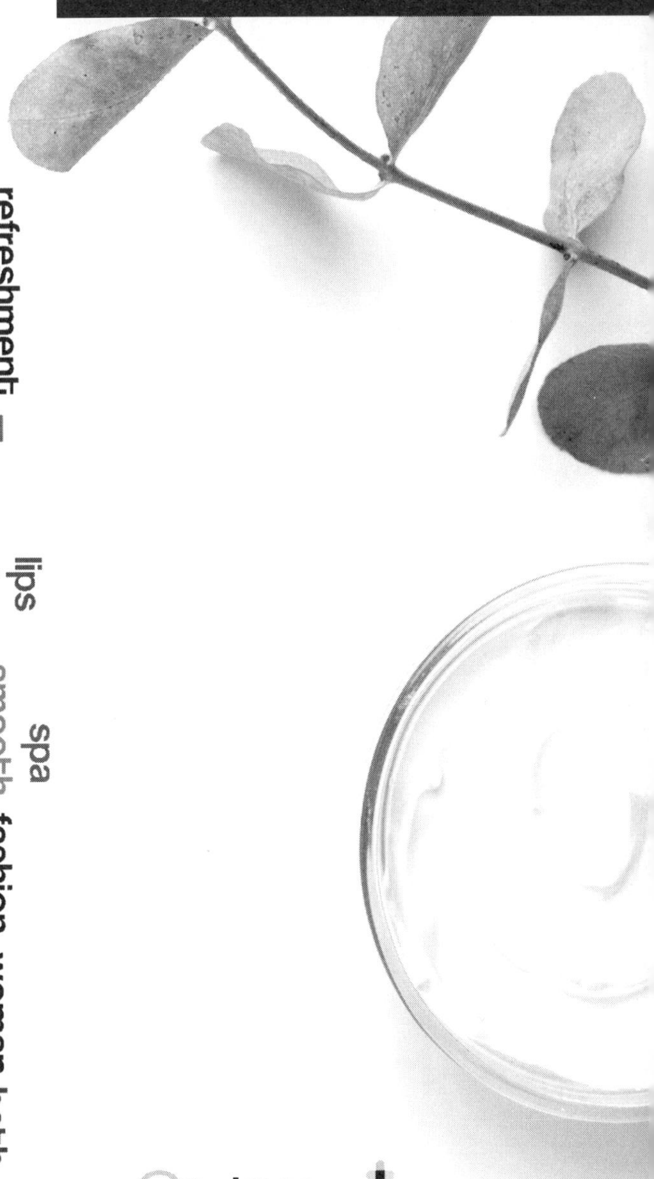

Gadam BOOK & DESIGN PLUS

머리말

피부미용은 단순히 피부를 아름답게 가꾸는 것에서 더 나아가 삶의 질을 나타내는 척도로 여겨지는 시대가 되었다. 전 연령과 전 세대에 걸쳐 피부관리는 지속적인 관심을 보이고 있으며, 이를 반영하듯 다양한 피부관리 관련 상품들이 출시되고 있어 이를 반증하고 있다.

이 책은 피부관리를 처음으로 접해보는 입문자를 위한 실습서로 쉬운 설명과 방법으로 구성하였으며, 기초 피부관리 실습 뿐만 아니라, 기기관리, 아로마테라피, 한국형테라피 등 다양한 테라피를 익히기 위한 실습서로 사용될 것으로 기대한다.

또한 최근 화장품의 영역이 확장되면서 다양한 제형과 기능의 화장품이 등장하고 있어 화장품에 대한 이해를 높이도록 기능성화장품에 중점을 두어 집필하였다.

미흡한 부분이 많고 아쉬운 점도 많으나 계속 수정하고 보완할 예정이며, 이 책이 나오기까지 세심하게 편집하고 교정해주신 가담플러스에 깊은 감사를 드린다.

2023년 3월

저자 일동

Table of
Contents

[최신 피부관리학]

PART 1.

기초 피부관리 실습

Ⅰ. 피부의 구조와 생리

1. 피부의 구조

① 피부 : 표피(epidermis), 진피(dermis), 피하지방층(subcutaneous tissue)

· 표피는 탈락층으로 가장 인체의 외층에 위치하여 인체를 보호한다.

· 진피는 표피와 피하 지방층 사이에 있는 층으로 탄력과 신축성을 결정한다.

· 피하지방층은 피부의 보호 영양소 저장 및 체온조절과 체형을 결정하며 피하지방층 두께는 성별, 나이, 영양 상태에 따라 다르다.

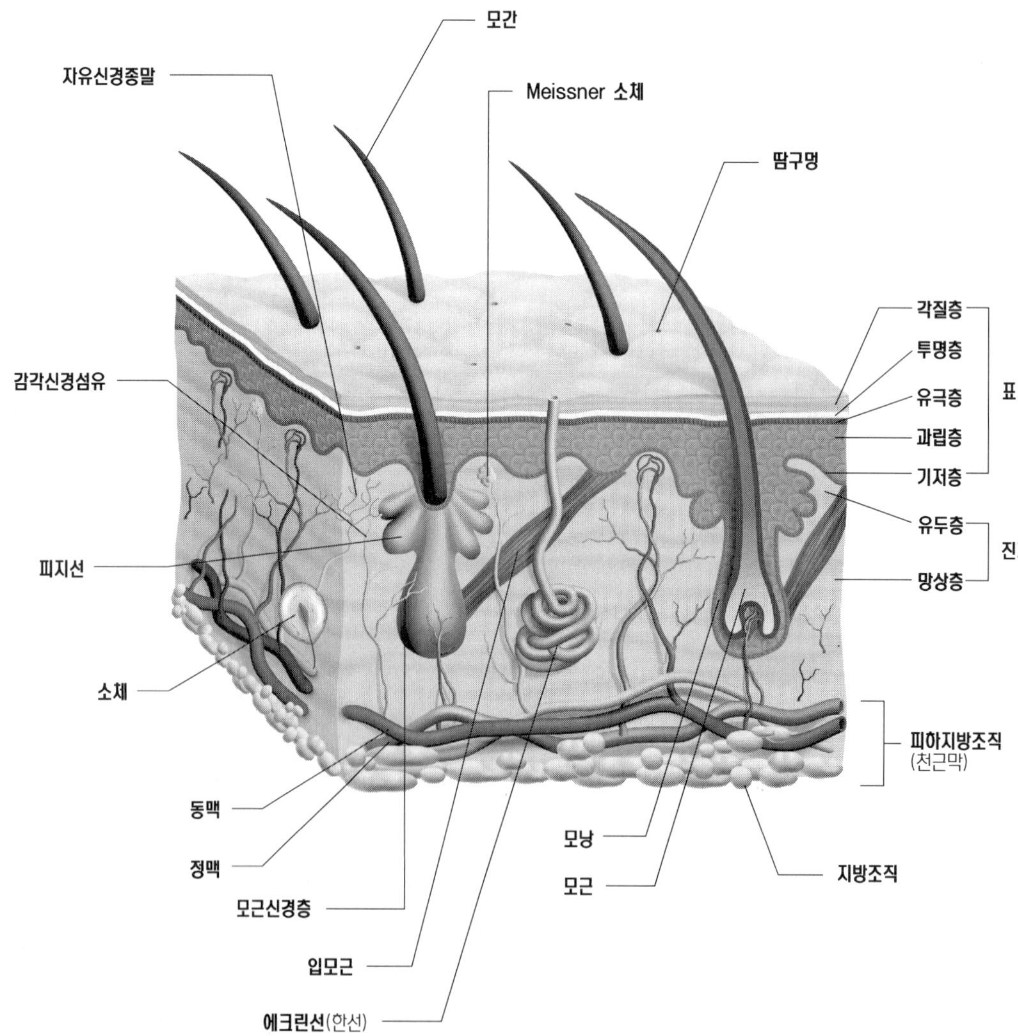

② **면적** : 성인의 경우 평균 약 1.6m^2(여성) ~ 1.8m^2(남성)

③ **두께** : 표피 약 0.1 ~ 0.3mm, 눈꺼풀 0.04mm, 손바닥과 발바닥이 가장 두껍고 고막이나 눈꺼풀이 가장 얇으며 부위에 따라 두께가 다양하다.

④ **무게** : 개인 체중의 약 15~17%

2. 표피의 구조

① 피부의 두께 : 평균적으로 0.1mm ~ 1.4mm

② 피부에는 여러 종류의 세포가 존재하며 세포마다 각기 다른 역할을 수행한다.

③ 피부의 가장 외층에 있으며 무핵층과 유핵층으로 구분한다.

④ 무핵층인 각질층, 투명층, 과립층 과 유핵층인 유극층, 기저층의 5층 구조이다.

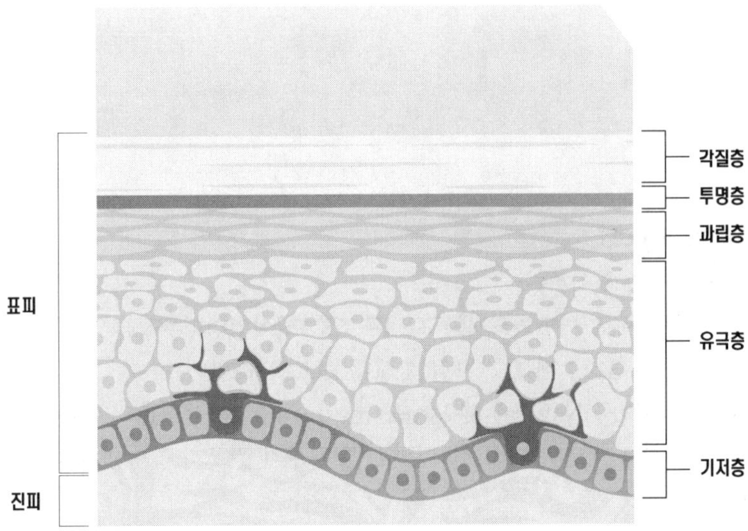

⑤ 각화과정 : 기저층에서 발생하는 세포가 분열되어 변화하면서 수분이 감소되어 각질층에서 각질이 탈락하기까지의 과정을 말하며, 보통 28일 정도 걸리며, 노화과정에 따라 주기는 길어진다.

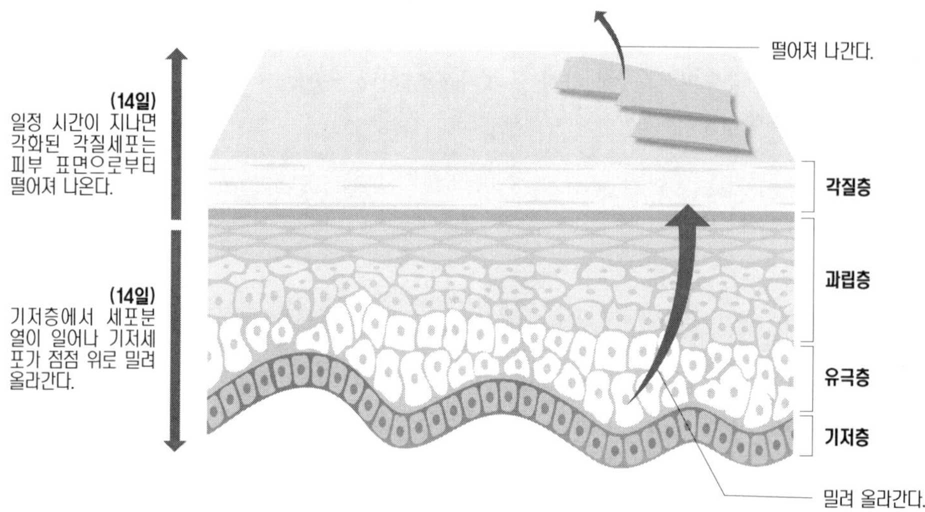

3. 표피층의 분류

(1) 각질층(horny layer)

- 표피의 가장 외측에 위치한다.
- 20개 이상의 무핵으로 라멜라(벽돌 구조)구조로 되어있다. 주성분은 케라틴(딱딱한 단백질), 천연 보습 인자 31%, 세포 간지질11%(주성분: 세라마이드)
- 천연 보습 인자(NMF: Natural Moisturizing Factor)는 각질층의 수분 함량을 결정하며 수분이 10~20%일때 적당하며, 10% 미만이면 피부가 건조하고 예민해지며 잔주름이 발생하기 쉽다.
- 각질은 외부의 자극이나 박테리아 세균으로부터 인체를 보호하고 자외선을 차단하며 지질은 수분 증발을 막고 유해 물질 침투를 막아 주며 각질과 각질 사이를 붙이는 접착제 역할을 한다.
- 각질의 각화 주기(turn over)는 대략 28일이며 기저층에서 각질층까지 이동하는 데 14일이 소요되며 각질층에서 피부를 보호하다 탈락되는 데 14일이 소요된다. 각화주기는 노화가 진행될수록 주기가 늦어질 수 있다.
- 각질은 손바닥, 발바닥이 가장 두껍고 얼굴이 가장 얇다.

(2) 투명층(clear layer)

- 2~3개의 무핵 세포층이다.
- 엘라이딘(무색 투명의 반유동성 물질)을 함유하고 있으며, 빛 차단이나 수분 침투를 방지한다.
- 주로 손바닥, 발바닥에서만 존재한다.

(3) 과립층(granular layer)

- 2~5개 층으로 편평하거나 방추형의 납작한 과립 세포이다.
- 케라토히알린(keratohyalin)이라는 각질 유리 과립이 형성되어 핵을 죽이기 시작하고 수분이 감소하며 각질화 과정이 처음 시작되는 세포층이다.
- 수분 저지막(레인 방어막)은 수분증발을 억제하고 표피의 방어막 역할을 수행한다.
- 수분 함유량이 30% 정도이다.

(4) 유극층(priekle layer)

- 표피에서 가장 두꺼운 층으로 5~10개의 핵을 가지고 있는 살아 있는 유핵 세포이며 돌기를 가지고 있어 가시층 이라고도 한다.
- 물질이 교환되며 세포 간교를 형성하고 세포에 영양을 공급한다.
- 면역 기능을 담당하는 랑게르한스세포가 존재하여 림프구롤 전달하여 유해세균으로부터 우리 몸을 보호한다.
- 수분이 70% 정도이다.

(5) 기저층(basal cell layer)

- 표피의 가장 아래층에 위치하고 원추상의 단층으로 구성되어 있으며 핵이 살아 있는 유핵 세포층이다.
- 각질 형성 세포(keratinocyte) : 멜라닌 형성 세포(melanocyte)가 4:1~10:1의 비율로 구성되어 있다.
- 모세혈관을 통해 영양이 공급되고 기저 세포막이 물질 이동을 통제한다.
- 기저층에 상처가 나면 재생이 어려워져 흉터를 남긴다.
- 세포 분열은 밤 10시~새벽 2시에 가장 활발하다.
- 수분은 70% 정도이다.

4. 표피층의 구성세포

(1) 각질형성세포(keratinocyte)

- 기저층에서 형성되어 각질층으로 이동한다.
- 각화 주기는 약 28일 이다.
- 각질 단백질(keratin)을 만든다.
- 표피를 구성하는 세포의 90% 이상을 차지한다.
- 각질 형성 세포의 10%는 줄기 세포로 존재한다.

(2) 멜라닌세포(melanocyte)

- 멜라닌 형성 세포는 외배엽의 신경 능선에서 유래되고 가시 모양을 하고 있다.
- 기저층에 위치하고 자외선으로부터 진피를 보호한다.
- 자외선에 의해 멜라닌 합성이 자극되면 유극층에서도 관찰된다.
- 표피를 구성하는 세포의 약 4~10%를 차지한다.
- 유전에 의해 멜라닌 과립의 형태와 색상과 크기에 따라 피부색이 결정된다.
- 인종이나 성별에 관계없이 멜라닌 세포의 수는 동일하다.
- 멜라닌의 완성 단계는 멜라닌 소체의 티로신(단백질)이 티로시나아제(단백질 효소)에 의해 산화 도파 → 도파(도파퀴나아제) → 도파퀴논 → 멜라닌 : 유멜라닌(흑색) / 페오멜라닌(적색)

(3) 랑게르한스세포(langerhans cell)

- 유극층에 방추형의 가시 모양의 세포 돌기 모양을 하고 있으며, 면역 기능을 담당한다.
- 표피의 세포의 약 2~8%를 차지하며 16일의 주기를 가지고 있다.
- 표피와 진피 구강 점막, 식도, 질등 중층 편평 상피, 모낭, 한선, 피지선, 림프절 등에서도 분포한다.
- 외부의 이물질이나 박테리아 특히 외부의 항원을 면역 담당인 림프구로 전달하는 항원 전달 세포로 항원이 감지되면 세포성 면역을 유발하게 한다.

(4) 머켈세포(merkel cell)

- 감각 신경 세포이며 기저층에 존재하고 촉각을 감지하는 촉각 세포로 신경 자극을 뇌에 전달하는 역할을 한다.
- 털이 있는 피부뿐 아니라 털이 없는 손바닥, 발바닥, 입술, 코 부위, 생식기 등에 존재한다.

5. 진피(Dermis)의 구조

(1) 진피의 구조

진피층은 유두층, 망상층으로 구분되어 있으며, 피부 전체의 90% 이상을 차지하고 있는 실질적인 피부이다.

1) 유두층(papillary layer)

- 표피의 기저층 밑에 위치, 유두 모양의 돌기를 형성한다.
- 표피의 기저층과 붙어 있는 작은 원추형의 돌기로서 유두 모양(물결 모양)을 하고 있으며 유두층의 수분은 피부의 팽창과 탄력에 영향을 미친다.
- 전체 진피의 약 10~20%를 차지한다.
- 손상을 입으면 흉터를 발생시킨다.
- 혈관성 유두와 신경성 유두로 분포하고 기저층으로 영양을 공급하는 역할을 한다. 모세혈관, 신경, 림프관 등이 많이 분포되어 있다.
- 혈액 순환과 림프 순환 등의 물질 교환을 한다.
- 신경 전달 기능과 감각 기관인 촉각과 통각이 위치해 있다.
- 세포의 대사 활동 능력에 따라 피부 표면의 매끄러움, 탄력, 긴장을 줄 수 있다.

2) 망상층(reticular layer)

- 진피의 유두층 바로 밑에 위치, 교원 섬유와 탄력 섬유의 결합조직이다.
- 단단하고 불규칙한 그물 모양의 결합 조직이다.
- 교원 섬유와 탄력 섬유가 매우 치밀하게 결합되어 있으며 탄력 섬유는 모구, 한선, 피지선에 피막을 형성한다.
- 진피의 약 80 ~ 90%를 차지하며 피부의 유연성 조절을 한다.
- 섬유 세포들은 일정한 반향성을 가지고 있다.(랑게르선 : langer line).
- 망상층은 탄력과 팽창성이 높지만 너무 비만하거나 임산부처럼 갑자기 피부가 늘어나면 살이 트기고 한다.
- 콜라겐 : 피부의 주름과 관련이 깊다.
- 엘라스틴(탄력 섬유): 피부의 탄력 즉 스프링 역할을 한다.
- 무코다당류(히알루론산): 친수성을 가진 점액 다당질로 수분을 많이 보유한다.

(2) 진피의 역할

① 피부의 부속 기관인 한선, 피지선, 신경, 림프관, 모발과 혈관, 지각 신경, 입모근 등이 존재한다.

② 지각 신경과 자율 신경이 분포하며, 감각을 수용하고 표피와 상호 작용하여 피부를 재생하는데 기여한다.

③ 유해균 침입 시 모세혈관에서 백혈구에 의한 식균 작용을 한다.

④ 진피의 구성 세포는 섬유 아세포(콜라겐, 엘라스틴, 뮤코 다당류)와 비만 세포, 대식세포 등으로 구성되어 있으며 피부의 윤기와 탄력을 유지하는 역할을 한다.

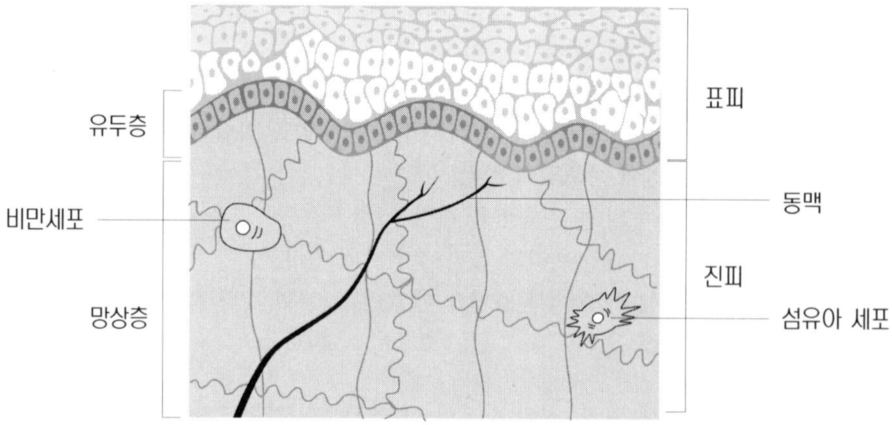

[진피의 구성세포와 섬유]

(3) 진피의 구성물질

1) 교원섬유(collagen fiber, 콜라겐)

- 진피의 90% 구성 섬유 단백질인 교원질로 구성되어 있다.
- 백섬유조직으로 끓이면 젤라틴화된다.
- 섬유조직은 장력과 물리적 외력 생리적, 화학적 자극에 저항력을 가지고 있으며 나이가 들면 섬유조직이 늘어나 피부에 주름을 생성하여 노화를 촉진한다.
- 콜라겐은 피부와 연골 힘줄 등을 구성하는 요소로 2/3를 차지하며, 단백질과 다당류의 유기 화합물로 구성된다.
- 콜라겐은 세포와 세포를 연결하는 접착제와 생리 기능에 도움을 주지만 과다하게 생성되어 질병을 발생시키기도 한다.

2) 탄력섬유(elastin fiber, 엘라스틴)

- 탄력이 강한 섬유 단백질로 교원 섬유 비해 길이가 짧고 가늘다.
- 신축성이 좋아 1.5배까지 늘어나 피부에 탄력을 준다.
- 황색을 띠며 각종 화학 약품에 저항성이 강하다.
- 진피의 약 2~5%를 차지한다.
- 30~40세 탄력 섬유가 감소되며 주름이 생성되고 수분 보유 능력이 저하되며 섬유의 배열이 흐트러져 탄력이 저하되고 주름이 발생된다.

3) 기질(ground substance, 무코다당류)

- 진피의 섬유와 섬유를 채우는 물질로 히아루론산이 주성분이다.
- 히알루론산은 무자극성으로 보습력이 높다.

※ 피부의 pH

① pH는 수소이온농도(power of hydrogen ion / potential of hydrogen)를 나타낸다.
② pH 0~14 까지 나타내는 수소이온농도 지수는 pH 7이 중성이며 높을수록 알카리성, 낮을수록 산성을 띈다.
③ pH 5.5가 피부에는 가장 이상적인 농도이다.
④ pH가 낮을수록 지성 피부가 될 가능성이 높다.
⑤ pH가 높을수록 건성 피부, 민감 피부가 될 가능성이 높다.

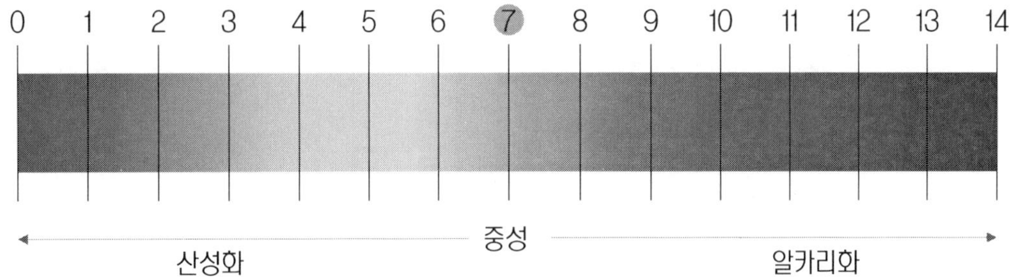

[피부의 pH]

피부는 pH 4.5~6.5로 약산성을 나타내고 있으며, 남성의 경우 pH4.5 ~ 6.0으로 여성보다 낮은 수치를 보이며 여름철에 산성도가 낮아진다.

6. 피하지방층(Subcutaneous tissue)

① 포도송이 모양을 하고 있으며 지방 조직이 대부분을 차지하며 피부의 가장 아래층에 위치한다.

② 느슨한 그물 모양으로 결합 조직이 지방을 저장한다.

③ 열 손실을 막아 체온을 유지한다.

④ 지방 축적의 차이에 따라 체형을 결정짓는다.

⑤ 피하 지방은 수분을 많이 함유하여 체형이 뚱뚱할수록 촉촉한 피부를 보인다.

⑥ 소모가 이루어지지 않은 지방은 피하 지방층에 에너지원으로 저장된다.

⑦ 외부의 충격을 흡수하고 신경이나 혈관 등 내부 기관을 보호한다.

⑧ 손바닥, 발바닥, 구륜근, 안륜근, 귀, 귀두 등에는 지방 조직이 거의 없다.

⑨ 피하 지방층 두께는 복부가 3cm이며 성별이나 연령, 영양 상태, 호르몬 분비기능에 따라 신체 부위에 다르게 축적된다.

⑩ 여성이 남성보다 더 발달되어 있고, 성인보다 소아가 더 발달되어 있다.

⑪ 셀룰라이트는 수분, 지방, 노폐물이 피하 지방층에 과다하게 축적되어 진피층의 결합 조직을 밀고 올라와 오렌지 껍질처럼 울퉁불퉁하게 보이게 하고 아랫배, 허벅지 엉덩이, 팔 바깥쪽, 목뒤 등에 많이 나타나며 과도한 에너지 섭취가 주원인이다.

II. 피부의 부속기관

1. 한선(sweat gland)

(1) 에크린선(ecrine sweat gland, 소한선)

- 입술, 음부, 손톱 등을 제외한 전신의 피부에 분포된 땀샘

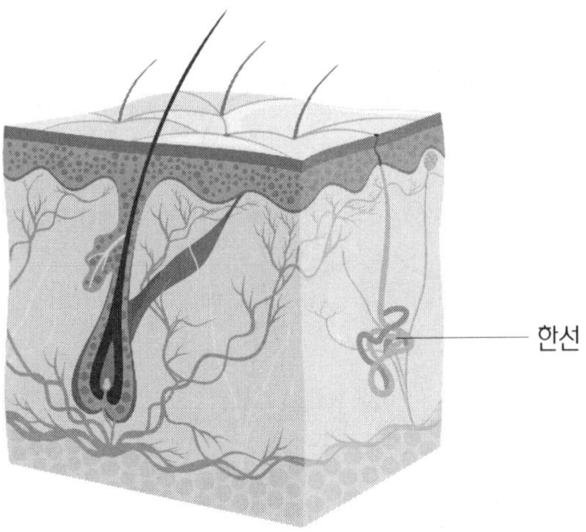

[에크린선의 단면]

(2) 아포크린선(apocrine sweat gland, 대한선)

- 겨드랑이, 외음부 주변, 유두, 배꼽 주위 등에 분포

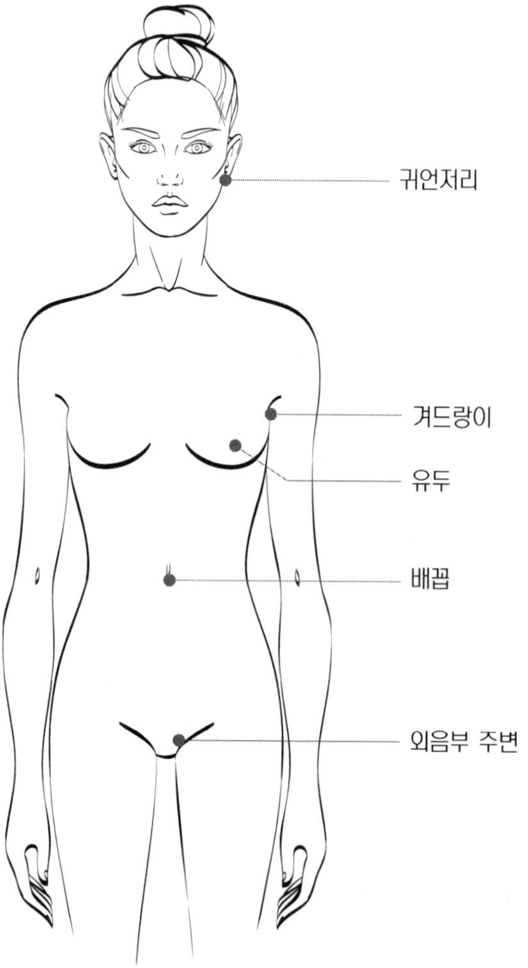

[아포크린선의 분포]

(3) 땀의 이상증상 : 다한증(Hyperhidrosis), 소한증(hypohidrosis)

2. 피지선(sebaceous gland)

(1) 피지선의 구조

- 각 모낭의 부속물로 모낭을 중심으로 3-5개의 주머니가 모낭과 연결되어 있고 모공을 통해 피부표면으로 피지를 분비한다.
- 남성호르몬 안드로겐(androgen)은 피지선을 비대하게 만들어 피지분배를 활성화하며, 여성호르몬 에스트로겐(estrogen)은 피지분비를 억제하는 효과가 있다.
- 사춘기에 성호르몬의 영향으로 피지분비가 많아지며 남성은 80대까지, 여성은 50대까지 분비율이 유지되며 폐경기 여성의 경우 현저히 감소된다.

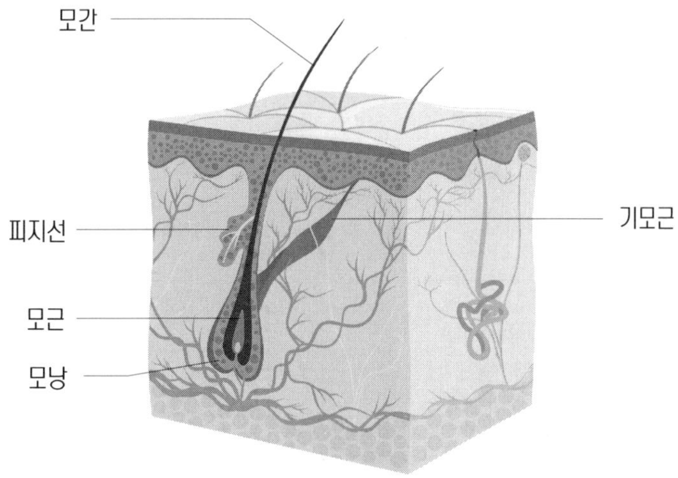

[피지선의 단면]

(2) 피지의 기능

- 여드름을 유발하는 기능을 가진다.
- 피부표면 지질 중에서 각질세포 사이 지질이 피부의 투과장벽에 있어 중요한 기능을 한다.
- 자유지방산은 항균작용(항세균, 항박테리아)이 있다.
- 피지세포는 염증과 관련된 사이토카인(cytokine)을 분비한다.

[피지의 구성성분]

지질의 성분	피지선	표피
Triglyceride	56	41
Free fatty acid	0	14
Wax ester	26	26
Squalene	15	16
cholesterol ester	2	2
cholesterol	1	1

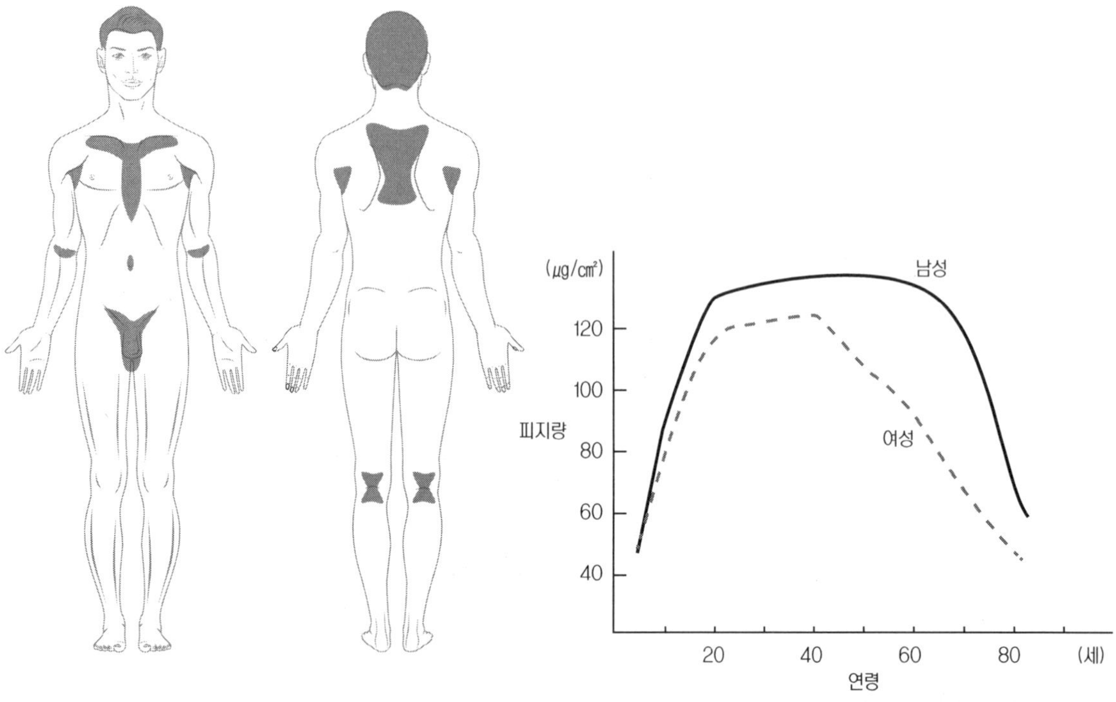

[피지선의 분포와 연령에 따른 피지분비량의 변화]

3. 모발(hair, 털)

(1) 모발의 구성

털은 포유류의 피부 표면에 걸쳐 생기고, 피부 밖으로 나온 부분을 모간, 모낭 속의 부분을 모근이라고 한다. 사람의 손바닥, 발바닥, 입술, 음부를 제외한 모든 피부는 털로 덮여 있으며, 털의 굵기는 인종과 연령, 성별, 부위에 따라 차이가 있다. 모발의 경우는 보통 0.1mm 두께를 가지며 보통 20~50도 각도로 기울어져 있다.

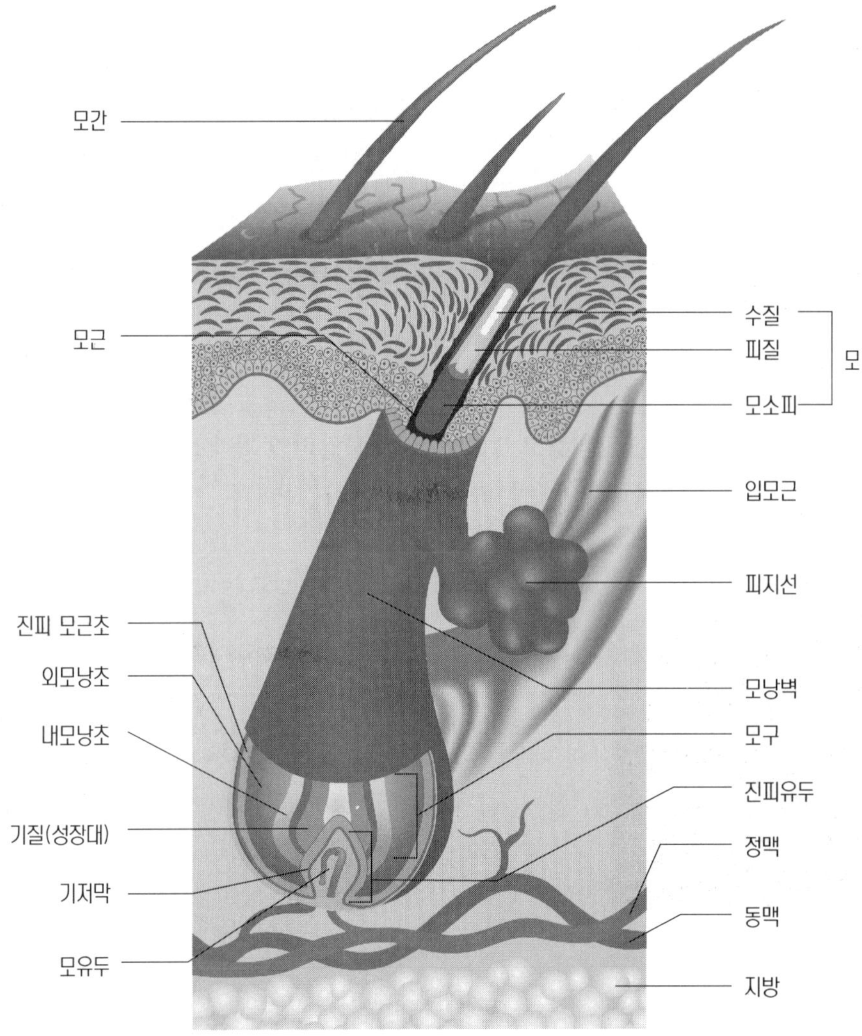

[털의 구성]

1) 털의 구성성분

털의 구성성분은 대부분 케라틴(keratin) 단백질로 구성되어 있으며, 케라틴은 18가지 아미노산으로 구성되어 있다. 이들 아미노산 중 시스틴(cystine)을 다량 함유하고 있어 털을 태우면 나는 냄새의 원인이 되기도 한다.

2) 털의 단면

① 모소피(cuticle)

모소피는 털의 가장 바깥쪽에 위치하여 안쪽의 모피질을 보호하고 있으며, 모표피라고도 한다. 각질화된 세포가 비늘모양으로 서로 겹쳐져 있으며, 역방향으로 쓸면 거칠은 느낌을 나게 한다.

② 모피질(cortex)

모발의 구성 중 가장 두꺼운 부분으로 털이 신축성과 탄력성을 가지도록 하며, 모피질 세포 사이에 멜라닌을 함유하고 있다.

③ 모수질(medulla)

털의 가장 안쪽 중심부에 자리잡고 있으며, 벌집모양의 공기가 드나들도록 느슨한 세포 결합을 보여주는 구조로 갓난아기와 솜털에서 보이지 않는다.

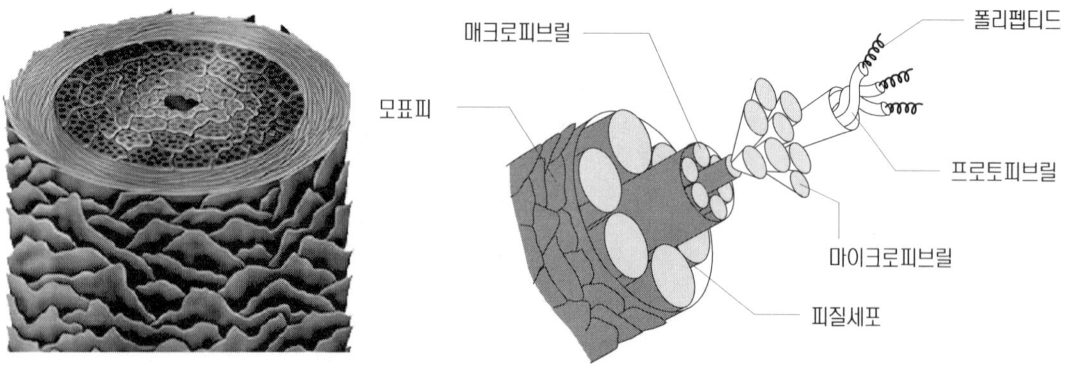

[모발의 구조]

3) 모발의 성장주기

모주기, 헤어싸이클(hair cycle)이라고도 하며, 털이 일정한 시기가 지나면 자연스럽게 빠지고 다시 새로운 털이 나오는 과정을 말한다. 털이 성장을 계속하는 성장기(anagen), 잠시 성장을 멈추는 퇴화기(catagen), 털이 빠져나가는 휴지기(telogen)를 거쳐 다시 성장기로 돌아가게 된다.

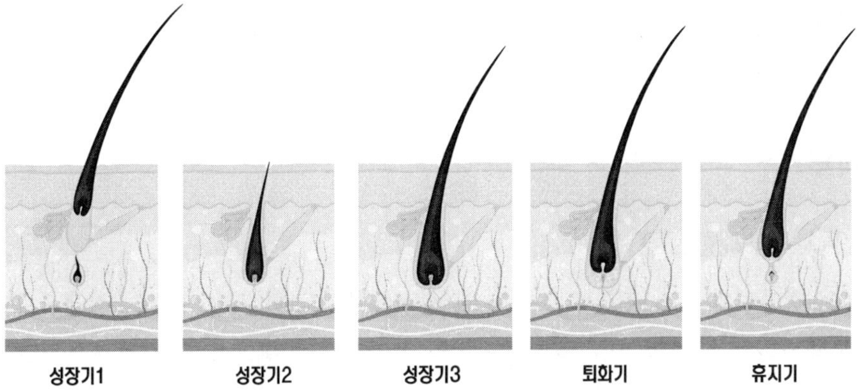

[모발의 생장주기]

Ⅲ. 피부의 생리

1. 피부의 생리적 기능

피부는 외부의 여러 영향으로부터 피부를 보호하고 있으며, 그 외 체온조절, 감각작용, 분비 및 배설, 비타민D형성, 재생작용, 면역작용 등과 같은 다양한 기능을 통해 인체를 항상 일정한 상태로 유지하고 있다.

(1) 보호작용

1) 물리적인 자극에 대한 보호

표피는 케라틴의 여러 층으로 겹쳐서 있어 저항성이 강하고, 진피는 콜라겐과 엘라스틴을 통해 탄력을 유지하며, 외부 충격으로부터 쿠션의 역할을 하며 피부를 보호하고 있다.

2) 화학적 자극에 대한 보호

피부 표면의 피지막의 pH는 4.5~6.5로 약산성을 유지하고 있어 피부에 알칼리 물질이 닿더라고 중화시키는 능력이 있다.

3) 세균침입에 대한 보호

피지막은 약산성을 띠고 있어 세균의 번식을 억제하는 역할을 하고 있다. 지나친 세안으로 피부의 pH가 균형을 잃게 되면 세균의 번식으로 여드름이 생기기도 한다.

4) 태양광선으로부터 보호

피부가 자외선에 자주 노출되면 각질층은 두꺼워지며, 피부표면에 색소침착, 주름을 유발하기도 한다. 따라서 우리 피부는 이러한 자극으로부터 피부를 보호하기 위해 표피의 기저층에서 멜라닌이 생성되어 자외선이 피부 내부로 흡수되는 것을 막아주고 있다.

(2) 체온조절 작용

우리 체온은 항상 36.5도를 유지하고 있다. 외부의 온도가 높아질 때 신체 내부의 열을 외부로 발산하기 위해 모공, 혈관이 확장된다. 외부 온도가 낮을 경우 체내 열의 손실을 막기 위해 모공과 혈관은 수축된다. 이렇듯 항상 일정한 체온을 유지하기 위해 피부표면의 모공과 혈관은 확장과 수축을 통해 체온을 조절하고 있다.

(3) 분비 및 배설

피부는 피지선에서 피지를 분비하고, 한선에서 땀을 분비한다. 체내 대부분의 노폐물은 신장, 폐, 항문 등을 통해 배설되나 일부 적은 양은 땀과 피지를 통해 피부로 분비된다. 땀의 피부표면에 배출되어 체온을 조절하고 피지와 섞여 피부의 수분이 증발하지 않도록 피지막을 만들어 피부를 보호하고 있다.

(4) 저장작용

피부는 섭취한 영영분을 에너지원으로 사용하고 남은 영양물질을 저장하고 있다. 특히 피하지방에는 지방을 10kg 이상 저장하고 있으며, 축적된 지방은 외부의 물리적인 충격으로부터 우리 몸을 보호하는 작용을 하며, 필요할 때 에너지 공급원으로 사용하고 있다.

(5) 감각작용

우리가 감각을 느끼는 것은 피부 감각기관의 신경종말수용기가 있기 때문이다. 전신에는 200~400만개의 신경종말수용기가 존재한다. 이러한 감각기관으로 촉각, 온각, 냉각, 통각, 압각을 느낀다. 피부 $1cm^2$ 당 촉각점 25개, 압점 5~8개, 통각점 100~200개, 온각점 1~2개, 냉각점 12개의 비율로 분포되어 있다.

(6) 비타민D 형성작용

피부내에 존재하는 프로비타민D는 자외선을 받으면 비타민D로 변환된다. 비타민D는 칼슘이 체내로 흡수되는 것을 촉진시켜 뼈를 튼튼하게 하며 골다공증을 예방한다.

2. 피부의 색

(1) 멜라닌(melanin)

피부의 색은 인종, 개인, 신체 부위에 따라 차이를 보이며, 일반적으로 분비되는 멜라닌의 양과 멜라닌 분포위치에 따라 피부색이 달라진다. 피부의 색을 결정짓는 색소는 멜라닌 외 헤모글로빈과 카로틴이 있다.

[피부의 색소]

구 분	색 상	위 치
헤모글로빈	적색	진피의 혈관
멜라닌	흑색	표피의 기저층
카로틴	황색	피하조직

(2) 멜라닌의 생성과정

멜라닌은 기저층의 멜라닌세포에서 만들어지며, 표피층에서 멜라닌세포 주위의 각질형성세포로 이동하여 각질세포와 함께 탈락한다.

멜라닌세포가 자극을 받으면 세포내 함유되어 있는 티로신이라는 아미노산이 티로시나아제라는 효소의 작용으로 도파(Dopa)라는 물질로 변환한다. 도파는 도파오시디아제(Dopaoxidase)라는 효소의 작용으로 도파퀴논(Dopaquinone)이라는 물질로 변한 후 멜라닌이 된다.

(3) 멜라닌의 생성요인

1) 자외선

자외선이 피부내부로 침투하면 멜라닌세포는 이를 자극으로 인식하여 멜라닌을 많이 분비하게 한다. 젊은층은 멜라닌색소가 많이 만들어지더라도 각질층과 함께 탈락하나, 노년층의 경우는 각화작용이 더디게 일어나며 색소가 피부에 쌓여 잡티를 만들게 된다.

2) 호르몬

여성호르몬(에스트로겐)의 증가로 인해 멜라닌색소는 과다하게 분비되면서 피부에 색소를 남기게 된다. 특히 과색소침착 중 기미는 여성호르몬의 분비가 일정하지 않아 발생하는 피부병변이다. 경구피임약을 복용하거나, 갑상선 장애에도 기미와 같은 멜라닌 색소가 많이 만들어질 수 있다고 보고되고 있다.

3) 내장장애

신장 근처에 위치한 부신이라는 장기에서는 뇌하수체에서 분비되는 멜라닌자극호르몬(MSH)의 분비를 억제시켜준다. 부신의 기능이 저하된면 기미가 발생하고, 난소 및 자궁에 질환이 있을 경우나 만성간염이 있을 경우에도 기미가 나타날 수 있다.

4) 스트레스

정신적 스트레스는 멜라닌자극호르몬(MSH)를 자극하여 멜라닌색소를 많이 분비하도록 하여 기미를 만든다.

5) 물리 · 화학적 원인

지난친 박피로 각질을 무리하게 제거해내면 피부가 얇아지며 보호막이 없어진다. 따라서 자외선과 같은 자극에 민감하게 반응하여 멜라닌을 더 많이 만들어내기도 한다. 또한 화장품이나 향수가 햇빛 알르레기를 유발하여 색소를 만드는 경우도 있다.

6) 피부염증

피부염증의 치료가 끝난 후 염증부위에 색소가 남는 경우를 말한다.

(4) 멜라닌 생성저해제

① 피부의 자외선으로부터의 노출방지
② 티로시나제 저해제의 사용
③ 멜라닌 세포에 특이적으로 독성을 나타내는 물질 투여
④ 생성된 멜라닌의 피부외로의 배출 촉진
⑤ 대표적인 멜라닌 생성저해 성분 : 하이드로키논, 비타민 C 및 유도체, 코직산, 알부틴

Ⅳ. 피부의 유형

1. 일반적 피부유형

피부는 사람마다 다른 상태를 보이고 있으나, 일반적인 분류는 유분과 수분의 함량으로 구분하고 있다. 대표적으로 중성피부, 건성피부, 지성피부, 복합성 피부의 4가지 유형의 피부로 구분된다. 4가지 피부유형은 기후나 계절, 수면과 식생활, 스트레스, 장기의 문제 등으로 피부유형이 변화할 수도 있다.

일반적인 4가지 유형의 피부 외에도 특수피부로는 여드름피부, 색소침착피부, 노화피부 등으로 구분하며 피부관리시 주의가 더 필요하다.

(1) 정상피부(중성피부)

피지선과 한선이 정상적인 기능을 하여, 피지량과 수분량의 균형이 맞는 피부타입니다. 24세 이전의 피부로 건강한 피부이나 자칫 관리가 잘못될 경우 다른 피부유형으로 변할 수 있다.

① 유분함량이 정상으로 피부표면이 윤기있고 매끄럽다.
② 땀샘(한선)기능도 정상으로 피부가 촉촉한 상태로 유지된다.
③ 세안 후 당기거나 번들거리지 않는다.
④ 화장이 잘 지워지지 않는다.
⑤ 모공이 작다.
⑥ 피부탄력이 좋다.
⑦ 혈액순환이 좋아 혈색이 좋다.
⑧ 색소침착, 여드름이 없다.

(2) 건성피부

건성피부는 피지선의 기능이 떨어져 피지분비가 적고, 한선의 기능이 저하되어 땀의 분비가 적어 건조해진 피부를 말한다. 각질층의 수분함량이 10% 미만일때를 건성피부라고 한다. 특히 눈주변이나 볼주변이 건조하고 당기는 현상이 심하고, 노화가 진행될수록 피지의 분비가 줄어들어 피지막형성에 어려움이 있어 피부건조는 더 심하게 진행된다.

① 피부표면에 윤기가 없으며 항상 건조하다.

② 모공이 작다.
③ 피지분비가 감소한다.
④ 투명도는 상승한다.
⑤ 보습성은 감소하고, 탄력성은 좋다.
⑥ 잔주름이 생길 경향이 많다.
⑦ 화장이 잘 받지 않고 화장이 뜬다.
⑧ 피부가 당기는 기분이 든다.

(3) 지성피부

지성피부는 피지선의 발달로 피지가 과잉 분비되어 번들거리는 피부를 말한다. 피지가 과잉분비되는 원인은 남성호르몬(안드로겐)의 과다로 알려져 있으며, 남성호르몬은 피지선을 자극하여 많은 양의 피지를 분비시킨다. 그 외 피지분비가 많아지는 경우는 스트레스, 호르몬불균형, 기후, 위장장애, 변비 등이 원인으로 작용할 때이다.

1) 유성 지루피부

① 기름기가 번들거리는 피지가 분비된다.
② T-zone 에 노란색의 피지가 분비된다.
③ 계속적인 피지의 분비로 모공이 열려있고 커져있다.
④ 천연피지막이 파괴되어 감염이 되기 쉽다.
⑤ 면포가 생기기 쉬우며 구진, 농포로 번진다.
⑥ 염증이 있을 경우 누르면 안된다.
⑦ 농포는 고름주머니가 있다.
⑧ 보습도와 탄력성은 대체로 좋다.
⑨ 투명도는 정상이다.

2) 건성 지루피부

① 머리나 얼굴에 각질이나 인설이 보이며, 피지의 과잉생산으로 모공은 넓으나 번들거림은 없다.
② 과각화 : 부분적으로 각질화가 되면서 피지낭에 피지가 모여 면포가 형성된다.
③ 투명도는 감소되거나 두꺼워진다.
④ 자극에 민감하게 되고 그로 인해 부분적으로 붉어진다.
⑤ 보습도는 감소하고 탄력성은 좋다.

(4) 복합성피부

복합성피부는 얼굴 부위에 따라 다른 유형의 피부가 공조하는 형태를 말한다. 일반적으로 T-zone 부위는 지성피부로, U-zone 부위는 건성인 형태가 대부분으로 볼 부위는 예민한 경우가 많다. 관리가 어려운 피부로 부위별로 다른 유형의 화장품과 관리방법을 선택하여 사용해야 한다.

① T-zone을 제외한 부위는 세안 후 심하게 당긴다.
② T-zone 부위는 지나치게 번들거리며 모공이 크고, 면포가 많이 생긴다.
③ 광대뼈, 볼부위가 붉고 얇으며 색소침착이 나타난다.
④ 눈가에 잔주름이 잘 생긴다.

2. 문제성피부 유형

4가지 일반적인 피부유형 외 집중적인 관리가 필요한 피부를 문제성피부라고 한다. 대표적인 문제성피부로는 여드름피부, 색소침착피부, 노화피부 등으로 구분하며 피부관리시 주의가 더 필요하다.

(1) 여드름 피부

여드름은 피지가 과다분비되면서 얼굴, 목, 가슴, 등에 발생하는 염증성 또는 비염증성 피부질환이다. 주기적인 각질제거 등을 통해 개선되기도 하나 집중적인 관리가 필요하다.

1) 원인

① 유전적인 원인으로 여드름이 발생하며, 여드름피부의 80%가 유전에 의한 것이다.
② 호르몬 변화로 여드름이 생성된다.
③ 스트레스, 분노, 불안 등에 의해 호르몬 장애를 일으켜 여드름을 유발한다.
④ 장의 기능이 떨어지고 변비가 지속될 때 발생한다.
⑤ 화장품과 의약품의 부작용으로 발생할 수 있다.

2) 여드름 생성과정

① 남성호르몬이 피지선의 분비를 자극하여 피지가 과잉분비된다.
② 과각질화로 많은 양의 피지가 외부로 분비되지 못하고 막혀 면포를 형성한다.
③ 막힌 모공안에 박테리아가 번식한다.

④ 박테리아가 염증을 유발한다.

3) 여드름 압출법

① 피부가 마른 상태에서 압출한다.
② 손을 씻은 후, 티슈나 면봉으로 압출한다.
③ 모공을 열어준 다음 부드럽게 눌러 짠다.

4) 관리법

① 피부의 각질을 규칙적으로 제거하고, 피지조절을 해 주며, 살균기능이 있는 전용제품을 사용한다.
② 피지를 줄이기 위해 전문 세정제를 사용하여 철저히 세안한다.
③ 여드름 압출하는 기구는 철저히 소독하여 사용한다.
④ 매뉴얼테크닉은 피하고 림프드레나쥐를 실시한다.

(2) 민감성피부

피부가 얇고 외부 물질에 민감하게 반응하여 가벼운 자극에도 반응을 일으키는 피부이다. 선천적으로 피부가 얇고 섬세한 피부를 가진 사람과, 후천적으로 자극에 노출되어 피부가 민감해주는 두 가지 원인으로 발생한다. 그 외 스트레스, 위장, 간, 난소와 같은 장기의 문제로도 발생할 수 있다. 넓은 의미로는 알르레기성피부나 모세혈관확장피부를 포함하여 민감성 피부에 포함시킨다.

1) 원인

① 선천적- 각질형성주기가 빠른 경우로, 각질이 피부에 머무는 시간이 짧아 외부자극으로부터 피부를 보호하기 어려워 예민해진다.
② 후천적 - 중금속, 화장품 등의 외부자극물질에 잦은 노출로 발생할 수도 있고, 냉, 열, 마찰에 무방비로 노출될 때, 그 외 박테리아 감염, 스트레스, 질병, 영양부족 등으로도 발생할 수 있다.

2) 특징

① 자외선, 열, 찬바람에 노출될 경우 가렵고 붉은 반점이 나타난다.
② 화장품 구입하면 처음에 예민반응을 나타낸다.
③ 표피수분부족으로 피부당김현상이 있다.
④ 홍반이 생성되는 부위에 색소침착이 생길 수 있다.

3) 관리법

① 지나치게 높거나 낮은 온도를 피한다.

② 강한 필링제, 알콜의 함량이 높은 것, 강한 매뉴얼테크닉은 피한다.

③ 얼굴을 강한 브러쉬나 타월로 문지르지 않는다.

(3) 노화피부

인간은 나이가 들어갈수록 점차 노화의 과정을 겪게 된다. 나이가 들면서 피부에 구조적, 기능적 변화를 수반하여 외부환경에 잘 대처하지 못하게 된다. 깊은 주름이 생긴다던가 색소가 침착되는 경우가 흔하게 나타나는 노화의 증상이다.

1) 원인

① 콜라겐과 엘라스틴의 결합조직이 느슨해져서 탄력성을 잃어 발생한다.

② 호르몬 변화와 지나친 자외선으로 노화가 일어난다.

2) 노화의 원인 이론

① DNA프로그램이론설 : 인간은 태어나면서부터 수명이 정해져 있으며, 노화도 당연하게 이미 프로그램화되어 있다고 주장하는 가설이다.

② 활성산소이론 : 프리래디칼설(free radical theory)이라고도 한다. 나이가 들면서 체내에 반응성이 높은 활성산소가 많이 생겨나면서 세포를 파괴하여 피부의 기능을 떨어뜨리게 된다. 체내 활성산소를 제거하기 위해 항산화제의 섭취가 도움이 될 수 있다.

3) 노화의 형태

① 생리적 노화 : 나이가 들면서 자연스럽게 노화의 과정을 겪게 되는 것을 말한다. 인체의 거의 모든 기관이 노화되면서 피부의 구조와 생리적 기능에도 변화가 일어나게 된다. 가장 대표적인 현상으로 표피와 진피가 모두 얇아지게 된다.

② 광노화 : 자외선을 지속적으로 쬐였을때 나타나는 노화현상으로, 진피는 얇아지나 표피가 두꺼워진다. 표피는 가죽처럼 두꺼워지는 경우도 볼 수 있다.

4) 관리법

① 각질제거를 규칙적으로 해준다.

② 보습에 신경을 쓴다. 콜라겐, 천연보습인자가 함유된 화장품을 사용한다.

③ 활성산소를 억제시키는 비타민 A와 E가 함유된 화장품을 사용한다.

④ 균형있는 식사를 하며 음주, 흡연하지 않는다.

⑤ 적당한 운동을 규칙적으로 한다.

(4) 색소침착피부

피부의 색은 인종마다 개인마다 차이를 보이고 있다. 색소침착피부는 멜라닌의 양이 지나치게 분비되면서 점이나 기미의 형태로 피부에 착색되어 나타나는 경우가 많다.

1) 원인

① 자외선은 멜라닌세포를 자극하여 많은 양의 멜라닌을 생성시킨다.

② 여성호르몬 에스트로겐(estrogen)의 분비가 증가하면서 멜라닌세포를 자극하여 기미를 만든다.

③ 부신의 기능이 저하되고 난소 및 자궁질환이 있을 경우 기미가 생기기도 한다.

④ 스트레스는 뇌하수체의 멜라닌자극호르몬(MSH) 분비를 촉진시켜 멜라닌을 생성시킨다.

⑤ 무리하게 박피를 하게 될 경우 발생한다.

2) 주근깨

① 원인 : 소아기때 발생하고 여름철에 진해지며 남녀에게 모두 생긴다.

② 치료법 : 화학적 박피나 레이저로 쉽게 제거된다.

3) 기미

① 원인 : 여성호르몬, 스트레스, 자외선, 화장품, 연고가 원인이 된다.

② 형태 : 경계가 불규칙하며 좌우대칭 형태를 띤다.

③ 치료법 : 레이저 치료를 통해 감소하나 원인을 완전히 제거하지 않으면 치료가 까다로운 피부질환이다.

4) 관리법

① 저농도의 AHA를 색소침착부위에 바른다.

② 꾸준한 관리를 통해 각질을 규칙적으로 탈락시킨다.

③ 자외선 차단제를 사계절 사용한다.

◆ 안면근육

안면의 근육은 이완과 수축을 하는 근육섬유로 이루어지며, 주름의 방향은 근육방향과 관계가 있으므로 피부관리 시 반드시 피부의 근육 방향을 고려하여 관리가 이루어져야 한다.

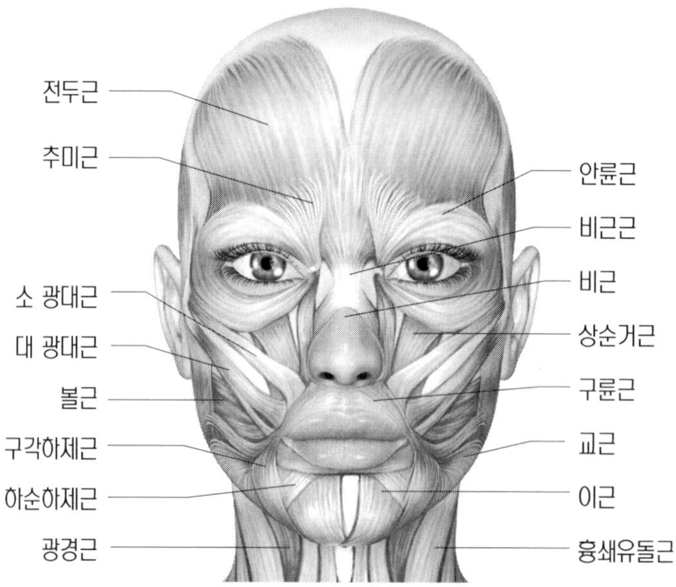

1. 표정근육

① 전두근	② 추미근	③ 안륜근
④ 비근근	⑤ 비근	⑥ 상순비익거근
⑦ 구륜근	⑧ 하순하체근	⑨ 구각거근
⑩ 구각하체근	⑪ 상순거근	⑫ 상순비익거근
⑬ 소근	⑭ 협근	

2. 저작근

① 교근 ② 측두근내측 및 외측익돌근

3. 경부의 근

① 광경근　　② 흉쇄유돌근　　③ 승모근

V. 피부관리의 준비

피부관리실은 항상 위생적이고 청결하게 유지되어야 한다. 피부관리에 사용되는 모든 기기나 기구, 도구는 사용전후 소독하여 청결을 유지해야 한다. 실내는 항상 안정된 분위기를 연출해 고객이 심신의 안정을 취하도록 해주며, 냉난방 시설, 냉온수 사용이 편리하고 소음이 발생하지 않도록 준비한다.

1. 베드 준비

① 침대는 관리의 용도에 맞게 일자형으로 준비하고 높낮이를 조절할 수 있어야 한다.
② 관리사용 의자는 높낮이 조절이 가능해야 한다.
③ 겨울에는 온열매트를 이용한다.
④ 시트와 담요는 자주 세탁할 수 있는 소재로 선택한다.
⑤ 시트1장은 깔아두는 용도로 준비하고, 1장은 고객을 덮어주는 용도로 사용한다.

2. 드레싱카(dressing car)의 준비

① 제품　② 탈지솜　③ 알코올
④ 식염수　⑤ 증류수　⑥ 면봉
⑦ 거즈　⑧ 브러쉬　⑨ 스파츌라
⑩ 볼　⑪ 티슈　⑫ 스폰지
⑬ 휴지통

3. 관리사의 위생 및 신체 표정관리

① 항상 상냥한 말씨로 친절한 전화상담과 안내를 한다.
② 색조화장은 밝고 은은한 피부 표현을 연출한다.
③ 기초화장은 주기적 관리를 통해 맑고 탄력있는 피부를 유지한다.

④ 머리 손질은 단정하게 하고 긴머리는 빗어 뒤로 묶거나 핀으로 고정한다.
⑤ 위생복은 너무 크거나 꼭 끼지 않는 편안한 크기의 옷을 입는다.
⑥ 구내염이 나지 않도록 구강청결에 유의하고 마스크를 한다.
⑦ 손은 따뜻하게 하며 손 끝 주변은 각질 정리를 잘하여 거친 느낌이 나지 않도록 한다.
⑧ 긴 목걸이, 반지, 팔지 등은 업무 시간 내에 착용하지 않는다.
⑨ 신발은 굽이 높지 않고 소리가 나지 않는 가볍고 통기성이 좋은 편안한 실내화를 착용한다.
⑩ 손톱은 짧게 고루며 매니큐어는 바르지 않는다.
⑪ 관리사의 손은 항상 따뜻하도록 유지한다.
⑫ 작업할 때 올바른 자세를 습관화한다.

4. 피부관리 절차

① 상담 후 고객의 의상과 악세서리는 보관장에 보관한다. 컨텍트렌즈 착용자는 렌즈를 빼고 보관한다.
② 마사지가운으로 갈아입은 후 베드에 눕도록 안내하고 터번을 이용하여 헤어를 정돈한다.
③ 포인트메이크업 리무버를 이용하여 색조화장을 지운다.
④ 고객의 피부유형에 맞는 제품을 선택하여 데콜테, 목, 안면 부위를 클렌징한다. 지나치게 오래 클렌징하면 피부내로 재흡수될 수 있으니, 가볍고 빠르게 실시한다.
⑤ 화장티슈로 유분을 제거한 후, 해면으로 남은 메이크업 잔여물을 제거한다.
⑥ 온습포를 이용해 클렌징 잔여물 제거 후, 토너를 이용하여 수분을 공급하고 남은 잔여물을 제거한다.
⑦ 피부를 분석하여 고객카드에 작성한다. 피부분석에는 스타츌라 같은 도구나 확대경, 우드램프 등의 기기를 이용하기도 한다. 기기를 이용할 때는 아이패드를 사용하여 눈에 무리가 가지 않도록 보호한다.
⑧ 피부유형에 맞는 각질제거제를 선택하여 피부의 묵은 각질을 제거한다. 엔자임(효소)을 활용한 각질제거제는 스티머와 같은 기기를 이용한다.
⑨ 해면과 온습포를 이용하여 딥클렌징(각질제거제) 잔여물을 제거하고 토너로 피부를 정돈한다. 아하(AHA)를 이용할 경우에는 냉습포를 사용하여 정리한다.
⑩ 얼굴형에 맞는 눈썹을 정리한다. 이때 눈썹가위, 족집게, 눈썹브러쉬, 눈썹칼 등을 이용한다.
⑪ 여드름이 있을 경우 코메도나 화장솜, 티슈 등을 이용해 여드름을 압출한다.

⑫ 피부에 앰플과 같은 영양성분을 흡수시킨다.
⑬ 피부유형에 맞는 제품을 선택하여 매뉴얼테크닉을 실시한다. 15분 정도 실시하며, 심한 민감성 피부와 여드름 피부는 매뉴얼테크닉을 생략한다.
⑭ 미용티슈로 유분을 제거하고 해면과 온습포를 이용하여 잔여물을 제거한 후, 토너로 피부를 정돈한다.
⑮ 피부유형에 맞는 팩과 마스크를 선택하여 눈과 입술을 제외한 얼굴 전체에 도포한다. 경우에 따라 마스크 적용시 눈과 입술 위에 모두 도포하기도 한다.
⑯ 팩과 마스크는 일반적으로 20분 정도 유지한 후 제거하며, 해면과 냉습포, 토너를 이용해 피부를 정돈하다.
⑰ 아이크림, 앰플, 보습크림, 자외선차단제 등으로 피부정돈을 한다.
⑱ 고객을 일으킨 후, 어깨와 등부위 근육의 긴장을 이완시켜준다.
⑲ 의상을 갈아입은 후, 상담실로 이동하여 따뜻한 차를 마시게 한다. 이때 관리시 불편함이 없었는지 확인하고, 다음 일정을 예약한다.
⑳ 사용한 침대, 제품, 기구, 기기 등을 정리한다.

Ⅵ. 클렌징

1. 클렌징이란?

피부는 피지, 땀, 각질, 외부먼지, 메이크업으로 늘 오염되어 있다. 이러한 오염물질을 그대로 피부에 방치할 경우 모공을 막아 여드름을 유발하게 된다. 피부의 더러움은 신진대사와 생리기능을 방해하고, 피부호흡을 떨어뜨려 노화를 촉진시킨다. 따라서 클렌징을 통한 피부의 청결은 건강하고 아름다운 피부를 위한 기초작업으로 피부관리에 있어서 가장 중요한 기본 단계라고 볼 수 있다.

2. 클렌징의 효과

- 피부의 노폐물, 화장의 잔여물, 먼지 등을 제거한다.
- 부드러운 피부 표면을 만들어준다.
- 다음 단계의 준비단계이다.

3. 클렌징의 선택

- 피부의 먼지, 피지, 메이크업 등이 깨끗이 제거되어야 한다.
- 피부의 산성피지막을 파괴해서는 안된다.
- 피부에 자극이 없어야 한다.
- 피부 타입에 맞는 제품을 사용해야 한다.
- 지나치게 수분을 제거해서는 안된다.

4. 클렌징 제품의 종류

(1) 물

물은 일반적으로 피지, 화장품의 유성성분 등을 깨끗이 씻어내지 못한다.

- 미지근한 물(15~21℃) : 가벼운 세정효과, 가벼운 각질제거 효과
- 따뜻한 물(21~35℃) : 세정효과가 크며, 각질제거 용이
- 뜨거운 물(35℃ 이상) : 높은 세정효과, 각질제거 용이
- 찬물(10~15℃) : 가벼운 세정효과

(2) 비누

비누는 계면활성제가 주성분으로 거품이 풍성하게 나면서 피부의 피지를 많이 제거하고 있어 세안 후 피부가 많이 당기고 피부의 pH를 알칼리성으로 만든다. 따라서 비누로 세안 후 약산성의 토너을 이용해 피부를 약산성으로 회복시켜주는 것이 좋다.

- 대부분이 알칼리성을 띠며, 살균효과가 있다.
- 비눗기가 남아 있으면, 피부에 지속적으로 자극을 일으킨다.
- 피부의 산성막을 파괴한다.

(3) 클렌징 크림

친유성 크림(W/O : Water in oil)타입의 제품으로 오일의 함량이 전체의 40~50% 정도 차지하고 있다.

- 유분이 많이 함유되어 있어 피지를 많이 제거할 수 있다.
- 크림의 잔여물이 피부에 남을 경우 모공을 막아 여드름을 유발할 수도 있다.
- 진한화장에 사용할 경우 효과적이다.

(4) 클렌징 로션

친수성 에멀져(O/W : Oil in water)타입의 제품으로 수분의 함량이 오일의 함량보다 많다.

- O/W 타입으로 친수성이며 느낌이 산뜻하다.
- 가벼운 화장에 사용하기 적합하다.

- 물에 잘 용해되는 편으로 피부에 부담없이 사용가능하다.

(5) 클렌징 오일

수용성 계면활성제를 이용해 물에 녹는 수용성 오일을 배합하여 만든 화장품이다.

- 물에 용해되는 친수용성 오일을 주로 사용한다.
- 피부의 마른 상태로 오일을 도포하여 문지른 후, 물로 씻어내는 타입이다.
- 자극이 적어 노화피부, 수분부족피부, 건조하고 예민한 피부에 사용하기 적합하다.
- 눈화장, 입술화장을 제거할 때도 사용한다.

(6) 클렌징 워터

토너와 같은 화장수 타입의 제품으로 에탄올이 소량 배합되어 있어 청량감을 준다.

- 계면활성제와 에탄올을 소량 배합한 액상타입의 제품이다.
- 가벼운 화장을 닦아내는데 효과적이다.

(7) 클렌징 젤

젤 형태의 제형으로 오일을 전혀 함유하지 않아 산뜻한 사용감을 가진다. 마른 상태에서 얼굴에 도포 후, 문질러 씻어내는 타입의 제품이다.

- 오일 성분이 들어가지 않아 물로 씻어낼 수 있다.
- 이중세안이 필요 없다.
- 오일에 예민한 민감성 피부, 알르레기성 피부, 여드름 피부에도 사용 가능하다.

(8) 클렌징 폼

부드러운 거품을 이용하여 세안하는 제형으로 이중세안 시 사용한다.

- 약산성 형태로 비누와는 달리 자극이 없으며, 건조함을 방지한다.

5. 포인트 메이크업 클렌징

색조화장을 지우는 과정으로, 눈화장과 입술화장을 제거한다. 특히 마스카라, 아이라인, 립스틱 등은 일반 세정용화장품으로 잘 제거되지 않아,전용 리무버 제품을 사용하여 제거해야 색소침착이 발생하지 않는다.

- 필요한 도구 및 제품 : 메이크업 리무버, 클렌저, 해면, 화장솜, 면봉, 티슈, 스파튤라, 토너, 플라스틱 볼
- 적당량의 리무버를 젖은 솜에 묻힌 후, 피부 표면에 자극을 주지 않고 얼굴중심 쪽에서 바깥쪽 방향으로 부드럽게 닦아준다.
- 아이쉐도우, 아이라인, 마스카라, 립 메이크업 순으로 제거하며, 메이크업을 한 상태가 짙을 경우는 눈에 리무버 묻힌 솜을 올려둔 후, 입술을 먼저 지운다.
- 제품이 눈에 들어가지 않도록 하며, 솜을 지그시 밀어 신속하게 닦아낸다.

※ 포이트 메이크업 리무버를 따로 써야하는 이유

① 표피층이 얇다
② 독립피지선을 갖고 있다
③ 움직임이 가장 많고 예민한 부분이다.

[포인트메이크업 지우기]

6. 클렌징 테크닉

(1) 클렌징 제품 도포

얼굴에 도포 전에 적당량의 제품을 손에 덜어낸 후, 양 손바닥에서 가볍게 비벼 체온으로 따뜻하게 한다.

		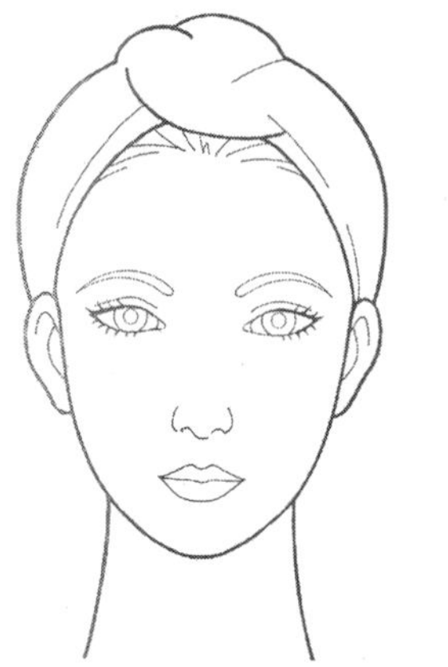

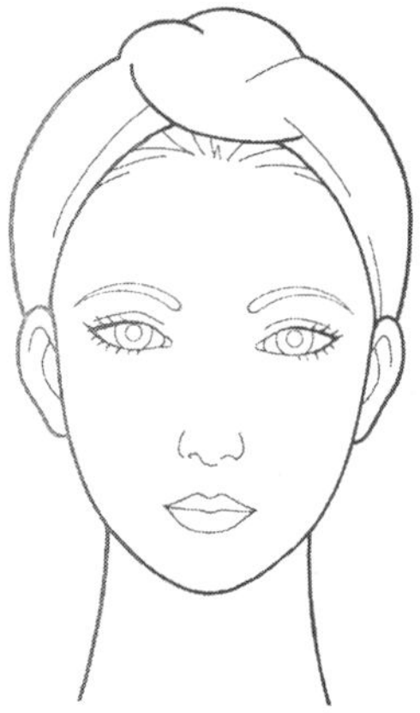	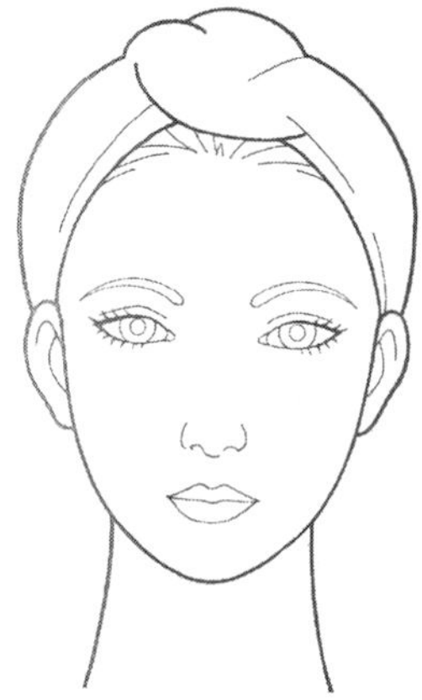	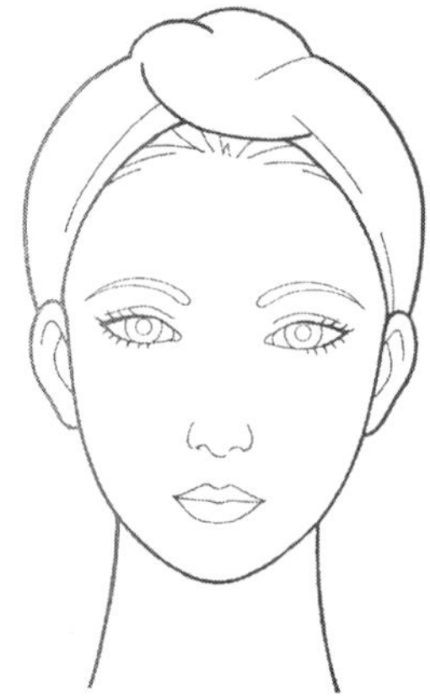
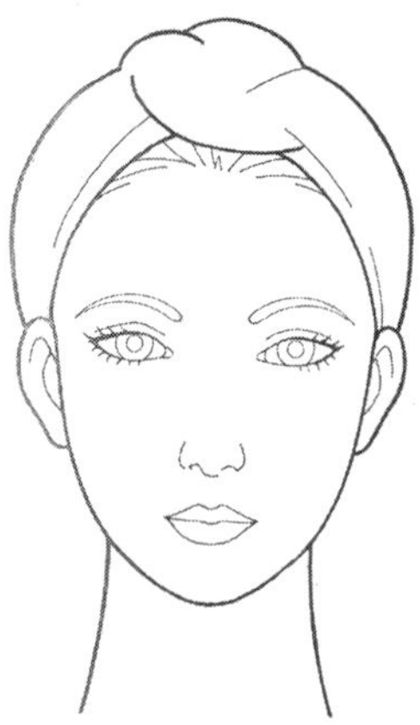	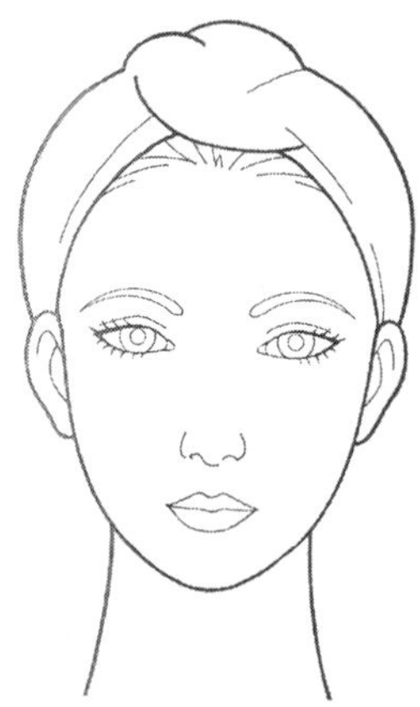	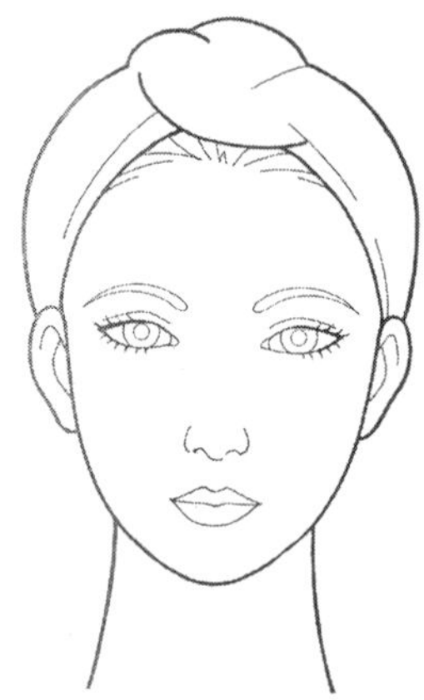

(2) 클렌징 매뉴얼테크닉

		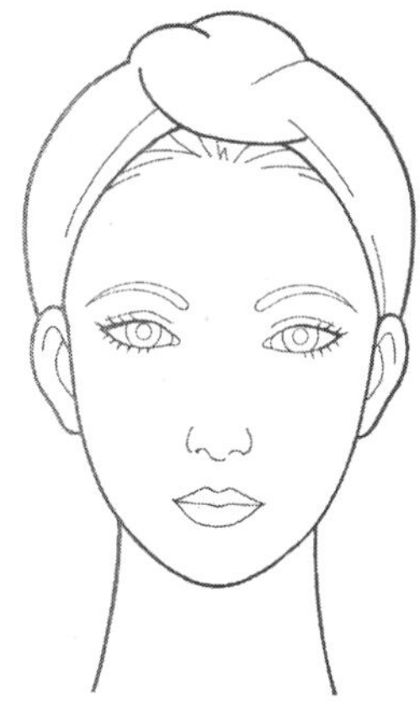
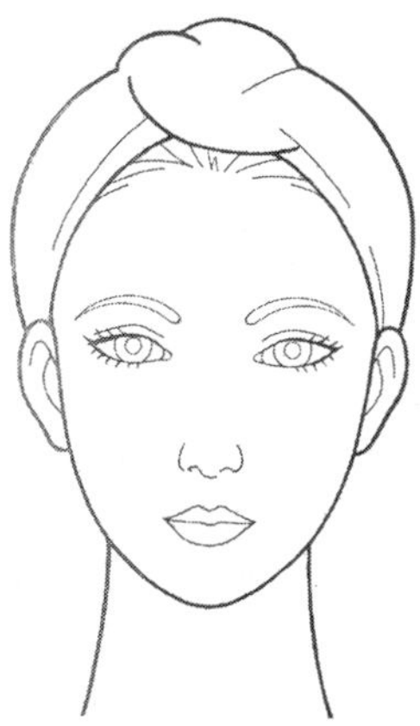		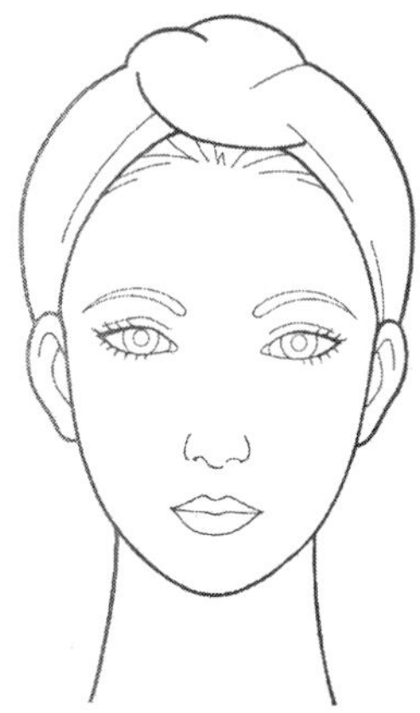

	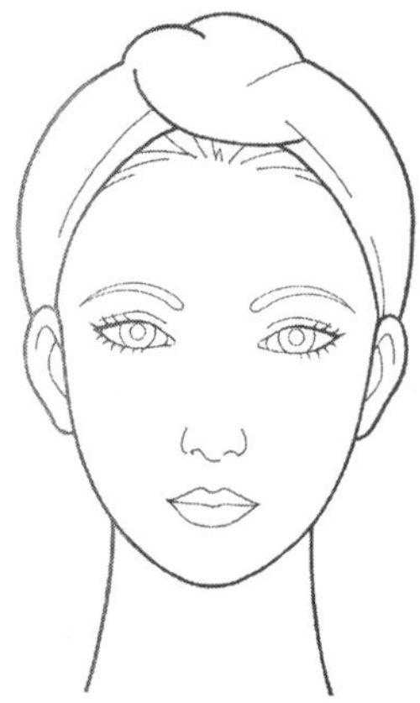	
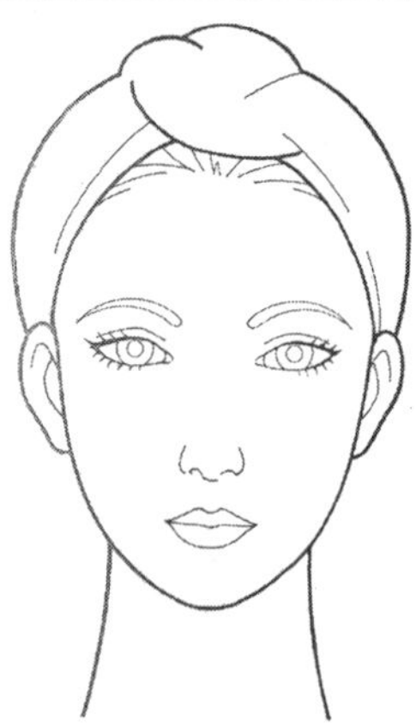	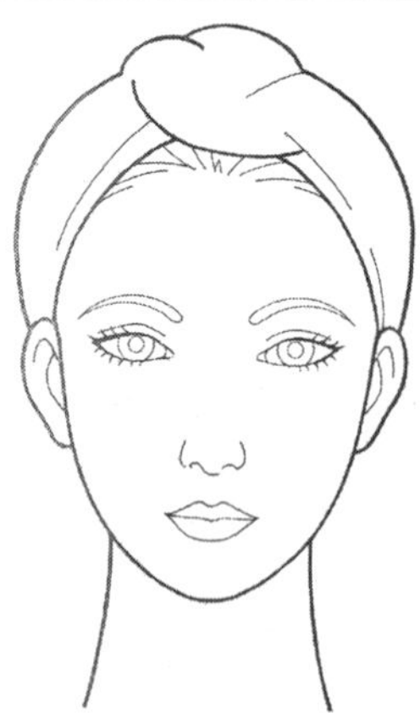	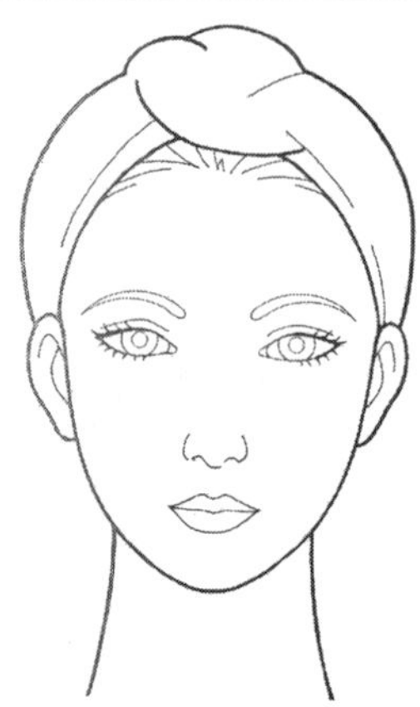

(3) 클렌징 마무리

1) 티슈로 지우기

- 삼각형으로 접어 얼굴 위에 올려놓은 후, 지그시 누르면서 얼굴 안쪽에서 바깥쪽을 향하여 눌러준다.
- 티슈로 닦아내면 피부에 자극이 되므로, 닦아내지 않도록 한다.

2) 해면 닦기

- 말려둔 해면은 물에 담가 미리 준비해둔다.
- 사용 후 미지근한 물에 중성세제를 이용해 세척한 후 자외선소독기에 20분 정도 넣어 소독한다.
- 눈 속에 물이 들어가지 않도록 적당한 물기로 짜서 사용한다.
- 피부를 세게 밀어 닦지 않도록 하고 물기를 흡수시키면서 살짝 누르듯이 닦아낸다.
- 피부결 방향으로 신속하게 닦아낸다.

3) 습포 사용법

- 습포는 타올에 물기를 적절히 묻혀 접어서 온장고나 냉장고에 미리 넣어두고 사용한다.
- 예민성, 모세혈관 확장피부는 지나치게 뜨겁거나 차가운 습포를 사용하지 않도록 주의한다.
- 타올은 반드시 소독된 것을 사용하고 여드름 등의 세균에 감염되지 않도록 한다.

① 온습포의 효과

② 냉습포의 효과

[안면경혈점]

[티슈 닦기]

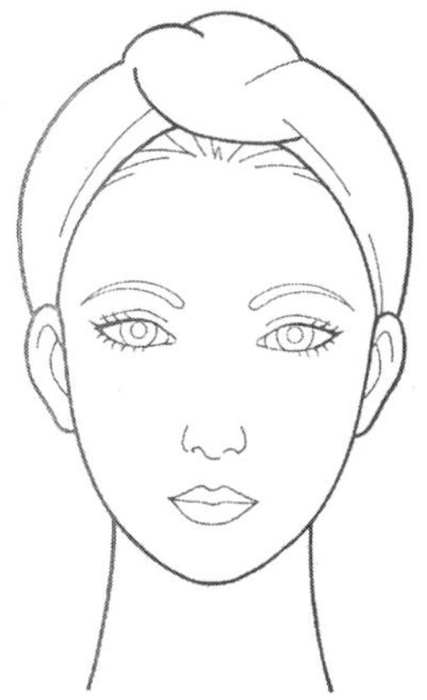
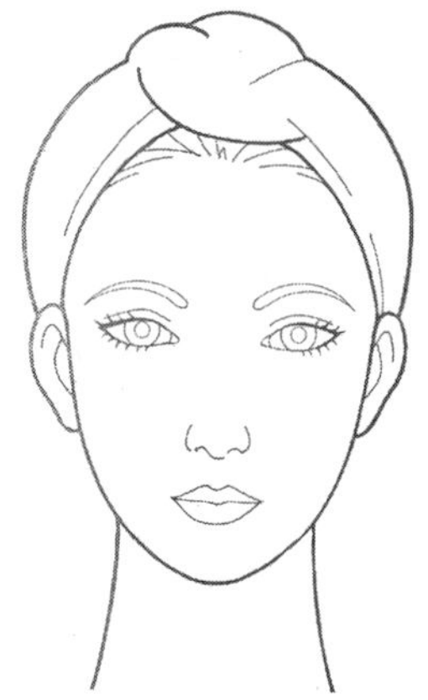

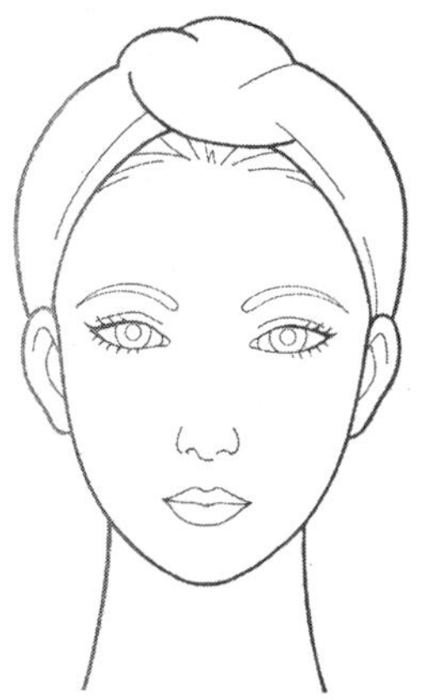
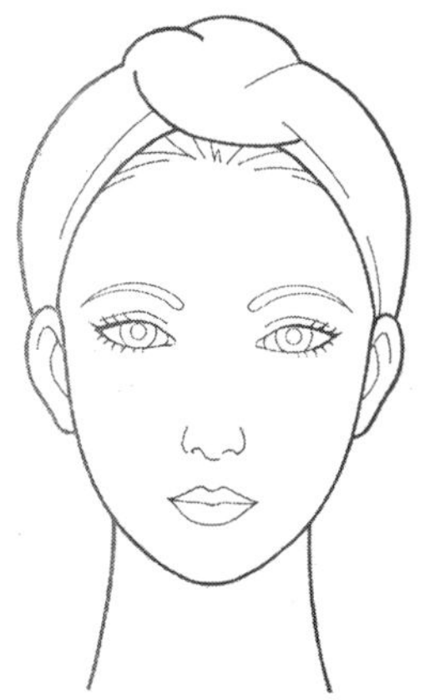
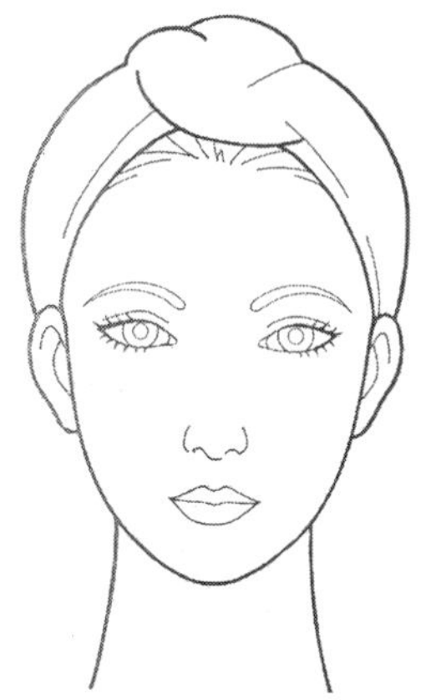

[해면 닦기]

[습포 사용법]

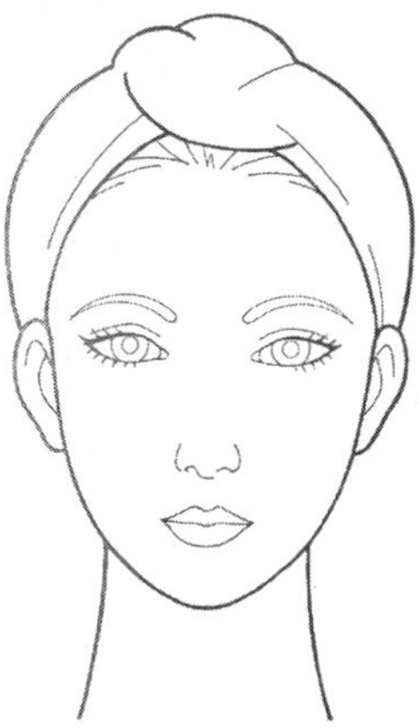	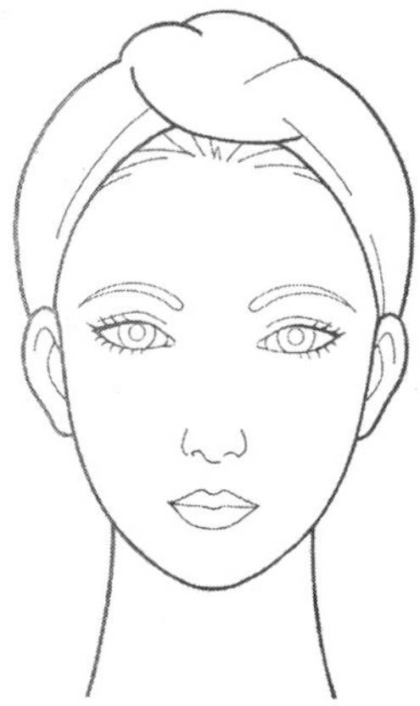	
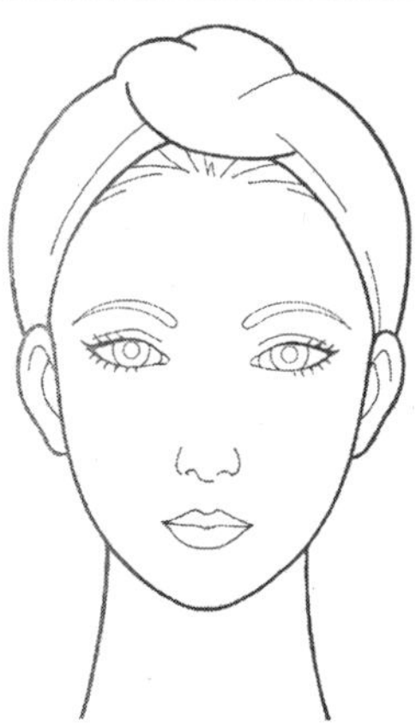	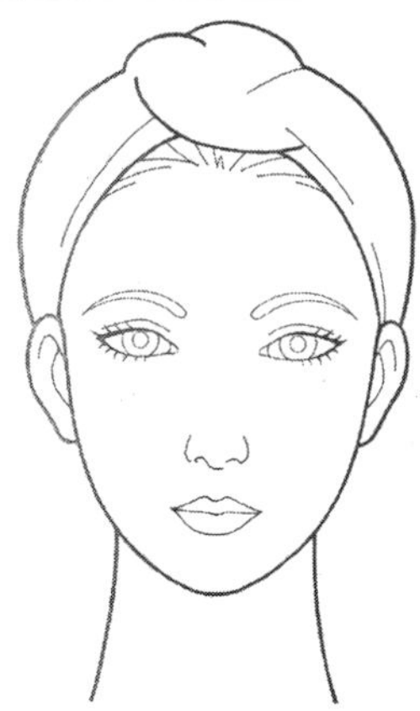	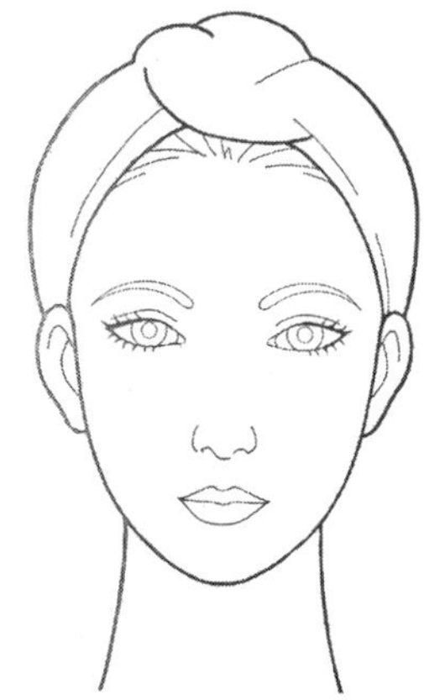

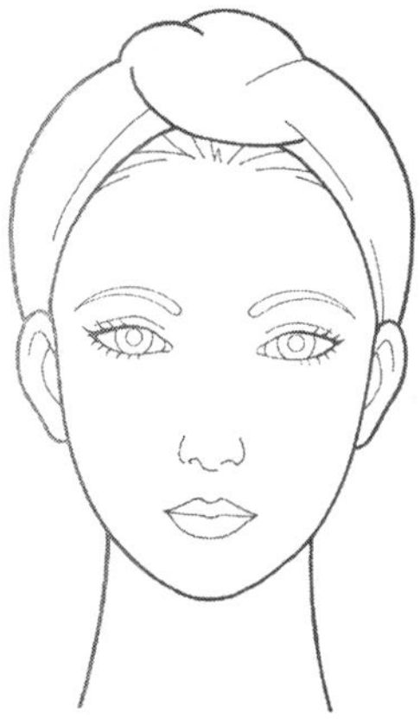
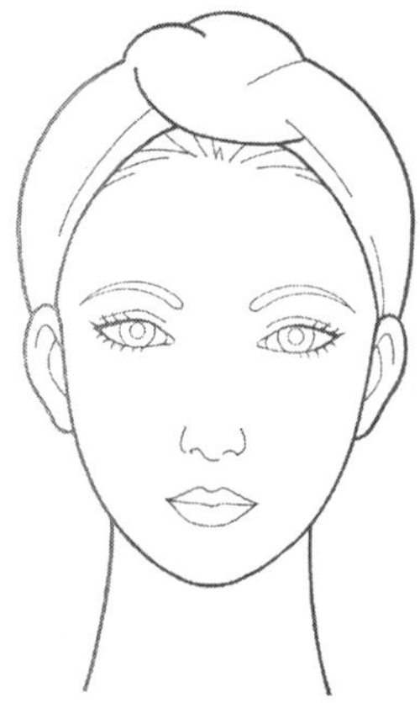
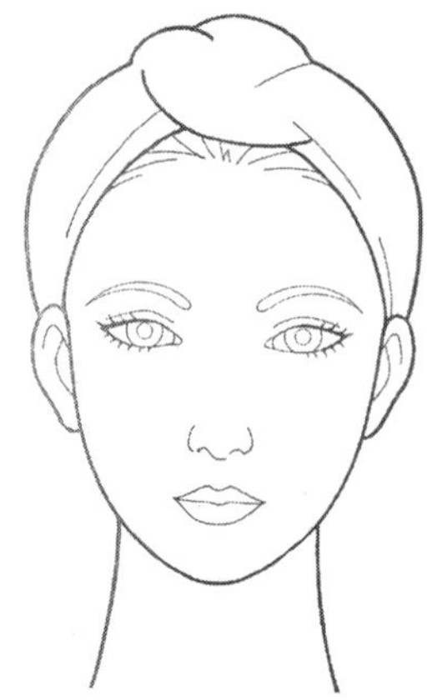

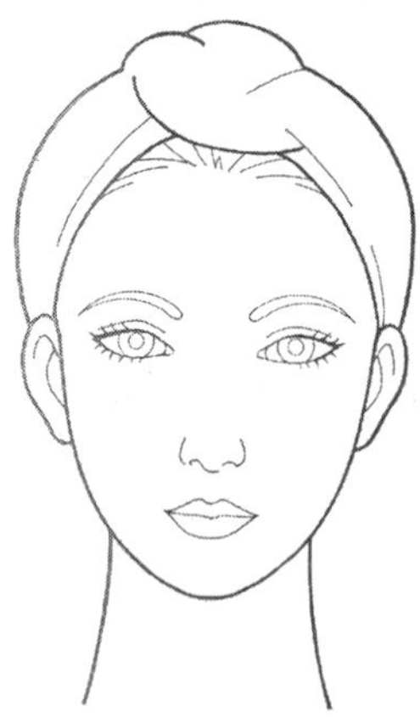
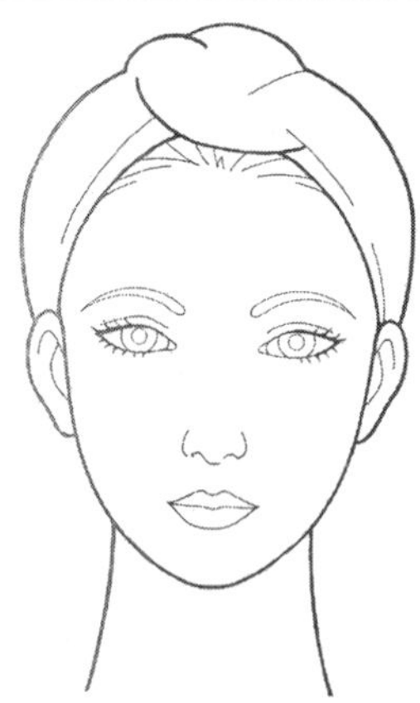

(9) 토너(화장수)의 사용법

1) 화장수의 효과

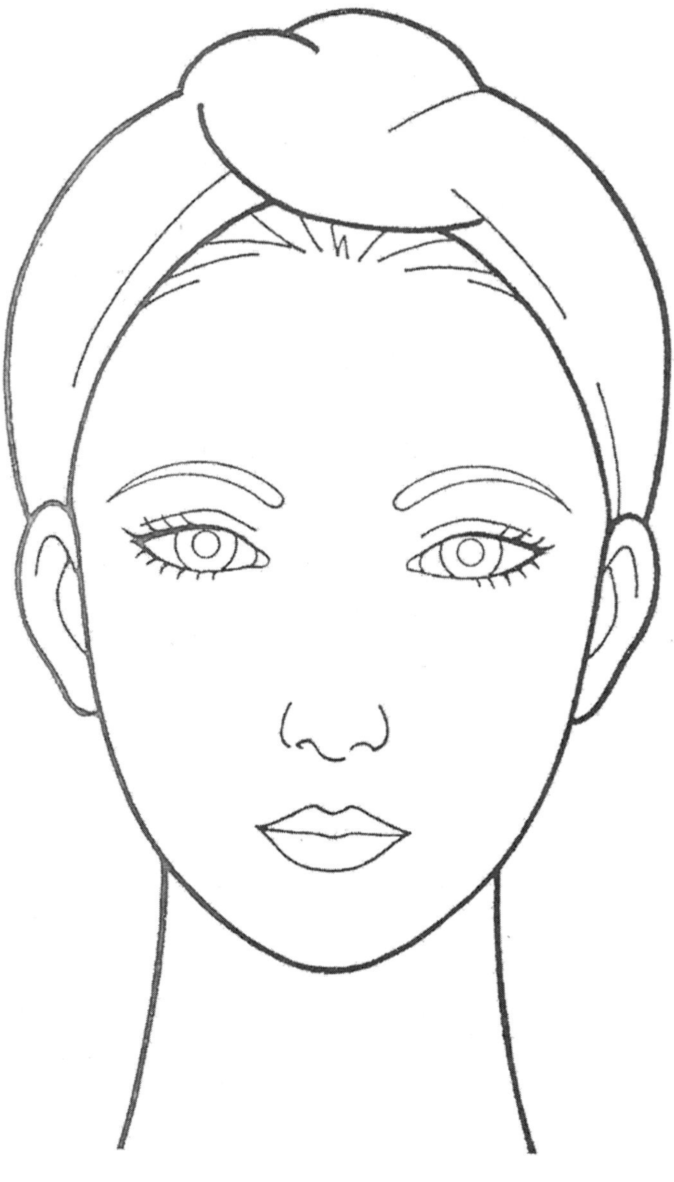

Ⅶ. 피부분석 및 챠트 작성

1. 피부분석

얼굴의 피부손질을 수행하기 전 고객의 피부를 전체적으로 정확히 분석, 평가하는 것은 매우 중요하다. 평가는 항상 메이크업을 깨끗이 지운 상태에서 확대경이나 우드램프로 진단해야 되며 피부의 상태나 각화 상태를 손가락으로 검사해야 한다.

① 어떤 피부 타입인지 정확히 분석, 평가한다.
② 피부손질시 어떤 금기사항이 있는지 알아둔다.
③ 피부손질시 따를 수 있는 장애에 대해 알아둔다.
④ 피부손질시 사용되는 제품은 피부타입에 따라 올바르게 선정하여야 한다.
⑤ 피부타입에 따른 기기사용은 올바로 하고 있는지를 체크한다.
⑥ 가정에서의 피부손질 제품을 정확하게 추천해야 한다.

※ 탄력성
※ 보습도
※ 피부의 민감도

2. 망진(눈으로 살펴 봄)

① 투명도
② 주름
③ 피부색
④ 색소침착
⑤ 끈기
⑥ 불순도
⑦ 모공의 상태
⑧ 견고도

3. 우드램프(Wood Lamp)

자외선을 이용한 피부분석기로 피부의 불결정도, 질병유무, 이상유무, 색소침착정도를 알 수 있는 기기이다.

① 정확한 피부측정을 위하여 깨끗이 클렌징한 후 청결한 상태에서 측정한다.
② 우드램프는 손님의 얼굴로부터 5-6cm정도 떨어진 위치에서 측정한다.
③ 때때로 번쩍거리게 보이는 부분은 먼지나 메이크업의 잔여물이므로 세안불충분을 나타내는 것이다.
④ 색상에 따른 피부진단법

피부상태	피부상태
정상피부	청백색
건성피부	연보라색
두껍고 과각질화된 피부	흰색
노화피부 및 예민피부	진보라색
막힌 모공	노란색
지성피부, 블랙해드	오렌지색
기미, 점	암갈색
화농성 여드름	오렌지색

4. 챠트 작성

(1) 챠트 작성의 의미

고객에 대한 여러 가지 사항을 작성하여 신상내용, 건강상태, 피부타입과 주기적인 피부상태의 흐름을 파악하여, 지속적인 관리프로그램으로 인체생리에 맞는 과학적인 피부관리를 위한 중요한 기초적 자료가 된다.

고객상담차트

성　명		성　별	
생년월일			
주　소			
직　업		전화번호	

■ 문진내용

알레르기 : ________________________________

피부병력 : ________________________________

질　병 : 갑상선 □　당료 □　심장병 □　간염 □　출혈성 소질 □　종양 □　기타 □

의 약 품 : ________________________________

수　술 :

식 생 활 : 규칙적 □　불규칙적 □　단식 □　소화장애 □

기호식품 : 커피 □　흡연 □　알코올 □　기타 ____________

운　동 : ________________________________

정서상태/스트레스 : ________________________________

일광 노출상태 및 일광 예민상태 : ________________________________

____

____

■ 가정피부관리

아　침 :　　　　　저　녁 :

메이크업 :　　　　　특별손질 :

피부유형 진단 카드

체형(Pykniker)	1. 메마른형(Leptosome)	2. 스포츠형(Athletiker)	3. 여성형
피부상태	□기능 저하	□정상기능	□기능 증가
지방 함유량	□건조함	□윤기가 남	□과지방분비
수분 보유량	□까칠까칠함	□정상습도	□끈적거림
각질상태	□양피지 현상	□정상	□비늘 모양(Sicca)
모공의 크기	□미세함	□정상	□눈에 띄게 두드러짐
피부의 두께	□얇음	□정상	□눈에 띄게 두터움
탄력상태	□약화된 긴장도	□탄력 있음	□긴장감 있음
예민상태	□무감각함	□정상	□과민함
혈액순환	□창백함	□순환원활	□붉어짐
기타 증상	□한관종	□면포	□모세혈관 확장
	□주근깨	□흉터	□다한증
	□비립종	□구진	□주사
	□기미	□켈로이드	□다모증
	□농포	□결절	□낭종
	□백반증		
종합피부분석	□중성피부(Normal skin) □지성피부(Oily skin/Oleosa, Sicca) □건성피부(Sebostase) □복합성피부(Combination skin) □위축, 조기노화 피부(Atropy skin) □예민성 피부(Sensitive skin)		
종합의견			

피부관리 기록카드

일자	클렌징	필링	앰플	마사지	팩(마스크)	마무리	비고 기기관리 및 기타 특수관리

Ⅷ. 딥 클렌징

딥클렌징이란 모공의 노폐물을 제거하여 청결을 유지함과 동시에 피부에 쌓인 묵은 각질을 제거하는 것을 말한다. 각질은 주기적으로 탈락되나, 여드름이 있거나 나이가 들어감에 따라 탈락되는데 시간이 많이 걸리게 된다. 피부관리 시 영양성분의 원활한 흡수를 돕고 피부표면을 매끄럽게 유지하기 위해 딥 클렌징은 필수적인 단계로 볼 수 있다.

각질제거를 필링(peeling)이라는 용어와 함께 사용하는데 필링은 영어로 '껍질을 벗기다'란 뜻에서 나온 말이다.

1. 딥 클렌징의 효과

① 피부의 죽은 각질을 제거시켜 준다.
② 피부 표면의 피부능선과 피부고랑을 매끈하게 한다.
③ 모공 깊숙이 있는 노폐물을 제거한다.
④ 면포를 연화시켜 준다.
⑤ 혈색이 맑고 좋아진다.
⑥ 죽은 각질제거 후 제품의 유효성분 흡수를 촉진시킨다.

2. 딥 클렌징의 종류

(1) 물리적 방법

1) 폼 클렌징(foam cleansing)

- 기포가 많이 형성되는 세정력이 강한 세안제를 말한다.

2) 스크럽(scrub) 함유 제품

- 알갱이가 있는 세안제로 피부표면의 묵은 각질을 문질러 제거하는 형태이다.
- 얼굴에 도포 후 손 끝에 물을 묻혀 가면서 나선형으로 3~4분 부드럽게 마사지한다.
- 알갱이가 남지 않도록 젖은 해면을 이용해 제거한다.

3) 고마쥐(gommage)

- 단백질 분해 효소를 함유한 각질제거제이다.
- 얼굴에 균일하게 도포한 후 완전히 마르기 전에 근육결 방향으로 밀어내는 방법으로 제거한다.

4) 브러쉬(brushing)

- 브러쉬 기기의 회전력을 이용하여 피부의 묵은 각질을 제거하는 방법이다.
- 헤어가 감기지 않도록 하며 브러쉬를 직각으로 세워 사용한다.

5) 석션(suction)

- 유리컵을 통해 공기를 빨아들여 모공을 세척하는 방법이다.

(2) 화학적 방법

1) AHA(알파-하이드록시산,Alpha-hydroxy acid)

- 천연과일이나 채소에서 추출한 무독성의 과일산으로 보습효과를 나타낸다.
- 각질제거와 박테리아 성장 억제효과가 뛰어나며 간접재생효과가 있다.
- 10% 이하로 화장품에 배합가능하다.

① 글리콜산(Glycolic acid)

사탕수수에 함유되어 있는 성분으로 AHA 중에서 가장 분자량이 작아 침투력이 우수하다. 섬유아세포의 증식작용과 주름개선 작용이 있다.

② 젖산(Lactic acid)

쉰 우유(발효유)에 함유되어 있다. 글리콜산에 비해 각질제거 효과는 약하지만 천연보습인자의 하나로 보습작용도 있고 각질층의 세라마이드 양도 증가시켜준다.

③ 사과산(Malic acid)

사과, 복숭아 등에 함유되어 있는 성분으로 보습작용과 pH 조절 작용이 있다.

④ 주석산(Tartaric acid)

신 포도에 함유되어 있는 성분으로 포도산이라고도 한다.

⑤ 구연산(Citric acid)

레몬, 오렌지 등 감귤류에 많이 함유되어 있으며 화장품에서는 주로 pH조절제나 킬레이트제, 산화방지제 용도로 사용된다.

※ 살리실산(Salicylic acid)

BHA(Beta-hydroxy acid)라고도 하며 AHA 보다는 각질제거 효과가 약하지만 피부 안전성이 좋다. 여드름 피부용 화장품에서 각질제거 효과나 피지 제거 효과를 위해 사용된다.

2) Enzyme(엔자임, 효소세안제)

- 단백질 분해효소를 이용해 만든 각질제거제로, 일정한 온도와 습도가 갖추어지면 효소가 스스로 케라틴 단백질(각질)을 분해하므로, 반드시 스티머를 사용하는 것이 좋다.
- 여드름, 모세혈관확장피부, 민감성 피부 등 모든 피부에 사용가능하다.

(3) 전기적 방법

1) 디스인크러스테이션(disincrustation)

- 갈바닉의 원리를 이용하여 모공을 세척한다.

IX. 매뉴얼 테크닉

마사지의 어원은 그리스어의 'masso'에서 유래한 것으로 '문지르다', '반죽하다', '쓰다듬다'를 뜻한다. 마사지는 손을 사용하여 통증을 줄이는 본능적인 행위에서 시작된 것으로 물리적 자극에 의한 신체 조직의 기능을 촉진시키는 방법이다.

1. 마사지의 종류

(1) 스웨디쉬 마사지(Classic massage, Swedish massage)

스웨디쉬 마사지는 19세기 스웨덴의 Pehr Henrik Ling에 의해 만들어진 기법으로, 현재의 마사지 기법의 시초가 되는 전통마사지이다. 쓰다듬기, 반죽하기, 마찰하기, 주무르기, 진동하기의 기본동작으로 구성되어 있다. 현대의 많은 마사지 기법은 스웨디쉬를 보완하여 발전한 것이다.

(2) 림프 드레나쥐(Lymph Drainage)

림프드레나쥐, 림프마사지, 림프배농법 등으로 다양항게 불려지는 마사지 기법으로 주로 체내에 축적된 림프를 순환시켜 부종을 제거하기 위한 의학적 마사지 기법이다.

(3) 경락 마사지

경락이란 동양의학, 한의학의 기본이론으로, 인체에 있는 기혈이 흐르는 통로(경락)를 찾아 마사지하여 혈액과 에너지가 순환되면서 건강해지도록 하는 기법이다. 대표적으로 인체에 존재하는 12개의 경락과 임맥, 독맥을 포함하는 기경팔맥이 있다. 경락에는 에너지가 많이 모이는 경혈이라는 혈자리가 있어, 이 부위에 침, 뜸을 놓거나 지압해주면 해당 장기가 건강해지는 원리를 이용한 것이다.

(4) 반사 마자시(Reflexology)

반사마사지에는 손반사마사지와 발반사마사지가 있다. 손과 발은 인체의 축소판으로 손과 발의 일정한 부분을 자극하면 그 자극이 내부 특정 장기로 전달되어, 장기를 건강하게 만드는 원리를 이용한 것이다.

(5) 스톤 테라피(Stone Therapy)

열전도율이 높은 현무암을 둥글게 깍아 만들어 따뜻하게 하여 오일도포 후, 전신을 마사지 하는 기법이다. 현무암을 따뜻하게 하면 원적외선이 방출되어 근육, 관절까지 열이 전달되어 혈액순환이 촉진되고 신진대사를 촉진한다. 얼굴에 사용할 때는 차가운 돌을 이용하기도 한다.

2. 마사지의 효과

① 혈액순환과 림프순환이 촉진된다.
② 온도 상승으로 인한 모공 이완으로 노폐물을 제거함으로써 피부청결을 유지한다.
③ 근육의 이완 및 강화에 도움을 준다.
④ 사용된 화장품이 피부 깊숙이 흡수된다.
⑤ 피부의 탄력성 제공 및 잔주름과 피부 거칠어짐을 방지한다.

3. 마사지의 기본동작

(1) 경찰법(쓰다듬기, effleurage)

손가락을 포함한 손바닥 전체를 피부와 접촉시켜 느리게 가볍게 쓰다듬는 동작이다. 손가락의 힘을 빼고 근육이 시작되는 부분과 끝나는 지점까지 쓰다듬어 준다.

- 얼굴마사지의 시작과 끝부분에 사용되는 기법으로, 오일 도포 시에도 사용한다.
- 천천히 쓰다듬어 자율신경계를 자극하여 피부를 진정시키고 긴장을 완화시킨다.
- 림프의 배출을 돕는다.
- 심장방향으로 실시하여 혈액순환을 돕는다.

(2) 강찰법(마찰하기, friction)

손가락 끝부분을 피부에 대고 원을 그리며 조금씩 이동하는 기법으로 경찰법보다 조금 강하게 마사지한다. 얼굴 바깥방향으로 향할 때는 힘있게, 얼굴 중심부로 향할 때는 힘을 빼고 가볍게 압력을 주면서 원그리기 동작을 한다. 주름이 생기기 쉬운 부위인 이마, 입가, 눈가에 집중적으로 실시한다.

- 혈액순환을 촉진시킨다.
- 피부탄력을 증가시킨다.
- 근육의 긴장을 이완시킨다.

(3) 유찰법(반죽하기, petrissage)

마사지 기법 중 가장 강한 동작으로 엄지와 검지, 네손가락을 사용하여 근육을 잡았다 풀었다를 반복하며 반죽하듯이 주무르는 동작이다. 얼굴은 턱, 뺨 부위에 주로 사용하며, 전신의 경우 지방이 많은 복부, 둔부, 대퇴부 등에 사용하여 셀룰라이트를 분해시키는 동작으로 활용하고 있다.

- 근육의 경련을 없애준다.
- 근육의 긴장을 이완시키고, 근육을 강화시켜준다.
- 피부의 탄력을 높여준다.
- 혈액순환이 촉진되어 노폐물이 빨리 배출된다.
- 전신에 사용할 경우 지방의 축적을 막아준다.

(4) 고타법(두드리기, tapotement)

손가락의 끝, 손바닥 측면, 주먹, 손바닥 전체를 이용하여 두드리는 동작이다. 손가락 끝으로 두드리는 동작은 얼굴에 주로 사용하고, 나머지 손바닥과 손의 측면은 전신관리시 사용한다.

- 혈액순환을 촉진시킨다.
- 피부탄력이 증가한다.
- 근육의 긴장을 이완시킨다.

(5) 진동법(떨기, vibration)

손가락 전체를 이용하여 피부에 빠르고 고른 진동을 주는 기법이다.

- 피부와 근육의 긴장을 이완시킨다.
- 혈액순환을 촉진시킨다.
- 피부탄력이 증가한다.

4. 마사지의 원칙

① 마사지의 방향은 근육결의 방향과 같은 방향이다. 얼굴근육은 표정에 따라 움직이며, 표정근육이 탄력을 잃게되면 주름이 만들어진다. 따라서 주름과 근육결 방향은 수직으로 만들어진다. 주름을 예방하기 위해서는 근육결의 방향으로 마사지하는 것이 원칙이다.

② 마사지의 세기는 너무 강하지도, 너무 약하지도 않게 적절한 세기를 찾는 것이 중요하다. 특히 너무 강하면 피부에 자극을 주어 붉게 되거나 예민해지고, 모세혈관이 파열되는 경우도 있다. 대체로 얼굴 안쪽에서 바깥쪽으로 향하는 동작을 할 때 힘을 주고, 아래에서 위로 향할 때 힘을 주면서 세기를 조절한다.

③ 속도는 일정한 리듬에 맞추어 조절한다. 너무 빠르게 되면 휴식과 안정감을 주지 못한다. 심장박동을 고려하여 리드미컬하게 유지한다.

④ 마사지 시간은 보통 10~15분 정도 실시하며, 피부유형에 따라 반복횟수를 조절한다. 특히 예민하거나 여드름 피부는 오랜 시간 지속하지 않는다.

5. 마사지시 주의사항

① 손톱은 얼굴에 상처를 낼 수 있으므로 길지 않게 다듬어야 한다.

② 주변환경을 조용하고 편한 상태로 만들어 고객이 휴식할 수 있도록 한다.

③ 관리사의 손은 따뜻하게 준비하고 거스름이나 건조하지 않도록 관리한다.

[매뉴얼테크닉]

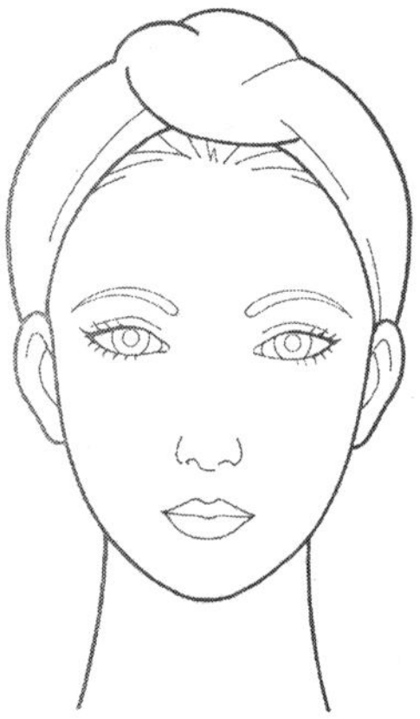	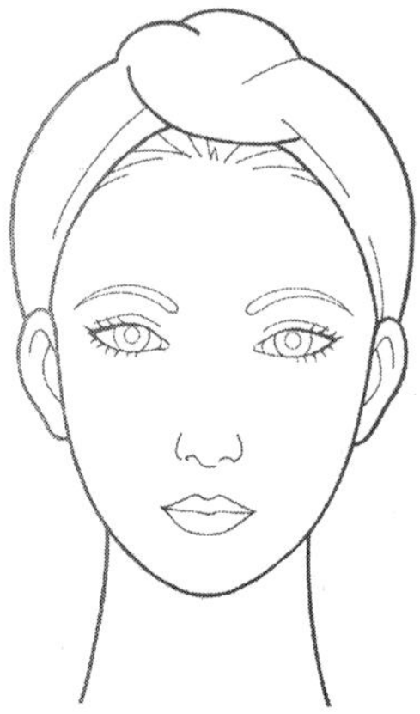	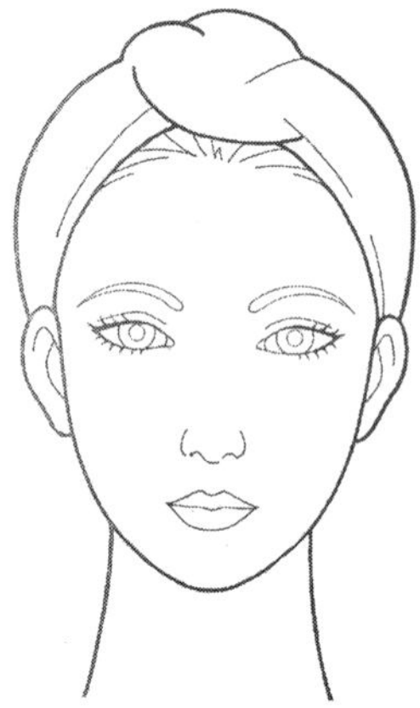
	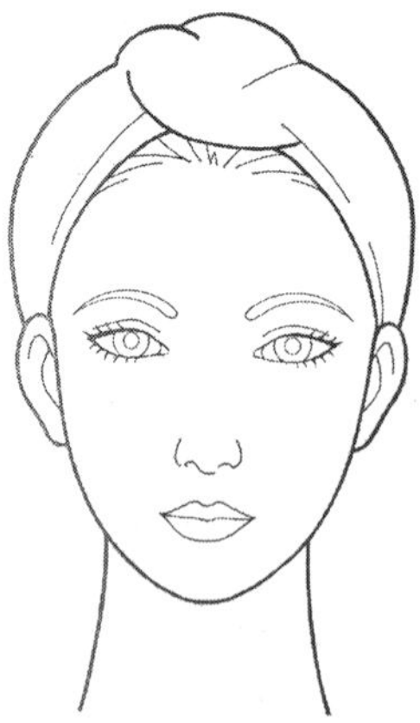	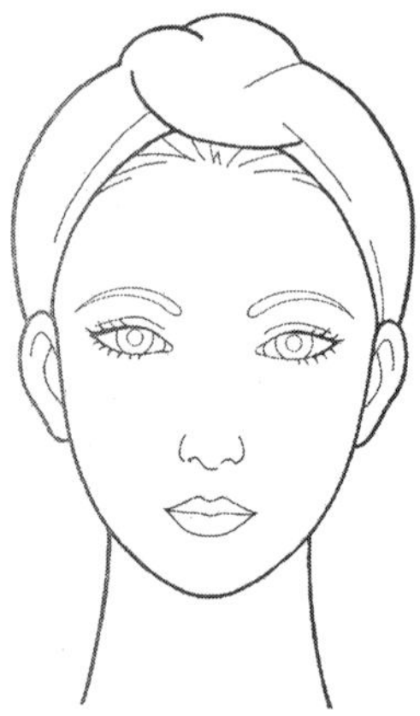

[매뉴얼테크닉]

[매뉴얼테크닉]

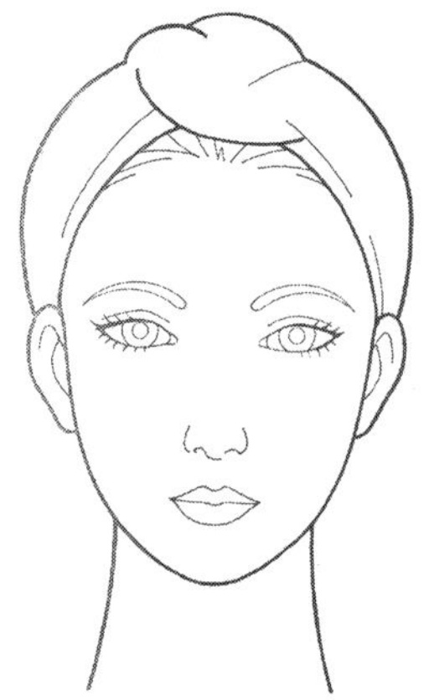

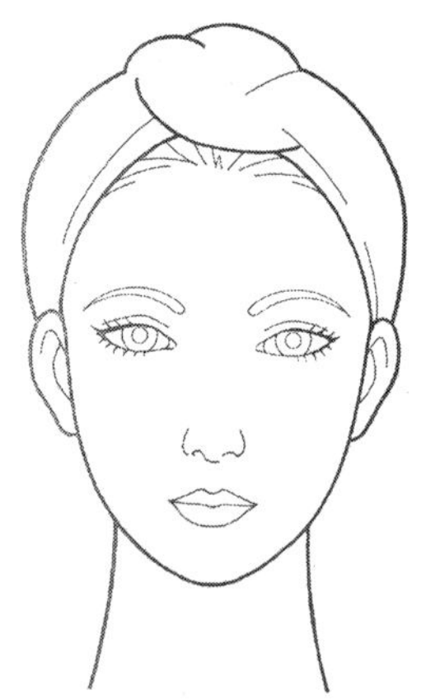

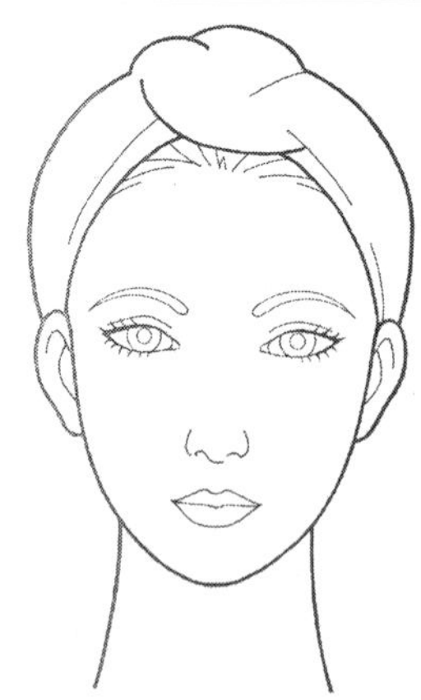

[매뉴얼테크닉]

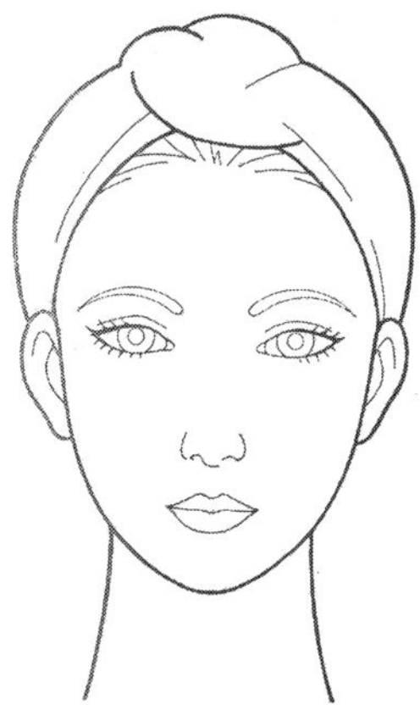		
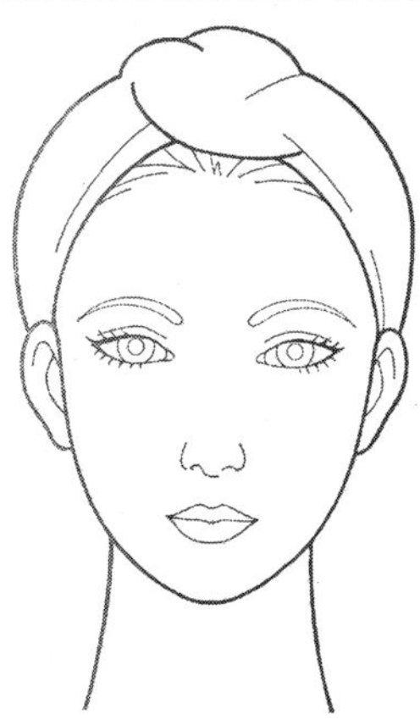	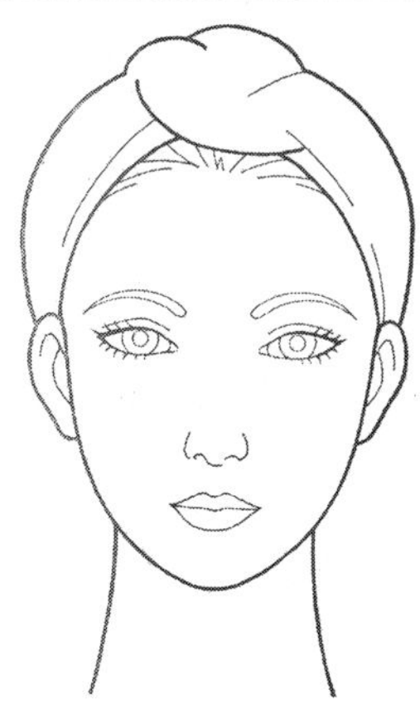	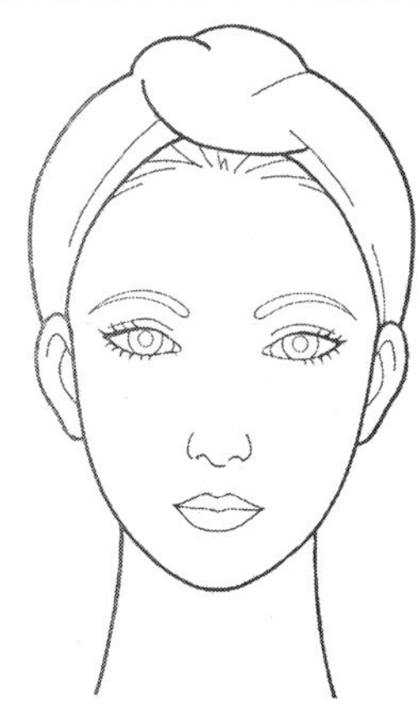

[매뉴얼테크닉]

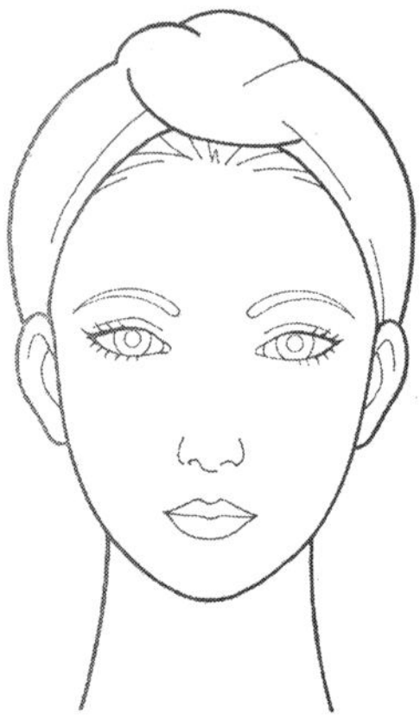	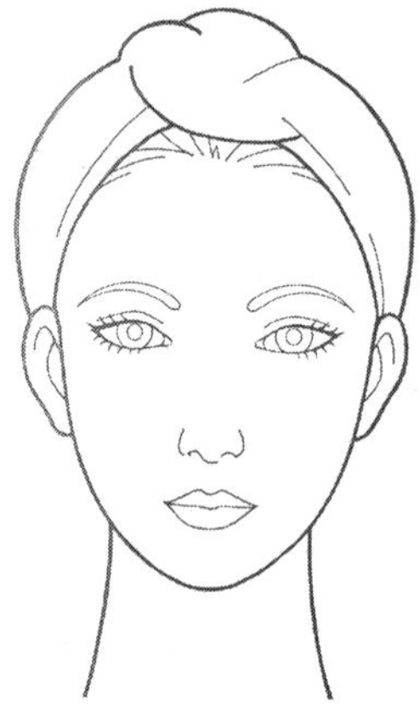	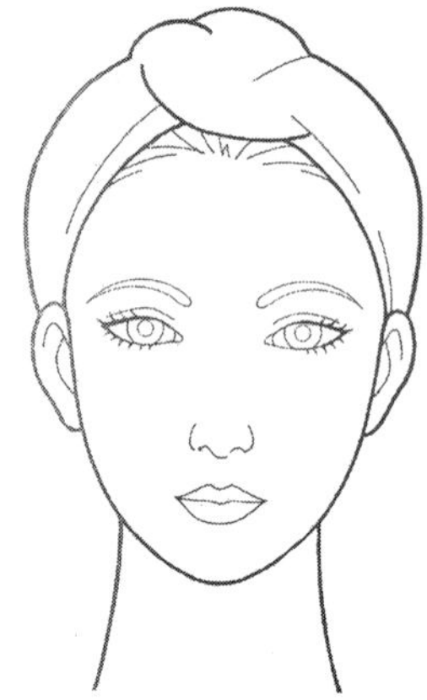
	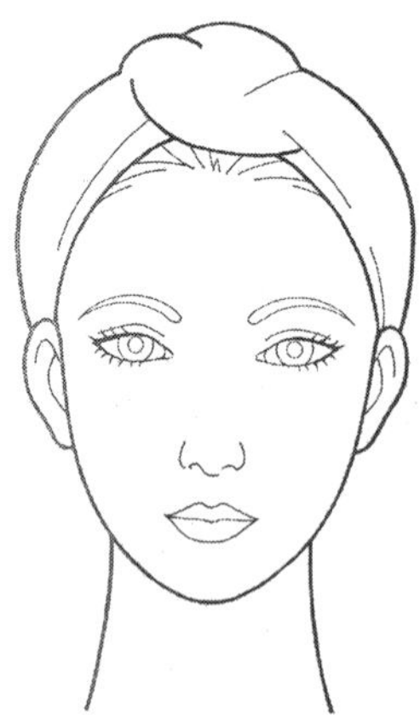	

[매뉴얼테크닉]

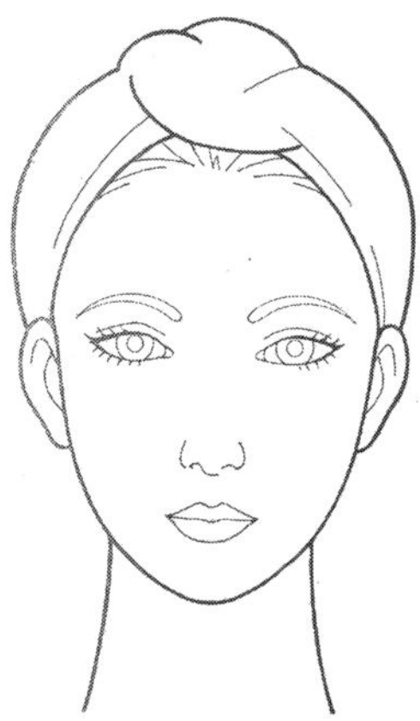		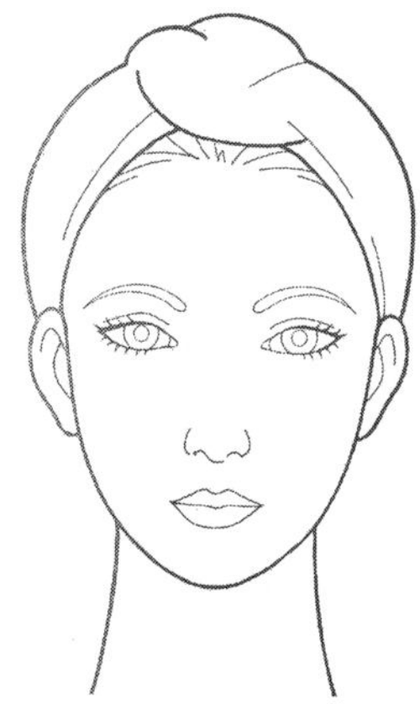
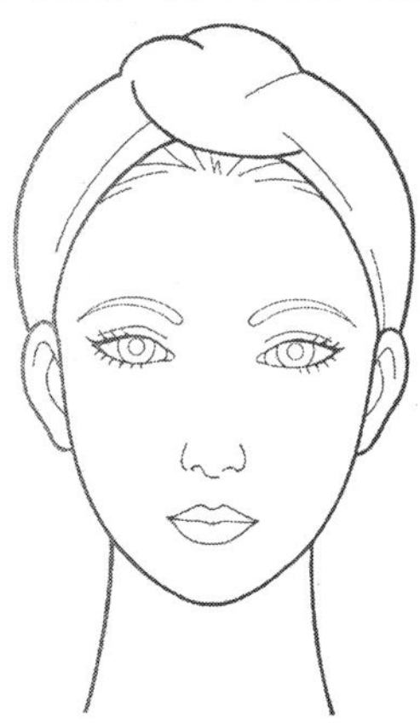		

[매뉴얼테크닉]

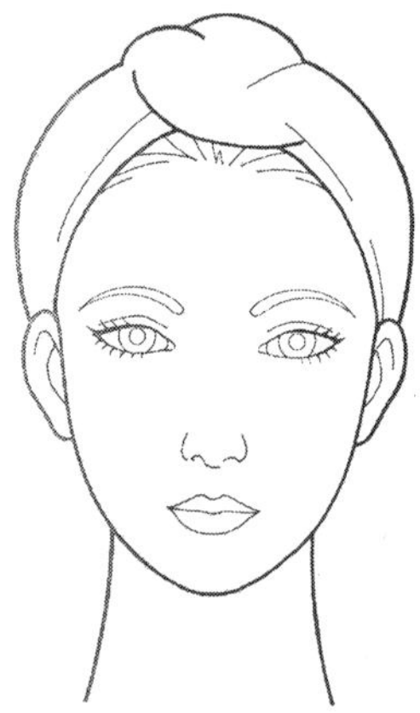

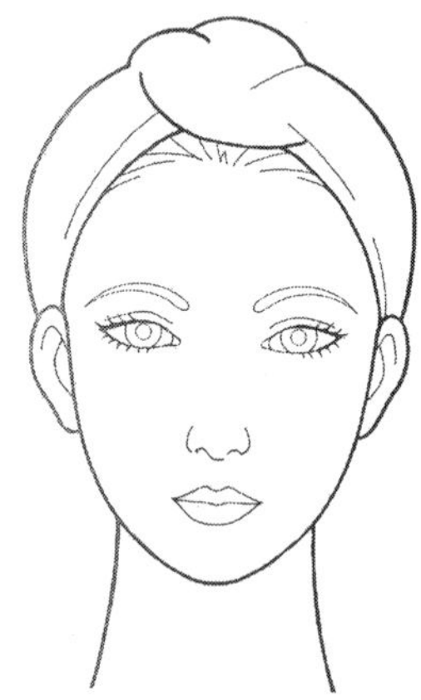

X. 팩과 마스크

1. 팩과 마스크

팩이란 영어의 'package', '둘러싸다'란 말에서 유래되었고, 마스크(mask)와 혼용하여 사용하며, 피부에 영양을 공급하거나, 각질제거 등의 목적으로 적용하는 제제이다. 팩은 피부위에 팩제를 올려두는 동안 외부공기가 드나들어 팩이 굳지 않는 상태를 말하며, 마스크는 피부에 팩을 올려두었을 때 외부공기와 완전히 차단되어 막을 형성하는 것을 말한다. 마스크의 경우 외부공기가 완전히 차단되어 내부 내부로부터 수분증발이 차단되어 피부보습이 향상되고, 유효성분이 피부내로 침투하기가 쉽게 된다.

팩은 1~2주에 한번 정도 사용하는 것이 좋고, 사용 시 20분 정도 유지한 후 제거한다.

2. 팩의 효과

① 수분공급
② 피지, 노폐물 흡착으로 피부청정효과
③ 각질제거
④ 세포재생, 탄력강화
⑤ 진정효과
⑥ 염증완화, 살균효과
⑦ 미백효과

3. 제거방법에 따른 분류

(1) 필 오프(Peel off)타입

젤 혹은 액체로 되어있는 형태로, 건조해지면 얇은 막을 만든다. 건조해진 막을 떼어낼 때 묵은 각질이 함께 떨어져 나가 피부표면이 매끈해지고 모공이 세척된다. 바를 때 얇게 바르는 것이 중요하며, 떼어낼 때 자극이 되지 않도록 주의한다.

(2) 워시 오프(Wash off)타입

팩 제거 시 물로 씻어내는 타입으로, 크림, 젤, 클레이, 분말, 거품 등의 다양한 형태가 있다. 제거 시 해면과 습포를 이용하거나 세안하는 방법을 사용한다.

(3) 티슈 오프(Tissue off)타입

크림이나 젤 형태의 팩을 도포한 후, 제거할 때 티슈로 남아있는 팩제를 닦아내고, 여분은 피부에 그대로 흡수시키는 방법이다. 주로 보습, 영양공급이 주된 목적으로 노화피부나 건성피부에 효과적인 방법이다. 여드름 피부나 지성피부의 경우 모공을 막을 우려가 있어 피해야 할 타입의 팩이다.

4. 팩 재료의 형태에 따른 분류

(1) 크림 형태

사용감이 좋으며, 보습효과를 기대할 수 있다. 피부표면을 부드럽게 만들기도 하며 민감성, 건성, 노화피부에 적용하기 좋다.

(2) 젤 형태

젤 형태의 팩은 주로 피부의 막을 만들어 떼어내는 필-오프 타입의 팩으로 사용하는 형태로, 떼어낼 때 각질이 동시에 제거된다. 그 외 씻어내는 타입에도 젤 형태의 팩이 사용되기도 하는데 보습효과를 기대할 수 있다.

(3) 분말 형태

한방재료나 천연물질 등의 원료를 가루로 만들어 물 등에 혼합하여 사용하는 팩제이다. 분말을 게어 사용할 때는 팩이 적용되는 동안 마르지 않도록 스티머를 이용하고, 제거 시 찌꺼기가 피부표면에 남지 않도록 거즈를 이용한다. 팩의 영양성분이 피부내로 흡수되도록 도와주는 적외선등(infrared lamp)을 이용하기도 한다.

(4) 페이스트 형태(Paste Type)

클레이 등을 주성분으로 하여 보습제를 첨가한 형태로, 치약처럼 짜서 도포하는 형태이다. 클레이 등은 피지를 흡착하는 성질이 뛰어나 모공을 세척하고 피부 노폐물을 제거하는 데 효과적이다.

5. 특수 마스크

(1) 석고 마스크

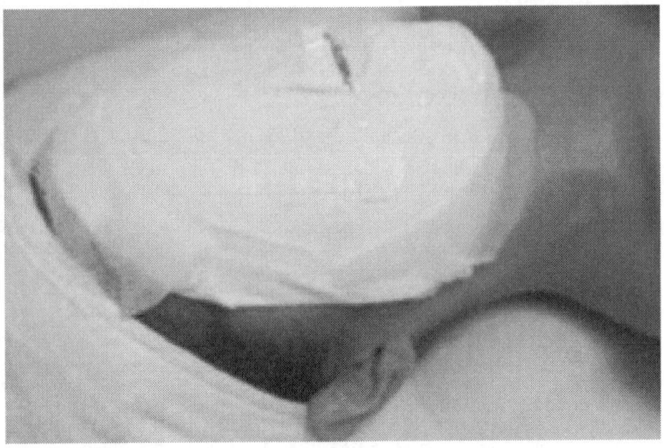

석고 마스크는 얼굴의 윤곽을 만들어준다는 의미에서 고무 마스크와 함께 모델링 마스크로 불린다. 석고 마스크는 석고분말을 물과 섞어 피부에 도포하면 서서히 10분간 피부온도가 올라갔다가 38~42℃로 유지 후, 10분간 서서히 식으면 떼어낸다. 외부공기와 완전히 차단되고 모공을 열어주어 영양성분이 피부내로 침투하기가 쉽다. 특히 혈액순환이 촉진되므로 건성피부와 노화피부에 사용하기 적합하다. 필링 직후, 사우나 직후에는 피부가 자극을 받을 수 있으므로 사용을 자제한다. 열에 의해 모공이 확장되어 피지나 노폐물 배출이 쉽게 되는 특징이 있다.

- 모발에 크림이나 석고가 묻지 않도록 티슈로 터번 주변을 잘 감싼다.
- 눈 주위에는 아이크림, 얼굴 전체에는 석고 전용크림을 바른다.
- 눈썹을 포함하여 아이패드, 거즈를 올린다.
- 파우더를 22℃ 물과 함께 섞어준 후, 한 방향으로 빠르게 저어준다. 너무 묽게 되면 얼굴을 타고 흐르며, 너무 되직하면 빨리 굳는 단점이 있다.
- 스파츌라를 이용해 빠르게 일정한 두께로 도포한다.
- 열이 식으면 양 턱선에 손을 대고 석고를 가볍게 움직여 아래에서 윗 방향으로 떼어낸다.
- 제거 시 해면과 냉습포를 이용해 남아있는 크림을 제거한 후 토너로 정리하고 마무리크림을 바른다.

(2) 시트 마스크, 콜라겐 벨벳

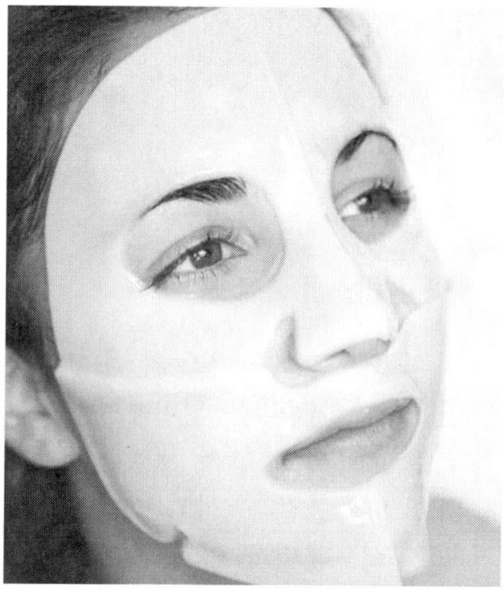

현재 일상적으로 많이 사용하는 형태로, 영양성분을 적신 특수용지를 얼굴에 붙이는 형태이다. 사용하기가 편리하며 함유성분에 따라 미백, 보습, 진정 등의 효과를 볼 수 있다. 콜라겐 벨벳은 천연콜라겐 파우더를 냉동건조시킨 후, 특수용지에 입히는 형태로 해면이나 스파츌라를 이용해 얼굴에 물로 붙이는 형태이다. 콜라겐 벨벳은 건조한 피부, 노화피부에 우수한 효과를 나타낸다. 특히 잔주름에 효과적이다.

(3) 고무 마스크

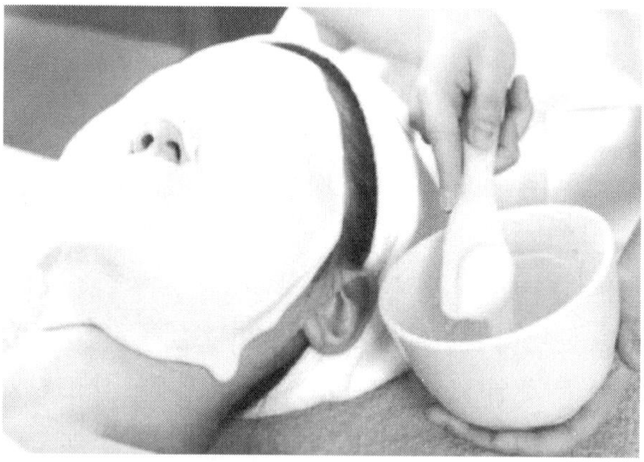

석고 마스크와 함께 모델링 마스크로 불리는 형태로 마스크에 유효성분을 함유하고 있다. 주로 해조류에서 추출한 영양성분을 파우더에 함유시켜 진정력, 보습력이 우수하다. 파우더를 특수용액이나 물로 함께 배합하여 피부에 바르면, 피부온도가 내려가 차갑게 고무처럼 변해 고무팩이라고도 불린다. 외부공기를 완전히 차단하여 마스크에 함유된 영양성분이 피부 깊숙이 흡수된다. 마스크의 온도가 체온보다 낮아 피부 진정력이 우수하여 염증이나 예민한 피부에 사용하기 적합하며 모든 피부에 사용이 가능한 장점이 있다. 바디에 사용할 경우 탄력이 높아지고 슬리밍 효과를 기대할 수 있다.

- 마스크 도포 전 각질을 제거하고 앰플과 같은 영양물질을 도포한다.
- 모발에 마스크가 묻지 않도록 티슈를 이용해 귀가 보이지 않도록 터번을 정리한다.
- 아이패드와 거즈를 올린다.(도포가 익숙해지면 아이패드와 거즈는 생략한다)
- 파우더를 물이나 특수용액과 혼합하여 한 방향으로 저어준다.
- 입술을 제외한 얼굴전체에 도포한다.

- 20분 후 고무처럼 굳으면 아래에서 위로 떼어낸다.
- 화장수로 피부를 정돈한 후 영양크림 등을 도포하여 마무리한다.

(4) 왁스마스크

파라핀(paraffin)이 혼합된 마스크로 온열기에 넣어 녹여 사용하는 마스크이다. 영양성분을 함유하고 있지 않으나 42℃까지 피부열을 올리고 외부 공기를 차단하여 석고 마스크와 같은 효과를 나타내 노화피부나 건성피부, 거친 손발관리에 주로 활용하고 있다.

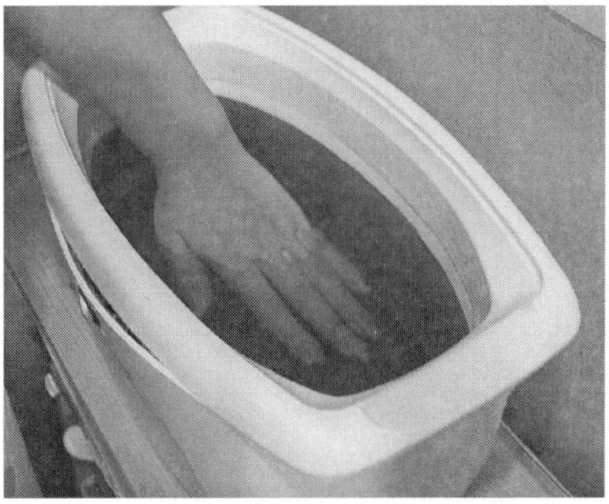

6. 팩 도포 방법

① 피부의 유분기를 완전히 제거한다.
② 턱→ 뺨→ 코→ 이마→ 목의 순서로 바른다.(눈, 입 주위 제외)
③ 아이 패드로 눈을 보호한다.
④ 입술이 건조할 경우, 보습제를 바르고 랩을 덮는다.

PART 2.
화장품학

Ⅰ. 화장품 개요

1. 화장품의 시작

사람이 화장을 하기 시작한 것은 언제부터일까? 화장품이 언제부터 사용되었는지 정확한 기록이 없으나 고대 유물이나 출토품 등에서 유추해 보았을 때 구석기 시대 무렵에 시작되었을 것으로 추정되며, 인류 문명의 발달과 함께 인간의 자아를 표현하는 하나의 방법으로 발전하였다.

화장의 기원은 여러 가설로 설명하고 있다. 인간이 아름다워지려는 본능적 욕구 충족을 위해 화장을 했다는 장식설, 자연으로부터 몸을 보호하기 위해 화장을 했다는 신체 보호설, 성별이나 신분, 계급을 구분하기 위해 화장을 했다는 계급설, 주술적 또는 종교적으로 질병이나 마귀를 쫓기 위해 화장을 시작했다는 종교설 등이 있다.

그러나 과학기술문명의 발달로 현대에는 이런 목적은 거의 없어지고 신체를 청결히 하는 것, 메이크업 등에 의해 자기를 아름답고 매력있게 표현하는 것, 자외선이나 건조 등으로부터 피부나 모발을 보호해서 노화방지에 도움을 주는 것, 나이를 먹으면서 아름답게 늙어가는 것 등이 현대 화장품의 주된 목적이 되었다.

역사 초기에는 종교지도자, 지배계급 등 특권 계층만이 독점적으로 사용했던 화장품이 이제는 과학의 진보와 생활수준 향상에 따라 일반인들도 널리 사용하게 되었으며 최근에는 생활필수품이 되었다.

2. 화장품의 정의

화장품은 'cosmetics'으로 그리스어로는 '잘 감싼다'라는 의미로, 잘 포장해서 질서 있게 조화시키는 것을 의미한다. 코스메틱의 어원은 '코스메티코스(Cosmeticos)'로, 혼돈을 의미하는 카오스의 반대개념으로 '질서 있는 체계' 또는 '조화'를 뜻하며, 고대 그리스어인 '코스모스(Cosmos, 우주, 신의 명령)'에서 유래하였다.

화장품에 대한 법적인 정의와 범위는 나라마다 조금씩 차이가 있지만, 화장품은 각종 성분들을 적절히 배합하여 신체에 바르거나 뿌려서 사용하며 신체 및 모발을 청결히 하고 또한 건강하게 하여 아름다움을 유지시키기 위해 사용하는 것이라는 점은 공통적이다.

1999년도 9월에 제정된 우리나라 화장품법의 입법 취지는 화장품의 제조 · 판매 · 수입 및 수출 등에 관한 사항을 규정함으로써 국민보건향상과 화장품 산업의 발전에 기여함을 목적으로 하며 화장품법(법률), 화장품 시행령(대통령령), 화장품법 시행규칙(총리령)이 식품 의약품 안전처에 고시되어 있다.

(1) 화장품의 정의(화장품법 제2조 제2호)

"화장품"이란 인체를 청결 · 미화하여 매력을 더하고 용모를 밝게 변화시키거나 피부 · 모발의 건강을 유지 또는 증진하기 위하여 인체에 바르고 문지르거나 뿌리는 등 이와 유사한 방법으로 사용되는 물품으로서 인체에 대한 작용이 경미한 것을 말한다.

(2) 기능성 화장품(화장품법 제 2조 2호)

기능성 화장품이란 화장품에서 다음의 어느 하나에 해당하는 것으로서 총리령으로 정하는 화장품이다.

화장품법-5가지	화장품법 시행 규칙-11가지
가. 피부의 미백에 도움을 주는 제품	- 피부 멜라닌 색소 침착방지 기미 · 주근깨 생성의 억제로 미백에 도움 - 피부에 침착된 멜라닌 색소의 색을 엷게 하여 미백에 도움
나. 피부의 주름개선에 도움을 주는 제품	- 피부에 탄력을 주어 주름 완화 또는 개선하는 기능
다. 피부를 곱게 태워주거나 자외선으로부터 보호하는데 도움을 주는 제품	- 강한 햇볕을 방지하여 피부를 곱게 태워주는 기능 - 자외선을 차단 또는 산란시켜 자외선으로부터 피부보호
라. 모발의 색상변화와 제거 또는 영양공급에 도움을 주는 제품	- 염색, 탈염, 탈색(일시적 모발색상 변화 제품 제외, 헤어틴트) - 체모제거(물리적인 체모 제거 제외)
마. 피부나 모발의 기능약화로 인한 건조함, 갈라짐, 빠짐, 각질화 등을 방지하거나 개선하는 데 도움을 주는 제품	- 탈모 증상의 완화 도움(코팅 등 물리적으로 모발을 굵게 보이게 하는 제품은 제외 ex 흑채) - 여드름성 피부 완화 도움(인체 세정용 제품에 한함) - 피부장벽 기능 회복하여 가려움 등의 개선에 도움 - 튼살로 인한 붉은 선을 엷게 하는 데 도움

(3) 천연화장품과 유기농화장품

1) 천연화장품과 유기농화장품의 정의

- 천연화장품 : 동식물 및 그 유래원료등을 함유한 화장품으로 식품의약품안전처장이 정하는 기준에 맞는 화장품

– 유기농화장품 : 유기농 원료, 동식물 및 그 유래 원료 등을 함유한 화장품으로써 식품의약품안전처장이 정하는 기준에 맞는 화장품

2) 원료의 종류

① 동물성 원료 : 동물 그 자체(세포, 조직, 장기)는 제외하고, 동물로부터 자연적으로 생산되는 것으로서 가공하지 않거나, 이 동물로부터 자연적으로 생산되는 것을 가지고 허용하는 물리적 공정에 따라 가공한 계란, 우유, 우유단백질 등의 화장품 원료

② 식물성 원료 : 식물(해조류와 같은 해양식물, 버섯과 같은 균사체를 포함) 그 자체로서 가공하지 않거나, 허용하는 물리적 공정에 따라 가공한 화장품 원료

③ 미네랄 원료 : 지질학적 작용으로 자연적으로 생성된 물질(규조토, 마이카, 카올린)로서 허용하는 물리적 공정에 따라 가공한 화장품 원료(다만 화석원료로부터 기원한 물질은 제외)

3. 화장품의 유형과 종류

화장품을 사용 목적과 대상 부위에 따라 크게 기초화장용, 메이크업화장용, 두발용, 염모용, 방향용, 목욕용, 어린이용 등으로 분류할 수 있다. 화장품은 규정에 따라 일반화장품, 기능성 화장품, 천연 화장품, 유기농 화장품 등으로도 구분할 수도 있으며, 유통경로나 가격, 연령에 따른 구분도 가능하다. 최근에는 두 가지 이상의 목적을 갖는 제품이 다양하게 출시되고 있다.

(1) 영 · 유아용 제품류(만 3세 이하)

① 영 · 유아용 샴푸, 린스
② 영 · 유아용 로션, 크림
③ 영 · 유아용 오일
④ 영 · 유아용 인체 세정용 제품
⑤ 영 · 유아용 목욕용 제품
* 어린이용 제품류는 없음

(2) 목욕용 제품류

① 목욕용 오일 · 정제 · 캡슐
② 목욕용 소금류

③ 버블 배스

(3) 인체 세정용 제품류

① 폼 클렌저
② 바디클렌저
③ 액체비누 및 화장비누(고체비누)
④ 외음부 세정제
⑤ 물휴지(식당 손 닦는 용도와 병원의 시체를 닦는 용도는 제외)

(4) 눈 화장용 제품류

① 아이브로 펜슬
② 아이 라이너
③ 아이 섀도
④ 마스카라
⑤ 아이 메이크업 리무버

(5) 색조 화장용 제품류

① 페이스 파우더,볼연지
② 메이크업 베이스, 페이스 케이크
③ 리퀴드 · 크림 · 케이크 파운데이션
④ 메이크업 픽서티브
⑤ 립글로스, 립밤
⑥ 바이페인팅, 페이스페인팅, 분장용 제품
* 입술 화장용 제품류는 없음

(6) 손발톱용 제품류

① 베이스코트(base coats), 언더코트(under coats)
② 네일폴리시(nail polish), 네일 에나멜(nail enamel)
③ 탑코트(top coats)
④ 네일 크림 · 로션 · 에센스
⑤ 네일 폴리시 · 네일에나멜 리무버

(7) 두발 염색용 제품류

① 헤어 틴트(hair tints)
② 헤어 컬러스프레이
③ 염모제
④ 탈염 · 탈색용 제품

(8) 두발용 제품류

① 샴푸, 린스
② 헤어 컨디셔너(hair conditioners)
③ 헤어 토닉(hair tomics)헤어 그루밍 에이드(hair grooming aids)
④ 헤어 크림 · 로션
⑤ 헤어 오일
⑥ 포마드(pomade)
⑦ 헤어 스프레이 · 무스 · 왁스 · 젤
⑧ 퍼머넌트 웨이브
⑨ 퍼머넌트 스트레이트너(hair straightner)
⑩ 흑채

(9) 기초화장용 제품류

① 파우더
② 바디제품
③ 팩, 마스크
④ 눈 주위 제품
⑤ 로션, 크림,화장수
⑥ 손 · 발의 피부 연화 제품
⑦ 에센스, 오일
⑧ 마사지 크림
⑨ 클렌징 워터, 클렌징 오일, 클렌징 로션, 클렌징 크림 등 메이크업 리무버

(10) 방향용 제품류

① 향수
② 분말향

③ 향낭
④ 콜롱(cologne)

(11) 면도용 제품류

① 애프터 · 프리셰이브 로션
② 셰이빙 크림 · 폼
③ 남성용 탤컴
*남성용 화장품은 없음

(12) 체모 제거용 제품류

① 제모제
② 제모왁스

(13) 체취 방지용 제품류

① 데오도런트

4. 화장품의 품질특성

화장품에서의 품질특성이란 화장품을 만들어 판매하는 경우 기본적으로 소홀히 해서는 안 될 중요한 특성을 말한다.

일반적으로 화장품의 4대 품질특성이란 안전성, 안정성, 사용성(사용감 및 사용 편리성), 유효성을 들 수 있는데, 안전성이 좋다는 것은 피부에 대한 자극, 알러지, 독성 등이 적다는 것을 의미하고, 안정성이 좋다는 것은 제품이 일정기간 동안 변질되거나 분리되지 않는다는 것을 의미한다. 또, 사용성이 좋다는 것은 피부에 바를 때 손놀림이 쉽고 잘 펴 발라진다는 것을 의미하는 것이다. 마지막으로 유효성이 좋다는 것은 피부에 바른 후 적절한 보습, 자외선 차단, 노화 억제 등의 구체적인 효능 효과를 부여해준다는 것을 말한다.

[화장품의 품질특성]

안정성	모든 사람들을 대상으로 장기간 지속적으로 사용해야 하는 물품이므로 피부에 사용했을 때 자극, 알르레기, 독성 등과 같은 인체에 대한 부작용이 없어야 한다.
안정성	사용기간 중에 화장품이 변질, 변색, 변취 되거나 분리되는 일이 없어야 하고 미생물 오염도 없어야 한다.
사용성	사용자의 기호에 따라 선택되는 향기, 색, 디자인 등의 기호성(감각성)도 포함되는데 사용감(발림성과 흡수성 등), 사용편리성(형상, 크기, 중량, 기구, 기능성 휴대성 등), 기호성(향, 색, 디자인 등)이 좋아야 한다.
유효성	각각의 화장품들이 사용목적에 적합한 기능을 충분히 나타내어 피부에 적절한 보습, 노화억제, 자외선차단, 미백, 세정, 색채 효과 등의 목적하는 효과를 나타내야 한다.

II. 화장품의 제조원리

1. 계면화학

(1) 표면과 계면

세상의 물질은 기체, 액체, 고체의 세 가지 형태로 존재한다. 이러한 세 가지 형태의 물질은 분자들이 서로 끌어당기는 인력의 결과로 존재한다. 일정 공간 내에 많은 분자들이 존재하면 액체나 고체 상태를 유지하고, 일정 공간 내에 적은 수의 분자들이 존재하면 기체가 된다. 이와 같이 물리적 상태가 다른 물질들이나 또는 같은 물리적 상태라도 화학적 성질이 다른 물질들이 서로 접촉하게 되었을 때 그 접촉면을 계면이라고 한다.

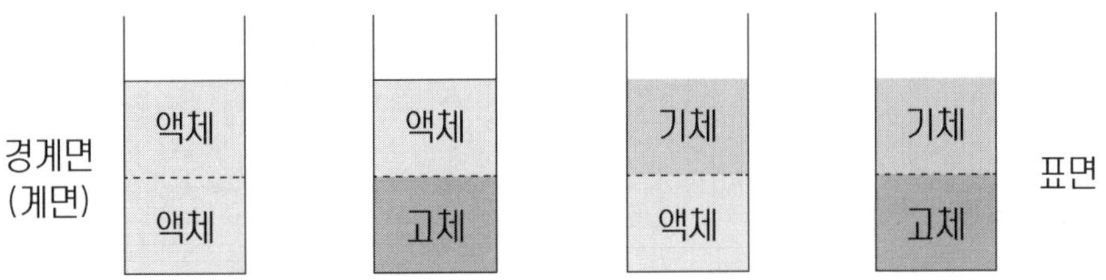

액체 또는 고체는 내부의 분자들이 모든 방향에서 서로간의 인력이 작용하여 균형을 이루고 있어 전체적인 인력의 합계가 "0"이지만, 표면에 존재하는 분자는 전체적으로 표면의 안쪽방향으로 인력이 작용한다. 이 힘에 의해 표면에서 발생하는 에너지를 표면 장력이라고 한다. 이 표면 장력 때문에 물방울이나 수은방울과 같은 유동성 있는 액체가 기체와 접촉하였을 때 구형을 형성하는 것을 볼 수 있다.

(2) 계면활성제의 구조와 기능

계면이란 기체와 액체, 액체와 액체, 액체와 고체가 서로 맞닿은 경계면이다. 계면활성제(surface active agent, surfactant)란 이런 계면의 경계에 흡착하여 그 계면의 성질을 현저히 변화시키는 물질로서 계면이 가지고 있는 표면장력을 약하게 한다. 표면장력이란 액체의 자유표면에서 표면을 작게 하려고 작용하는 장력(끌어당기는 힘)을 말한다.

계면활성제는 물에 녹기 쉬운 친수성 성분과 기름에 녹기 쉬운 친유성 부분을 동시에 가지고 있는 화합물이다.

계면활성제는 수상과 유상 모두 친화성을 가지는 특성 때문에 기름과 물이 함께 들어있는 상태에서 계면활성제를 첨가시키면 기름과 물의 경계면에서 친수성기는 물과 접촉되고 친유성기는 오일에 접촉되어 두 물질의 반발력을 감소시켜 안정된 상태를 만들어 준다.

이러한 성질 때문에 계면활성제는 비누나 세제와 같은 세정용도로 많이 사용되고 있으며, 유화, 가용화, 분산, 습윤, 대전방지 등의 다양한 기능을 가지게 되어, 식품과 화장품에서도 많이 사용되고 있다.

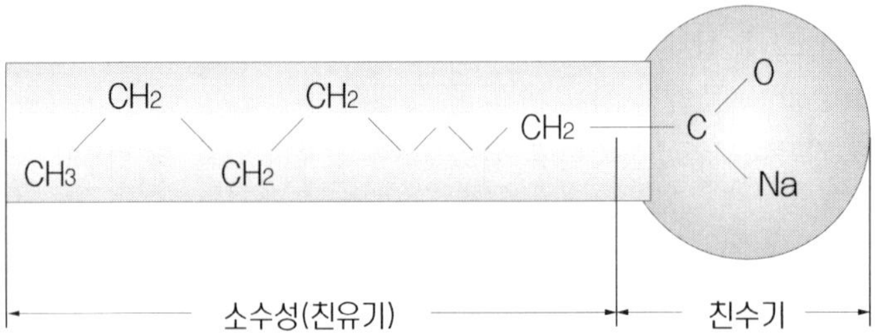

(3) 계면활성제의 특성

1) HLB(Hydrophile Lipophile Balance)

계면활성제는 친수성기와 친유성기를 동시에 가지고 있다. 계면활성제가 가지고 있는 친수성기와 친유성기의 비율을 수치화하여 그 성질이 친수성인가 친유성인가를 나타내는 상대적 세기를 HLB(Hydrophile Lipophile Balance)라고 한다.

1949년 W.C.Griffin은 수많은 유화실험을 통해 비이온 계면활성제를 구성하는 친수기와 친유기의 크기의 비율에 따라 계면활성제 전체의 친수성 및 친유성의 크기가 다른 것을 알아내었다. 그는 이것을 HLB(Hydrophile Lipophile Balance)라하고, 친수성이 최대인 계면활성제의 HLB값을 20으로 하고, 반대로 친유성이 가장 큰 HLB값을 1로 해서 그 사이에 모든 계면활성제 각각의 값을 배열하여 분류하였다.

계면활성제의 HLB값이 크면 친수성이 크고 따라서 수상에 우선적으로 용해되고, HLB값이 적으면 친유성이 커서 유상에 우선적으로 용해된다. 이러한 HLB값의 특성에 의해 HLB값에 따른 계면활성제의 용도가 구분된다. 그러나 HLB는 계면활성제를 선택할 때 매우 유용한 기준이 되기는 하지만, 계면활성제를 선정하는 하나의 방향제시가 되는 기준일 뿐 모든 계면활성제에 전반적으로 적용될 수 있는 기준은 아니다.

[HLB에 따른 계면활성제의 주요용도]

HLB 범위	주요용도
1~4	소포제
3~6	W/O 유화제
7~9	습윤제
8~18	O/W 유화제
13~15	세정제
15~18	가용화제

2) 미셀(Micelle)

계면활성제는 물속에 용해될 때 그 농도에 따라 계면활성제 분자의 배열 상태가 변하게 된다. 계면활성제 분자들이 농도가 낮은 수용액에서는 단분자(monomer)의 형태로 자유롭게 존재하다가 계면활성제의 농도가 높아짐에 따라 계면활성제 분자들끼리의 자발적인 회합이 일어나 미셀(micelle)을 형성하게 된다. 이러한 현상을 미셀화(micellization)라고 하며, 미셀이 막 형성되기 시작할 때의 계면활성제의 농도를 임계미셀농도(CMC : Critical Micelle Concentration)라고 한다.

이 농도에서부터는 더 이상 표면장력이 낮아지지 않으며, 미셀이 형성되기 시작하므로 미셀에 의한 가용화 현상으로 인해 물에 용해되지 않은 유성성분의 용해도가 급격하게 증가한다. 즉, 계면활성제는 CMC에서부터 계면활성제로서의 성질을 지니며, 이 농도 이하에서는 계면활성제의 능력이 떨어진다.

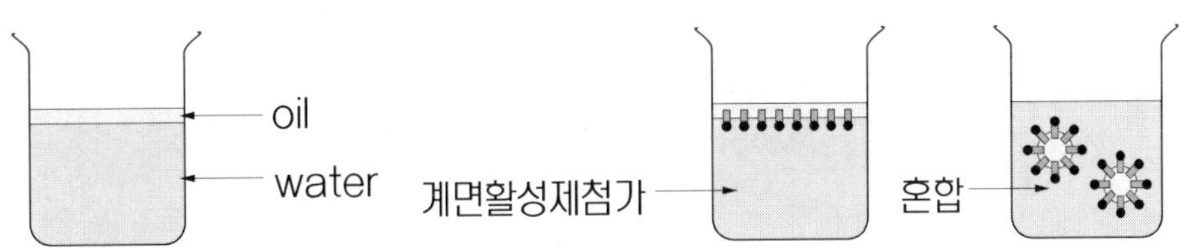

[미셀 형성과정]

미셀의 구조는 내측에 친유기(소수기)를, 외측에 친수기를 향하게 하여 둥근 형태의 입자를 형성시킨다. 미셀은 단순한 소형 미셀, 구상미셀, 봉상 미셀, 층상 미셀 등 여러 가지 형태가 있으며, 이는 계면활성제 형태나 농도 외에 다른 각종 조건에 따라 변한다.

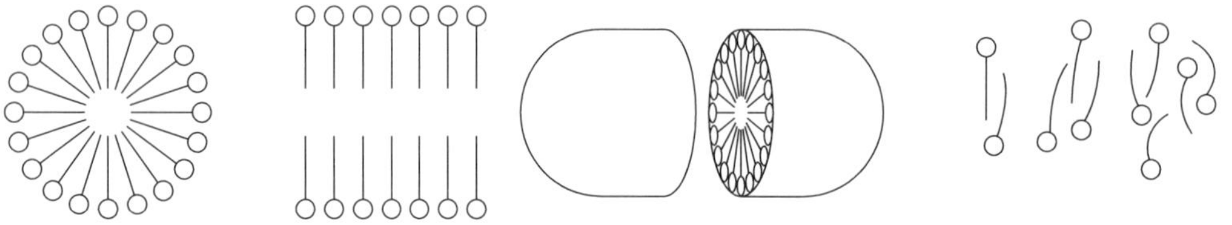

[미셀(micelle)의 종류]

2. 가용화(Solubilization)

물에 녹지 않는 소량의 유성성분을 계면활성제를 이용하여 투명한 상태로 용해시키는 것을 가용화라 한다. 이때 미셀의 크기는 가시광선의 파장(400~800㎚)보다 작아서 빛을 그대로 투과시키므로 투명한 상태로 보인다.

가용화는 물에 녹지 않는 물질이 미셀에 흡착되거나 미셀 중에 스며들어가는 현상이며, 가용화에는 CMC 이상의 계면활성제 농도가 필요하게 된다. 실제로 가용화 현상은 미셀을 형성하지 않는 저농도에서는 볼 수 없으며, 미셀형성 한계농도인(CMC)이상에서 나타난다.

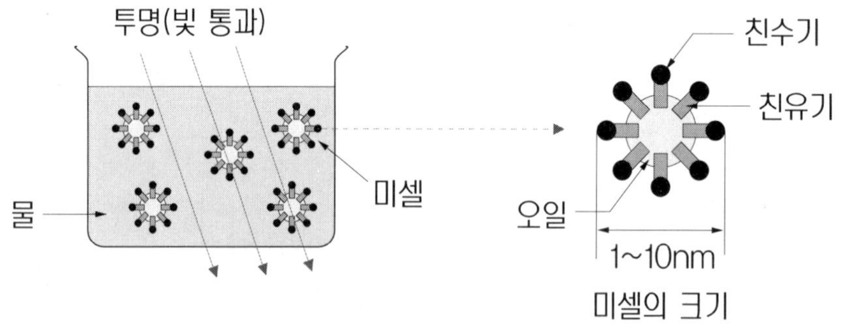

스킨 토너, 에센스, 헤어토닉, 향수류 등의 화장품이 대표적이며, 수용액에 유성성분을 용해시키는 경우가 대부분이다. 반면 립스틱과 같이 유성성분 베이스에 수용성 성분을 첨가하는 경우도 있다.

3. 유화(Emulsion)

많은 양의 유성성분을 물에 균일하게 혼합하는 기술을 유화기술이라 한다. 유화입자의 크기는 가시광선 보다 커서 빛을 통과시키지 못하고 산란시키기 때문에 유화제품은 뿌옇게 우유처럼 보인다..

이렇게 해서 생성된 분산계를 에멀젼(유제, 유탁액, emulsion)이라고 하며, 이때 사용한 계면활성제를 유화제라고 부른다.

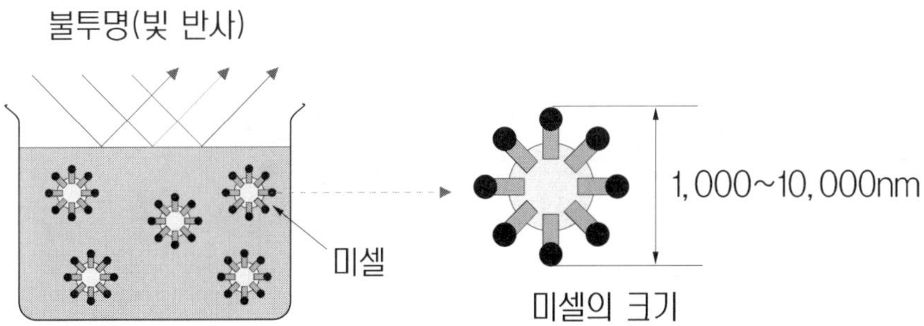

일반적으로 화장품 에멀젼일때 한쪽의 액체는 물이나 수용성 물질이고, 다른 한 쪽은 오일류나 왁스류 같은 유성 혼합물질이다.

화장품에서는 크림이나 로션류의 기초화장품은 물론이고, 색조화장품에서도 유화를 이용한 경우가 많다. 왜냐하면 유화를 사용하게 되면 유성 원료와 수성 원료를 비교적 간단하게 혼합할 수 있으며, 단독으로 사용할 수 있는 유지류와는 다른 형태의 사용감과 외관을 나타낼 수 있어 상품가치도 높아질 뿐 아니라, 기능면에서도 유지류 단독으로 얻을 수 없는 피부의 보호 작용을 부여할 수도 있기 때문이다.

에멀젼의 형태에는 물을 연속상으로 하고 그 안에 오일이 분산되어 있는 O/W형(oil-in-water type)과 그 반대로 오일을 연속상으로 하고 그 안에 물이 분산되어 있는 W/O형(water-in-oil type)의 두 가지가 있다.

일반적으로 크림이나 로션류와 같은 기초 화장품들은 대부분 O/W 타입에 속하지만 색조 화장품이나 자외선 차단제, 특수 영양 크림 등은 W/O 타입에 속한다.

또한 다중 에멀젼(multiple emulsion)이라 하여 분산상 내부에 또 다른 에멀젼이 형성되어 있는 경우도 있다.

에멀젼의 형태는 화장품의 외관이나 사용감에 큰 영향을 미치기 때문에 화장품의 사용

목적, 사용연령층, 첨가제 등을 충분히 고려해서 결정해야 한다.

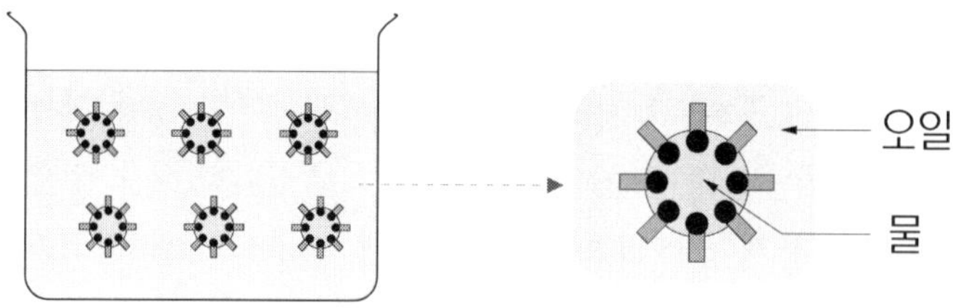

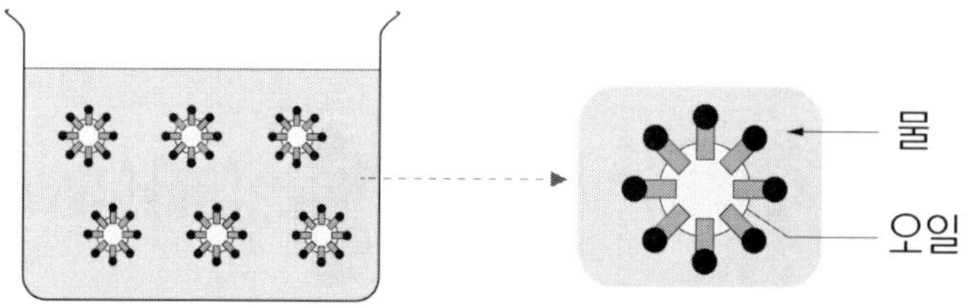

일반적으로 우리가 알고 있는 불투명한 에멀젼을 마크로에멀젼(macroemulsion)이라 부른다. 마크로 에멀젼은 입자크기가 1,000~10,000 nm로 다량의 오일을 함유한 백색의 에멀젼으로 가장 일반적인 타입이다.

미니 에멀젼은 나노 에멀젼이라고도 하며, 입자 크기는 100~1,000 nm로 오일을 적게 함유하고 있으며, 다소 푸른색으로 보인다.

마이크로 에멀젼은 입자의 크기가 10~100㎚로 매우 안정한 형태의 에멀젼으로 투명 또는 반투명의 형태를 가진다.

[에멀젼의 구분]

유형	입자크기(nm)	외관	열역학적 안정성
마크로 에멀젼	1,000 ~ 10,000	유백색 불투명	불안정
미니 에멀젼	100 ~ 1,000	청백색 불투명	불안정
마이크로 에멀젼	10 ~ 100	반투명	안정

일반적으로 유화는 유화제에 의해 오일과 물의 계면장력을 최소화하여 물과 기름을 섞이기 쉽게 하는 것이다. 물과 기름을 유화제 없이 강하게 흔들어 혼합한 후 방치하면, 혼

합액은 계면장력을 최소화하기 위해 두 층으로 빠르게 분리된다.

그러나 계면 주위에 유화제가 존재하면 계면장력을 감소시키면서 물과 기름의 분리 속도가 크게 감소된다. 하지만 유화제가 에멀젼의 열역학적인 불안정성을 완벽히 극복할 수 있는 것은 아니고 분리 현상을 지연시켜 줄 뿐이다.

즉, 에멀젼은 열역학적으로 불안정한 상태이므로 결국은 시간이 지나면 분리되어 물층과 기름층으로 나누어진다. 따라서 화장품 연구원들은 어떻게 하면 에멀젼을 사용기간 동안 안정한 상태로 만들 수 있는 가를 위해 많은 노력을 하고 있다. 물과 기름을 유화시켜 안정한 상태로 유지하기 위해서는 분산상의 크기를 미세하게 해주는 것이 좋으며, 이때 사용하는 장치가 호모믹서(homo-mixer)이다.

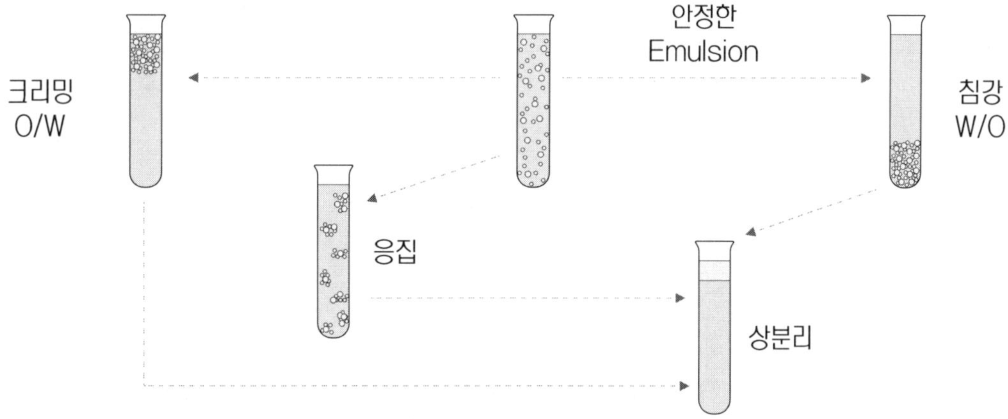

[에멀젼의 파괴과정]

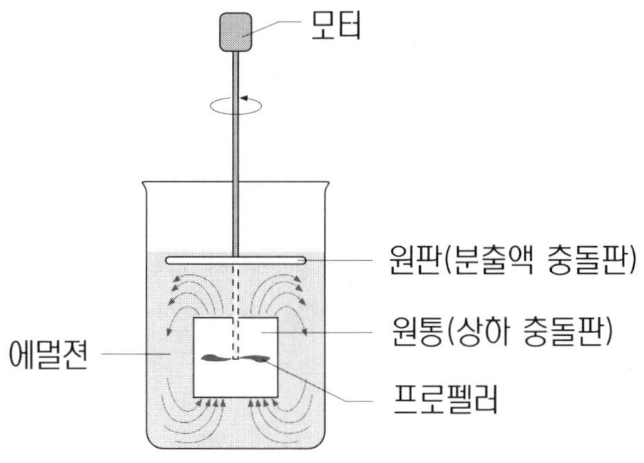

[호모믹서의 원리]

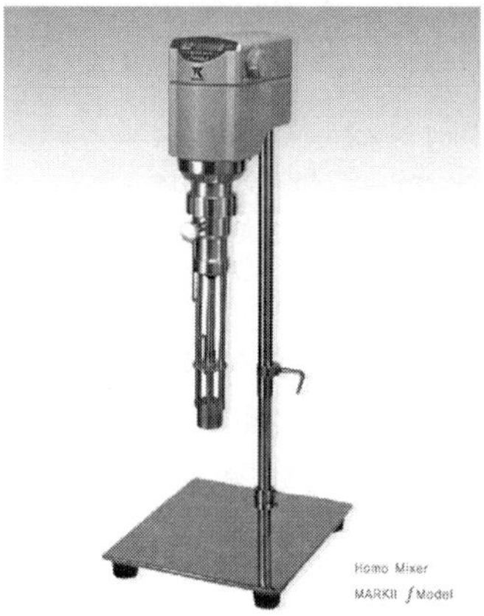

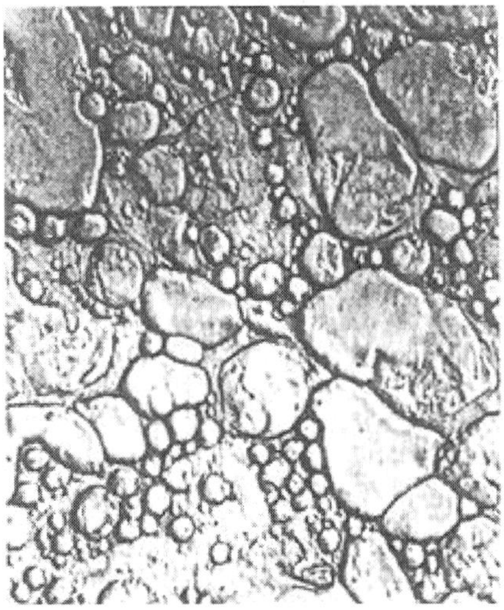

[호모믹서 사용 전]

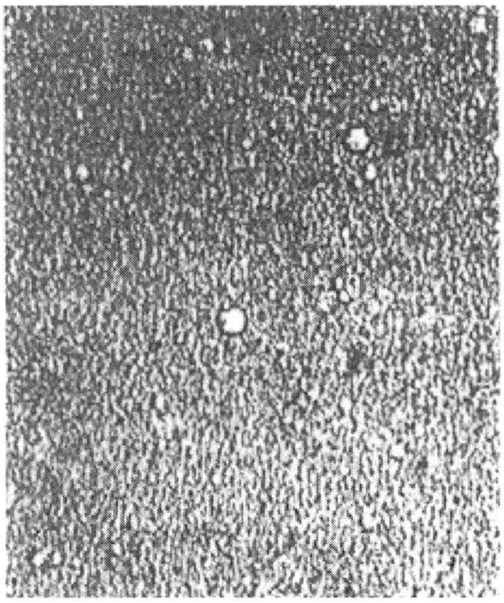

[호모믹서 사용 후]

4. 분산(Dispersion)

분산계는 기체, 액체 고체 등의 하나의 상에 다른 상이 미세한 상태로 분산되어 있는 것을 말한다. 즉, 화장품의 경우에는 거의 모든 제품이 일종의 분산계라고 할 수 있다. 고체-액체 분산계는 안료(색소) 등의 고체입자를 액체 속에 균일하게 혼합시키는 것을 말한다. 고체-액체 분산계를 이용한 화장품으로는 파운데이션, 메이크업 베이스, 크림 마스카라, 아이라이너, 립스틱, 네일 에나멜 등과 같은 색조 화장품의 대부분이 여기에 속한다. 색조화장품은 피부 또는 손톱에 색상을 부여하여 아름다워 보이도록 하는 것을 목적으로 사용하는 화장품들이기 때문에 색상을 부여하기 위한 성분으로 고체 상태인 안료가 이용되고 있는 것이다.

이들 안료들은 각각의 목적에 따라 여러 가지 분산매 중에서 볼밀(ball mill), 콜로이드 밀(colloid mill), 롤러 밀(roller mill), 프로펠러식 교반기(propeller stirrer) 등의 기계적인 힘에 의해 혼합, 분쇄, 분산 등이 실행되고 있다. 안료를 각각 분산매 중에 얼마나 쉽고 균일한 상태로 분산시킬 수 있는가의 여부는 제조상의 문제 뿐만 아니라 상품가치를 좌우하는 중요한 문제이다.

Ⅲ. 화장품 성분

화장품에 사용되는 원료는 9,000여 종 이상으로 하나의 화장품에는 약 30~50여 종의 원료를 사용해 화장품을 제조한다. 대표적인 화장품 성분으로는 물, 보습제, 유성원료, 계면활성제, 고분자화합물, 용제, 분체, 색소, 향료, 방부제, 활성성분, 기타 첨가물 등이 있다. 이들 성분의 조합에 따라 다양한 제형과 제품이 만들어질 수 있으며, 최근에는 기능성 화장품 시장이 확대됨에 따라 유효활성성분의 탐색과 개발에 많은 노력을 기울이고 있다. 특히 천연추출물 등을 통한 미백, 주름방지, 노화예방 등의 연구가 활발하게 이루어지고 있다.

우리나라에서 화장품 제조시 사용되는 원료는 화장품 원료기준(장원기)과 대한민국 화장품원료집 KCID(Korea Cosmetic Ingredient Dictionary)에 수재된 원료를 사용하며, 또한 INCI(International Nomenclature of Cosmetic Ingredient)에 수재되어 있는 원료를 사용한다. 새로운 원료를 개발해 사용할 경우 안전성, 유효성 테스트를 거친 후 별도의 허가를 받아야 한다.

1. 유성 원료

화장품에 사용되는 유성 성분은 피부의 수분 증발을 억제하며 사용 감촉을 향상시키는 원료로 천연의 식물이나 동물의 기름을 사용한 것으로, 대부분이 트리글리세라이드(triglyceride)의 구조를 가지고 있다. 이러한 유성성분은 일반적으로 상온에서 액체인 것을 오일(oil)이라 부르며, 고체인 것은 지방(fat)이라 한다. 화장품에 이용되는 유성성분의 대부분은 동식물 혹은 광물로부터 추출하여 탈색, 탈취 등의 정제과정을 거쳐 불포화결합 상태의 물질에 수소를 결합시켜 안정한 경화유 형태로 만들어 사용한다.

화장품에 유성 원료를 배합하는 목적은 피부를 유연하고 광택 있게 해주며, 피부표면의 수분이 증발하는 것을 억제시켜 피부건조를 막아주고, 표피에 인공 피지막을 만들어 외부의 자극으로부터 피부를 보호할 목적으로 사용한다.

유성 원료는 크게 유지류, 왁스, 탄화수소류, 지방산, 고급알코올, 에스테르류, 실리콘 등으로 크게 구분할 수 있다.

(1) 유지류(Oils and Fats)

유지류는 고급지방산과 글리세린의 트리글리세라이드로 동물, 식물에 널리 분포하는 원료이다. 주로 천연에서 얻은 것을 탈색, 탈취하여 사용하며, 수소를 첨가하여 경화유로 사용하기도 한다. 넓은 의미로 액체 상태의 유용성 성분 대부분을 유지류라 말하기도 한다.

1) 식물성 오일

식물성 오일은 주로 식물의 잎이나 열매에서 추출하며, 좋은 냄새가 나기는 하지만 피부에 흡수되는 속도가 느린 편이고 쉽게 산화되는 단점이 있다.

① 밀배아 오일(*Triticum durum T.*, *Triticum aestivum* : Weatgerm oil)

밀가루 제분과정에서 분리된 밀의 눈을 압착하거나 용매추출을 통해 얻어진 오일이다. 불포화 지방산과 항산화제인 Vitamin E를 다량 함유하고 있어 산화가 쉽게 되지 않는 장점이 있다. 산화가 잘 되지 않아 천연항산화제로도 많이 사용하는 원료로, 특히 건성과 노화피부의 세포 재생에 효과적이다.

② 아몬드 오일(*Prunus amygdalus* : Almond oil)

아몬드는 스위트 아몬드(sweet almond)와 비터 아몬드(bitter almond)의 두 품종이 있다. 주로 이용되는 것은 스위트 아몬드이며, 비터 아몬드는 인체에 유해한 미량의 아미그달린(amygdalin) 성분을 함유하고 있어서 독성을 나타내므로 많이 사용하지는 않는다.

스위트 아몬드의 씨에서 추출한 오일에는 불포화지방산인 리놀레산(linoleic acid)이 풍부해 피부를 부드럽게 만들어주어 크림, 로션의 에몰리언트제, 마사지 오일 등에 사용된다.

③ 올리브 오일(*Olea europaea* : Olive oil)

올리브의 열매를 압착하여 채취된 지방유로 영양분이 풍부하여 요리에도 많이 이용되며 올리브 오일은 화장품 원료로 사용 시 피부 친화성이 매우 우수하다. 불포화지방산인 올레인산이 65~80%로 가장 많이 포함되어 있다. 피부 표면의 수분증발을 억제하고 사용감촉을 향상시키는 효과가 있어 썬탠 오일, 마사지용 오일로 사용되고 각종 크림과 립스틱, 모발용 화장품의 원료가 된다.

④ 아보카도 오일(*Persea Americana* : Avocado oil)

아보카도 열매를 압착하여 추출한 지방유로, 엽록소가 풍부해 오일이 초록빛이 나는 것이 특징이며 올레인산(77%), 리놀레인산(11%)로 구성되어 있고 각종 비타민을 많이 함유하고 있다.

피부에 수분과 부드러움을 유지시키며 다른 천연 오일에 비해 자외선 흡수 효과가 우수하다. 피부 친화성이 높고 살균 및 진정효과 또한 우수하다. 크림류, 립스틱, 선탠 제품 등에 다양하게 응용된다.

⑤ 마카다미아 오일(*Macadamia integrifolia* : Macademia oil)

마카다미아 나무의 열매를 압착하여 얻은 오일이다. 주성분은 올레인산(oleic acid, 56%)이며, 식물유로는 특징적으로 피지의 성분인 글리세라이드의 지방산 성분과 유사한 팔미트레인산(palmitoleic acid, 25%)을 많이 함유하고 있기 때문에 피부 친화적이다.

피부가 노화될수록 피지의 팔미트레인산이 감소되기 때문에 건조하거나 노화된 피부를 위한 화장품 원료로 사용한다.

⑥ 달맞이꽃 오일(*Oenothera biennis* : Evening primrose oil)

밤에만 꽃이 피는데서 유래된 달맞이꽃은 인디언들이 상처치료에 종자를 사용하면서 알려지게 되었다. 달맞이꽃 오일은 달맞이꽃의 종자에서 오일을 추출한 것으로, 약하게 담황색을 띠고 있으며, 필수지방산인 감마리놀렌산이 풍부하여 피부 건조, 거칠음 등의 증상에 사용되는 오일이다. 피부노화를 예방할 목적으로 사용되며 아토피 피부, 노화 및 피부재생에 효과적이다.

⑦ 로즈힙 오일(*Rosa rubiginosa* : Rosehip oil)

야생장미의 종자를 냉동압착하거나 용매 추출하여 얻어진 오일로 피부 재생에 탁월한 효과를 나타내는 특징이 있다. 특히 자외선에 의한 건조로 생기는 입가나 눈가의 잔주름을 예방하는 효과가 알려져 있으며, 흉터나 상처의 회복과 재생이 뛰어나다. 이는 리놀레산(linoleic acid, 47%)과 리놀렌산(linolenic acid, 33%)의 함량이 많은 데서 기인한 것으로 알려져 있다.

⑧ 살구씨 오일(*Prunus armeniac* : Apricot kernel oil)

살구씨를 냉동 압착하여 추출한 오일로 사용감이 가볍고 피부흡수가 빠르다. 따라서 에몰리언트제로 많이 사용되는 원료로 건성피부, 민감성 피부나 염증성 피부를 개선시킨다.

⑨ 해바라기 오일(*Helianthus annus* : Sunflower oil)

해바라기의 씨를 압착하여 얻은 오일로, 비타민 A, D, E 뿐만 아니라 칼슘, 아연, 칼륨, 철, 인 등의 무기질의 함량이 높으나, 불포화지방산의 함량 또한 높아 산화가 빨리되는 단점이 있다.

2) 동물성 오일

동물성 오일은 일반적으로 피부 친화성이 좋고 흡수가 빠르지만, 식물성 오일에 비해 색상이나 냄새가 좋지 않고 쉽게 산패되는 단점이 있다.

① 밍크 오일(*Mustela vison* : Mink oil)

밍크 복부의 피하지방에서 추출해 정제한 오일로, 피부퍼짐성과 침투성이 좋으며 피부 재생 효과가 뛰어나다.

② 에뮤 오일(*Dromaius novaehollandiae* : Emu oil)

오스트레일리아에 서식하는 대형 조류인 에뮤의 앞 가슴살에서 추출한 오일로 호주 원주민들은 오래전부터 상처치료 및 피부보호를 위해 사용해왔다. 피부 친화력이 우수하고 항염증 효과도 우수한 오일로 알려져 있다.

(2) 왁스(Wax)

왁스(wax)는 고급 지방산과 고급1가 또는 2가 알코올이 결합된 에스테르(ester)로, 녹는점이 높은 고형의 유성 원료의 한 종류로 탄소수가 C_{20}~C_{40}인 고분자물질이다. 왁스류는 동물, 식물에 널리 분포하며 주로 천연에서 얻은 것을 정제하여 사용한다. 넓은 의미로 고체 상태의 유지를 왁스라고 부른다. 왁스는 화장품의 굳기를 증가시키므로 립스틱과 같은 화장품의 고형화에 도움을 주고, 광택을 부여하여 사용감을 향상시키기 위한 목적으로 배합한다.

1) 식물성 왁스

① 카나우바 왁스(*Copernicia cerifera* : Carnauba wax)

브라질 등에서 자생하거나 재배되는 카르나우바 야자나무의 잎에서 얻어지며, 녹는 온도가 80~86℃로 식물성 왁스 중에서 가장 높고 광택성이 뛰어나다.

립스틱, 크림 및 탈모제 등에 사용되며, 립스틱의 융점, 강도, 광택을 향상시킨다.

② 칸데릴라 왁스(*Euphorbia cerifera* : Candelilla wax)

멕시코 북서부, 미국 텍사스 남부와 같이 온도차가 심하고 비가 적은 건조한 지대에서 자생하는 칸데릴라 식물의 줄기에서 얻어지며 녹는 온도가 68~72℃이다. 카르나우바 왁스와 함께 립스틱에 주로 사용되며, 립스틱의 부서짐을 예방하고 광택을 내는데 효과적이다.

③ 호호바 오일(*Simmondsia chinensis* : Jojoba oil)

미국 남부와 멕시코 북부의 건조 지역에서 자라는 호호바 열매의 씨로부터 추출하는 오일로, 옛날부터 원주민들에 의해 피부 치료 등의 목적으로 사용되어 왔다. 공기 중에서의 산화 및 열에 안정하여 다른 식물성 오일에 비해 부패되지 않아, 오랜 기간 보존할 수 있는 장점이 있다. 피부에 도포 시 인체의 피지와 유사한 화학구조의 물질들을 함유하고 있어 퍼짐성이 좋으며 산뜻하고 부드러운 감촉을 준다.

또한 상처치료 및 진정력이 뛰어나 모든 피부에 사용이 가능한 원료로 특히 피부와 두피의 문제 개선에 효과적이다. 피부 침투성이 좋아 각종 노폐물을 용해시키며 특히 지성피부에 효과적이다. 피부 치유효과와 에몰리언트 효과가 있으며 마사지 오일, 아로마테라피의 캐리어 오일 등으로 사용된다.

2) 동물성 왁스

① 밀납(Bees wax)

벌집에서 추출한 것으로 화장품 원료 중 전통적으로 가장 오래된 원료이다. 주성분으로는 고급 지방산과 고급 알코올의 에스테르(ester)인 멜리실 팔미테이트(melissyl palmitate)이며, 미량의 지방산과 탄화수소를 함유하고 있다.

녹는 온도는 60~67℃이며, 유연한 촉감을 부여해 크림, 로션, 파운데이션, 아이섀도우, 마스카라 등 화장품의 전반에 걸쳐 널리 사용된다.

② 라놀린(Lanolin)

양의 털에서 추출하며, 피부에 대한 친화성, 부착성, 윤택성이 우수하다. 녹는 온도는 36~42℃이며, 기초 화장품, 메이크업 화장품, 모발 화장품 등에 폭넓게 사용되고 있다. 최근에는 동물성원료의 사용이 줄어들고 있을 뿐만 아니라 알레르기 유발 가능성 때문에 사용량이 현저히 감소하였다.

(3) 탄화수소(Hydrocarbons)

화장품 원료로 가장 많이 사용되는 것은 C_{15} 이상의 사슬모양의 포화탄화수소이고, 주로 석유나 광물질에서 추출하기 때문에 광물성 유성원료라고도 한다. 산화되거나 변질될 우려가 없으며, 무색, 무미, 무취의 특성이 있다. 그러나 유분감이 지나치게 많고 피부 호흡을 방해할 수 있으므로 다른 종류의 오일과 혼합하여 사용한다.

1) 유동 파라핀(Liquid paraffin, Mineral oil)

석유로부터 얻어지는 광물성 오일의 하나로 C_{15}~C_{30}의 포화탄화수소 혼합물로 미네랄 오일이라고도 불린다. 유동 파라핀은 정제가 쉽고 무색, 무취이며 화학적으로 안정하고 가격이 저렴하여 널리 사용되는 오일 중 하나이다. 특히, 마사지나 클렌징 제품에서 피부에 유연감을 부여하고 메이크업 제품의 제거하거나 피부 표면의 수분증발 억제 등의 목적으로 사용된다.

2) 파라핀(Paraffin)

석유의 증류 과정에서 마지막에 남은 부분을 정제하여 얻은 백색 또는 투명한 고체이다. 녹는점은 50~70℃로, 유동파라핀과 같이 무색, 무취, 불활성이고 크림이나 립스틱 등에 사용된다.

3) 바세린(Vaseline, Petrolatum)

바세린은 석유로부터 얻어지는 반고체상의 탄화수소 혼합물로 액체 상태가 아닌 페이스트(paste)상태로 존재하기 때문에 오일로 분류하기에는 무리가 있어 보이지만, 현재 대부분의 문헌에서 광물성 오일로 분류하고 있다.

4) 스쿠알란(Squalane)

심해 상어의 간유에서 추출한 불포화지방산인 스쿠알렌(squalene)에 수소를 반응시켜 포화지방산으로 만들어 안정화시킨 오일이다. 최근에는 올리브유 채유과정에의 부산물로도 식물성 스쿠알란이 제조 공급되고 있다. 피부의 피지성분 조성 중 25%가 스쿠알란으로 구성되어 있으며 따라서 피부에 대한 친화력이 좋은 원료 중 하나이다.

5) 오조케라이트(Ozokerite)와 세레신(Ceresin)

'향기로운 왁스'라는 뜻을 지닌 그리스어에서 유래한 오조케라이트는 고체 파라핀계 탄화수소로 석유 광산 또는 석탄광산 등에서 산출한 원료로 색상은 백색 또는 황색을 띠며 오조케라이트를 정제한 왁스가 세레신이다.

화장품 처방에서 3~5% 정도 사용하고 액상류를 포함하는 성질이 있어 립스틱의 기재를 균질화하고 발한성을 방지시키는 효과가 있다. 세레신은 친유성 크림의 점도를 조절하고 립스틱을 단단하게 만들 목적으로 첨가한다.

6) 마이크로 크리스탈린 왁스(Micro crystalline wax)

바세린 중에 잔존하는 액상유를 다시 여과 또는 원심분리하여 채취한 성분으로, 다른 왁스의 결정화를 예방하는 비결정 왁스이다.

일정한 점성이 있으며 저온에서도 딱딱하게 굳지 않으며 융점이 60~85℃로 높은 편이다. 화장품 처방시 다른 원료와 함께 사용하여 립스틱 등이 딱딱하게 굳는 것을 방지해주며 피부에 대한 부착력을 높여준다.

(4) 고급 지방산(Higher fatty acids)

지방산은 일반적으로 R-COOH(R: 알킬 체인)로 표시되는 화합물이다. 천연 유지, 밀납 등에 포함된 에스테르 화합물을 분해하여 얻는다. 염기성 성분과 함께 비누 제조 및 유화제로 사용되기도 한다. 대체로 화장품에 이용되고 있는 지방산은 고급지방산으로 탄소수가 C_{12} 이상의 포화지방산을 사용한다. 화장품용 유지를 가수분해하여 이것을 압착법 또는 분별 증류법에 의해 만들어지며, 최근에는 석유로부터 합성한 혼성지방산이 개발되어 이용되고 있다.

1) 라우르산, 로르산(Lauric acid; $CH_3(CH_2)_{10}COOH$)

야자유나 팜핵유에서 얻으며, 거품상태가 좋아 화장비누나 폼클렌져에 이용한다.

2) 미리스트산(Myristic acid; $CH_3(CH_2)_{12}COOH$

버터, 팜유 및 야자유 등을 비누화 분해하여 얻은 혼합지방산을 분류해서 얻는다. 미리스틴산 비누는 거품성과 세정력이 좋아 세안크림과 면도용 크림에 주로 사용한다.

3) 팔미트산(Palmitic acid; $CH_3(CH_2)_{14}COOH$)

동식물의 지방에서 천연으로 만들어지고 크림, 유액 등에 사용된다. 스테아르산과 같이 대표적인 지방산의 한 종류이다. 특히 녹는점이 낮고 융해성이 좋아야 하는 경우에 사용된다.

4) 스테아린산(Stearic acid ; $CH_3(CH_2)_{16}COOH$)

가장 대표적인 지방산으로 $C_{17}H_{35}COOH$의 포화 고급 지방산이다.

천연에서 가장 다량으로 존재하는 지방산으로 거의 모든 동식물 지방에 중성 지방인 스테아린으로 들어있고 고체형의 동물성 기름과 몇 종류의 식물성 기름에 함유되어 있는 흰색의 지방산이다.

(5) 고급 알코올(Higher alcohol)

천연 유지에서 얻거나 왁스, 고급지방산 또는 석유 등에서 합성하여 얻을 수 있다. R-OH의 구조로 탄소 6개 이상의 1가 알코올을 총칭한다. 고급알코올은 화장품의 점도를 조절하고 유화를 안정화시키기 위한 유화보조제로 첨가하고 있다.

1) 세틸 알코올(Cetyl alcohol, cetanol ; $CH_3(CH_2)_{15}OH$)

오래전부터 많이 사용되어 온 백색의 원료로 주로 팜유, 우지의 환원을 통해 얻는다. Cetanol(세탄올)이라고도 하며 고체상태이다. 자체 유화기능은 없지만 유화 안정 보조제나 점도 조정제로 많이 사용된다.

2) 스테아릴 알코올(Stearyl alcohol ; $CH_3(CH_2)_{17}OH$)

경납, 우지, 아자유 등에서 세틸알코올과 같은 방법으로 추출한다. 고도로 정제 포화된 알코올로써 백색 왁스와 같은 고체이고, 크림과 유액 등 유화제품의 유화 안정 보조제로 사용된다.

3) 세토스테아릴 알코올(Cetostearyl alcohol)

세틸알코올과 스테아릴알코올의 비율이 1:1로 혼합된 원료로 화장품에서 널리 사용되고 있다. 자체적으로 유화력은 없으나 유화안정 보조제로 쓰인다

4) 이소스테아릴 알코올(Isostearyl alcohol)

가지 달린 탄소수가 18개인 포화 알코올로 화학 합성을 통해 얻을 수 있으며 액상 상태이다. 열안정성과 산화안정성이 우수하며 유연제와 점도 형성제로 사용한다.

5) 2- 옥틸 도데카놀(2-Octyl dodecanol)

화학 합성을 통해 얻으며, 무색 투면한 액체로 가지 달린 구조를 가지므로 융점이 낮다.

(6) 에스테르(Ester)

합성 에스테르는 지방산과 알코올의 탈수반응에 의해 합성되며, R-CO-O-R'으로 표기된다. 합성 에스테르는 천연 에스테르가 가진 장점을 유지하고 단점을 보완하여 합성된 것으로, 피부에 유연성을 주고 산뜻한 촉감으로 사용감이 좋아 화장품의 유성원료로 많이 사용된다. 또한 화장품 원료의 용해제로서의 기능도 탁월하다.

1) 이소프로필 미리스테이트(Isopropyl myristate : IPM)

고급지방산인 미리스틴산(myristic acid)에 저급 알코올인 이소프로필 알코올(isopropyl alcohol,isopropanol)이 에스테르 결합된 것으로 "합성 에스테르유" 에 속하며, 광물성 오일에 비해 유분감이 낮고 감촉이 가볍다. 무색 투명한 액체로 다른 오일과의 사용성이 좋으며, 용해성이 우수하여 색소의 분산, 향료의 용제 및 에몰리언트제로 사용된다.

2) 세틸 옥타노에이트(Cetyl octanoate)

이소프로필 미리스테이트에 비해 분자량이 크고 피부에 대한 부담이 적다. 사용감이 가벼워 유화제품에 다양하게 사용되며, 특히 색소의 분상성이 좋고 열 안정성이 우수하여 화장품 전반에 광범위하게 사용되고 있다.

3) 2-옥틸도데실 미리스테이트(2-Octyldodecyl myristate)

2-옥틸도데칸올과 미리스트산을 에스테르화 하여 얻은 오일로 융점이 낮고 가수분해 및 산화에 안정하다. 피부로부터 수분 증발을 억제하며 밀착감이 라놀린(lanolin)과 유사하여 알레르기로 인해 사용에 제한이 있는 라놀린(lanolin)을 대신하여 피부 밀착감을 향상시키기 위해 사용할 수 있는 원료이다.

4) 세틸 2-에틸 헥사노에이트(Cetyl 2-ethylhexanoate)

세탄올과 2-에틸헥사노에이트의 에스테르 화합물로 점도가 낮으며 사용감이 비교적 가볍다.

5) 디소스테아릴 말레이트(Diisostearyl malate)

아이소스테아릴 알코올과 말릭산의 에스테르 화합물로 점성이 있는 액체로 안료 분산력이 우수하다.

(7) 실리콘 오일(Silicone oil)

실리콘은 실록산 결합(−Si−O−Si−)을 갖는 유기 규소 화합물의 총칭으로 분자량에 따라 여러 가지 점도의 물질을 얻을 수 있다. 실리콘 오일의 특성은 무색 무취이며 내수성이 높고, 탄화수소류와 같은 끈적임이 없어 사용감이 가벼우며 피부나 모발에 퍼짐성이 좋아 화장품에 널리 사용되고 있다. 대표적인 것으로는 디메치콘(dimethicone), 사이크로메치콘(cycromethicone) 등이 있다. 끈적임을 싫어하는 최근의 소비자 경향으로 인해 W/S 제형의 자외선차단제 및 워터프루프(water proof) 형태의 제품들에 많이 사용되고 있다.

1) 디메치콘(Dimethicone)

분자량에 따라 점도가 다양(액상~페이스트상)하며, 점도가 높을수록 다른 유상성분과의 상용성이 나빠지기 때문에 주로 분자량이 작은 저점도의 것이 널리 쓰이고 있다. 가벼운 사용감 부여와 유분의 끈적거림을 억제시켜준다. 또한 퍼짐성 증대, 소포기능(기포제거 기능)도 가지고 있다.

2) 디메틸폴리실록산(Dimethylpolysiloxane : PDMS)

실리콘 중 가장 많이 사용되는 원료로 분자량에 따라 성상이 달라지므로, 분자량이 클수록 점도가 높아져 왁스형태가 되는 특징이 있다. 특히 두발제품에서 모발의 윤기부여를 위해 사용되며 기포를 제거하는 능력이 탁월해 화장품 제조시 소포제로 사용된다.

3) 사이클로메치콘(Cyclomethicone)

디메치콘의 메털(methyl)기의 일부를 페닐(phenyl)기로 치환한 구조로 에탄올에 용해된다. 가볍고 매끄러운 사용감을 가진 휘발성 오일로 끈적임이 거의 없어, 최근에는 기초 및 색조 화장품에 널리 사용되고 있다. 휘발하면서 표면에 필름막이 형성되어 묻어나지 않기 때문에 묻어나지 않는 립스틱이나 파운데이션에 많이 사용된다.

2. 수성원료

(1) 정제수(De-ionized water, Purified water, Water, Aqua)

화장품의 주원료가 되는 성분으로 성분함량이 높아 화장품 전성분표시에서 가장 앞에 나열되는 원료이다. 물은 훌륭한 용매일 뿐 아니라, 피부를 촉촉하게 해주는 기능도 있다. 화장품을 만드는 기초 물질로 사용되며, 제조 공정에 있어서도 세정액이나 희석액 등으로 사용된다.

화장품 제조에 사용되는 물은 주로 이온교환수지를 이용하여 정제한 이온교환수를 자외선 램프에 비추어 멸균한 물을 사용한다. 세균에 오염된 물이나 금속이온이 함유된 물은 피부에 손상을 가져오고 피부나 모발에 끈끈하게 부착되기도 한다.

또한 Ca^{2+}나 Mg^{2+} 등과 같은 금속이온들이 화장품에 함유된 다른 성분과 결합하여 제품의 분리나 점도 변화 등을 일으키기 때문에 화장품 제조에 사용되는 물은 반드시 Ca^{2+}나 Mg2+ 등과 같은 금속이온들과 세균이 없는 정제수를 사용하여야 한다. 그러나 최근 화장품의 이용 목적과 컨셉에 따라서 정제수 대신 천연수(온천수, 해양심층수, 빙하수 등)를 그대로 이용하는 경우도 있다.

(2) 에틸 알코올(Ethyl alcohol)

일반식 R-OH의 기본구조를 갖는 대표적인 1가 알코올의 한 종류로 화장품 원료로 사용되고 있는 알코올은 에틸 알코올(ethyl alcohol, C_2H_5OH), 즉 에탄올을 말하며, 곡정 또는 주정이라고도 한다.

에탄올은 무색, 투명의 액체이고, 휘발성이 있으며, 물 또는 유기용매와 잘 섞인다. 때문에 물에 잘 용해되지 않는 향료나 무기 화합물 중에는 에탄올에 용해되는 것이 많아서, 화장품 원료로서 뿐만 아니라 중요한 용매 중의 하나이기도 하다. 화장품에서는 주로 수렴, 청결, 살균제, 가용화제, 건조 촉진제 등의 목적으로 사용되고 있다.

3. 보습제(Moisturization, Humectants)

화장품에서 사용하는 '보습'이라는 용어는 사전 어디에도 존재하지 않는 화장품이나 관련업계 마케팅 용어로 탄생한 단어이다. 따라서 보습이라는 의미는 건조한 피부를 개선하는 뜻으로 해석하면 된다.

과거 바세린, 글리세린 등의 물질들은 건조함이 줄어들고, 가려움 증상이 감소하는 일차적 작용을 하였지만, 사용감, 피부의 잔존성, 보습의 지속성 등의 문제가 계속 제기되었다. 즉 보습제가 단순히 건조 피부에 도움을 주는 것 뿐 아니라 표피의 대사 과정을 조절하여 진피에도 영향을 미친다는 연구 결과가 보고되고 있어 다각화된 보습제 연구가 필요한 실정이다.

화장품에서 사용하는 보습제는 수용성 물질로 피부에 수분을 공급하여 촉촉하게 하는 작용을 하는 것과, 화장품 자체의 수분보유제로서의 작용을 하는 물질을 말하는 것으로 크게 폴리올(polyol), 천연보습인자, 고분자 보습제로 나눌 수 있다.

※ 바람직한 보습제로서의 주요 조건

- 적절한 흡습 능력이 있을 것
- 흡습력을 지속할 것
- 흡습력이 환경 조건 변화(온도, 습도, 바람 등)의 영향을 쉽게 받지 않을 것
- 흡습력이 피부나 제품계의 보습에 기여할 것
- 가능한 휘발성이 없을 것
- 다른 성분과 혼용성이 좋을 것
- 응고점이 가능한 낮을 것
- 점도가 적정하고 사용감이 우수하며, 피부와의 친화성이 좋을 것
- 안전성이 높을 것
- 가능한 무색, 무취, 무미일 것

(1) 폴리올(Polyol, 다가 알코올)

2개 이상의 수산기(-OH)를 가진 화합물로 폴리올(polyol)이라고 한다. 물분자와 잘 결합하는 성질이 있어 피부에 수분을 공급하고 수분증발을 억제하여 화장품 보습제로 널리 사용된다.

1) 글리세린(Glycerin)

오래 전부터 사용되어 왔으며 현재에도 가장 보편적으로 많이 사용되는 보습제로, 글리세롤(glycerol)이라고도 한다. 비누를 제조하는 과정에서 생긴 것을 탈수하여 얻은 것으로, 지방의 가수분해와 당분의 발효로 제조될 수 있으며 합성할 수도 있다. 무색 무취이나 맛은 달다. 사용시 끈적임이 있는 단점이 있다.

2) 프로필렌글라이콜(Propylene glycol)

글리세린과 유사한 외관을 갖고 있는 무색, 무취의 투명한 액체로, 글리세린에 비해 보습력이 떨어지나 사용감이 가볍다. 난용성 물질의 용해성 향상에도 도움을 주어 가용화력을 향상시킨다. 피부 자극성이 보고되고 있어 사용량이 감소 추세에 있다.

3) 1,3 부틸렌글라이콜(1,3 Butylene glycol)

무색 투명의 점성을 가진 액체로 끈적임이 없으며, 보습력이나 피부 자극 면에서 글리세린과 프로필렌글리콜의 중간 정도에 해당된다. 항균성을 가지는 특징이 있으며, 광범위하게 사용되나 가격이 다른 보습제에 비해 상대적으로 좀 비싼 편이다.

4) 폴리에틸렌글라이콜(Polyethylene glycol, PEG)

물 또는 에틸렌글라이콜에 알칼리 촉매 하에서 에틸렌옥사이드를 부가 중합하여 얻는 화합물이다. 주로 평균분자량을 숫자로 나타낼 때 평균 분자량이 600 이하이면 액체이고 1000이상이면 고체인데, 분자량이 증가하면서 보습력은 감소하며 피부 자극도는 낮아진다. 대부분 무색, 무취이다.

5) 솔비톨(Sobitol)

사과, 복숭아 등의 과즙에 함유된 당 알코올로 백색, 무취의 고체이다. 포도당을 환원하여 만들고 흡습 작용은 보통이지만, 보습성은 양호하다.

(2) 천연보습인자(Natural moisturizing factor ; N.M.F)

각질층에는 10~20%의 수분이 일정하게 유지되고 있어서 항상 촉촉하다.각질층에 존재하는 수용성 성분들을 천연보습인자라고 말하며, 피부의 수분증발을 억제하고 건조함을 막아주어 피부가 거칠고 갈라지는 것을 막아준다. 구성성분으로는 아미노산, PCA, 요소, 젖산염, 글루코사민, 구연산염, 당, 펩티드 등이 있다. 천연보습인자의 구성성분을 화장품의 소재로 활용하여 피부보습제로 사용하고 있다.

1) 아미노산(Amino acid)

천연보습인자의 40%를 차지하는 대표적인 보습성분이다. 아미노산은 단백질을 구성하는 성분으로 대부분 단백질을 가수분해시켜 얻어진다.

2) 젖산나트륨(Sodium lactate)

NMF에 존재하는 중요한 천연 보습 성분으로 다가알코올류에 비해 높은 보습력을 가진다.

3) 2-피롤리돈-5-카르본산나트륨(Sodium 2-pyrroridone-5-carboxylate)

NMF 가운데 중요한 작용을 하는 보습 성분으로 뛰어난 흡습, 보습 효과를 나타내며, 특히 염의 형태가 되어야 효과를 발휘한다.

(3) 고분자보습제

1) 히아루론산(Hyaruronic acid)

소의 수정체에서 처음 발견하였으며, 다당류의 일종으로 콘드리친 황산과 함께 피부에 존재하는 중요한 뮤코다당류로 알려져 있는 보습제이다. 포유 동물의 결합 조직에 널리 분포되어 있으며, 세포 간에 수분을 유지하며 조직 내에 젤상의 매트릭스를 형성하여 세포를 유지하고 피부의 윤활성과 유연성을 제공하며, 세균 감염을 방지한다.

파우더 상태를 기준으로 자체 무게의 80배의 수분을 흡수하는 우수한 보습력을 가진 원료이다. 피부에 도포하여 흡수시키면 점성의 탄력 있는 막을 형성하여 보습효과를 나타내는 우수한 원료이다. 초기에는 닭 벼슬이나 동물의 탯줄에서 추출하여 사용하였으나 생산량 부족으로 고가로 판매되어 사용되었다. 최근에는 미생물 발효생산이 실용화되어 대량 생산이 가능해져 상용화된 원료의 하나이다.

2) 콘드리친 황산(chondroitin sulfate)

피부 · 탯줄 · 육아(肉芽) 등 각종 결합조직에도 존재하는 다당류로 점성이 있는 것이 특징이며 진피의 기질 속에 많이 함유되어 있어 피부의 보습력을 나타내는 뮤코다당류이다.

3) 콜라겐(collagen)

포유동물 체내 단백질의 30% 이상을 콜라겐이 차지하고 있으며, 피부, 뼈, 혈관에 존재하고, 피부의 탄력에 관여하는 단백질로 진피의 70% 이상을 차지하는 성분이다. 또한 우수한 보습능력과 물 결합력이 탁월한 원료로 피부관리 제품에도 많이 활용되는 성분이나, 물에 녹지 않고 분자량이 커서 피부 깊숙이 침투가 용이하지 않은 단점이 있다. 따라서 효소에 의해 가수분해하여 피부흡수율을 높인 가수분해 콜라겐을 이용하여 화장품제조에 사용하고 있다.

4. 계면활성제

계면활성제란 한 분자 내에 물에 녹기 쉬운 친수성 성분과 기름에 녹기 쉬운 친유성 부분을 동시에 가지고 있는 물질이다. 계면에 흡착하여 계면의 성질을 현저히 변화시키는 물질로서 계면이 가지고 있는 표면장력을 약하게 한다.

계면활성제는 그 구조에 따라 유화, 가용화, 분산, 습윤, 세정, 대전방지 등의 기능을 가지고 있으며 물에 용해되어 이온화 되는지의 여부에 따라 양이온성 계면활성제와 음이온성 계면활성제, 양쪽성 계면활성제, 그리고 비이온성 계면활성제로 구분된다.

(1) 음이온 계면활성제(Anioinic surfactants)

음이온성 계면활성제는 물에 용해할 때 친수기 부분이 음이온으로 해리되는 것이다. 세정력과 기포 형성력이 우수하여 주로 비누나 크림 샴푸 등에 사용된다. 물질에 침투 후 쉽게 빠져나오며 광범위하고 가장 많이 사용되며 비교적 값이 저렴하다. 화장품에 사용되는 음이온성 계면활성제에는 대표적으로 SLS(sodium lauryl sulphate)가 계면활성제 가운데 가장 오랫동안 사용되어 온 성분이지만, 최근 연구에서 피부 건조 및 알러지 유발의 문제가 제기된 성분이기도 하다. 주로 세탁세제, 주방세제, 비누, 샴푸, 클렌징 폼, 금속 세척제에 사용된다.

※ 음이온 계면활성제 종류별 용도

- Carbon산 염계 : 세제, 금속비누
- 황산 : 샴푸, 기포제
- Sulfon산 염계 : 가정용 합성세제, 침투제, 유화제
- 인산 ester 염계 : 대전방지제

(2) 양이온 계면활성제(Cationic surfactants)

양이온 계면활성제는 수용액에서 이온화해 계면활성제의 주체가 양이온이 되는 것을 말한다. 저분자 알킬기는 살균제로 사용되며, 분자량이 큰 알킬기는 모발이나 섬유에 흡착성이 커서 정전기 발생을 억제하여 모발에 유연성을 부여하므로 헤어린스와 트리트먼트, 유연제 및 대전 방지제로 사용된다.

화장품에 사용되는 양이온성 계면활성제로는 염화벤잘코니움(benzalkonium chloride)이 있다. 주로 대전방지제, 섬유유연제, 모발유연제, 부식방지제, 아스팔트 또는 석유 첨가제에 사용된다.

(3) 양쪽성 계면활성제(Amphoteric surfactants)

양쪽성 계면활성제는 한 분자 내에 음이온과 양이온의 활성기를 모두 가지고 있어서 산성에서는 양이온으로, 그리고 알칼리성에서는 음이온으로 활성화된다. 양이온을 띠는 쪽은 양이온성 계면활성제와 마찬가지로 세정과 살균작용이 있으며, 음이온을 띠는 쪽은 음이온성 계면활성제와 마찬가지로 세정과 기포 형성력이 우수하다. 수용성 또는 유용성, 강산 또는 강염기 모두 안정적이어서 다양하게 사용된다. 양쪽성 계면활성제는 다른 이온성 계면활성제에 비하여 피부 자극이 적은 편이므로, 어린이용 제품이나 저자극성 샴푸 등에 많이 사용되며, 세정력, 살균력, 유연효과 또한 우수하다. 주로 베이비 샴푸, 입욕제, 주방세제, 물비누에 사용된다.

※ 양쪽성 계면활성제 종류별 용도

- Carbon산 염계 : 기포제
- Betaine계 : 대전방지제

(4) 비이온성 계면활성제(Nonionic surfactants)

비이온성 계면활성제는 물에 용해되어 이온화되지 않는다. 친수기와 소수기의 분자량에 따라 물성이 달라지며, 뛰어난 유화력과 윤활력을 가진다. 계면활성제 가운데 피부자극이 가장 적고 피부에 대한 안전성이 높아 기초 화장품의 가용화제, 또는 크림의 유화제로 널리 사용된다.

※ 비이온계면활성제의 종류별 용도

- Polyehylene glycol : 유화제, 증점제, 연색조제, 저기포성 세제
- 다가 알코올 ester : 식품유화제

[계면활성제의 종류]

(5) 기타 계면활성제

1) 천연 계면활성제(biosurfactant)

동식물의 기름을 원료로 만든 것으로 레시틴 리포좀, 라놀린 유도체, 콜레스테롤 유도체, 사포닌, 미생물을 이용한 계면활성제

2) 실리콘 계면활성제(silicone surfactant)

디메치콘과 알킬 디메치콘 공중합체로 실리콘을 유화 및 유중수 유화를 할 때 많이 사용된다.

3) 고분자 계면활성제(high molecular surfactant)

천연 고분자 물질 또는 이들에 알킬기를 첨가하여 친유기를 높인 계면활성제들이 이용된다. 아카시아 검, 알긴산, 전분 유도체, 최근에는 히아루론산, 키틴 등에 알킬기를 도입하고 폴리 아크릴 계통의 합성고분자에 알킬기를 첨가하기도 한다.카복실 비닐 폴리머, PVA가 고분자 계면활성제에 해당된다.

5. 폴리머(Polymer)

폴리머는 단위체 구조가 반복해서 연결된 물질로, 화장품에 있어서 폴리머는 점증제, 피막제, 수지 분말로서 주로 이용되며 보습제, 계면활성제로도 일부 이용되기도 한다.

(1) 점증제(Thickening agents)

점증제는 화장품의 점도를 조절할 목적으로 배합되는 원료를 말한다. 점도를 유지하거나 제품의 안정성을 유지하기 위하여 사용되며, 사용감을 결정하는 중요한 요인 중 하나이다. 주로 수용성 고분자가 사용되고 있으며, 천연 고분자, 반합성 고분자, 합성 고분자로 분류된다. 이 중 천연 고분자는 오래전부터 화장품의 점도조절제로 사용되어 왔으나, 최근 공급 안정성 문제, 점도변화, 미생물 오염 등 품질 안정성 문제로 인하여 반합성고분자나 합성고분자로 대체되고 있다.

점증제는 제품의 사용감에 미치는 영향이 크므로 목적에 맞게 선별할 필요가 있다. 흔하게 사용되는 원료로는 퀸스시드검(Quince seed gum), 산탄검(Xanthan gum), 카르복시메틸 셀룰로오스 나트륨(Sodium carboxymethyl cellulose), 카르복시비닐 폴리머(Carboxyvinyl polymer) 등이 있다.

<table>
<tr><td rowspan="9">수용성고분자</td><td rowspan="8">유기물</td><td rowspan="3">천연
고분자</td><td>식물계
(다당류)</td><td>구아검, 로카스트빈검, 퀸스시드, 카라기난, 가락탄, 아라비아검, 크라가칸트검, 펙틴, 만난, 전분</td></tr>
<tr><td>미생물계
(다당류)</td><td>산탄검, 덱스트란, 삭시노글루칸, 카드란, 히아루론산</td></tr>
<tr><td>동물계
(단백류)</td><td>젤라틴, 카제인, 알부민, 콜라겐</td></tr>
<tr><td rowspan="3">반합성
고분자</td><td>셀룰로오스계</td><td>메틸셀룰로오스, 에틸셀룰로오스, 하이드록시에틸셀룰로오스, 하이드록시프로필셀룰로오스, 카르복시메틸셀룰로오스, 메틸하이드록시프로필셀룰로오스</td></tr>
<tr><td>전분계</td><td>가용성 전분, 카르복시메틸전분, 메틸전분</td></tr>
<tr><td>알긴산계</td><td>알긴산프로필렌글리콜에스테르, 알긴산염</td></tr>
<tr><td rowspan="2">합성
고분자</td><td>비닐계</td><td>폴리비닐알코올, 폴리비닐필롤리돈, 폴리비닐메틸에테르, 카르복시비닐폴리머, 폴리아크릴산 소다</td></tr>
<tr><td>기타</td><td>폴리에틸렌옥사이드, 에틸렌옥사이드, 프로필렌옥사이드블록공중합체</td></tr>
<tr><td>무기물</td><td colspan="3">벤토나이트, 라포나이트, 미분산화규소, 콜로이드알루미나</td></tr>
</table>

1) 검(Gum) 류

물 또는 유기 용매에 녹아 고점도의 점액질을 형성하며, 유화제, 현탁제, 증점제 등으로 사용된다.

① 퀸스시드검(Quince seed gum)

유럽과 아시아 남부 원산지인 마멜로(marmelo) 나무의 종자에서 얻은 천연검이다. 마멜로 종자를 물로 추출하고 여과하는 과정을 반복하여 얻은 점액질은 미생물에 오염되기 쉽고 점도변화가 잘 일어나기 때문에 가열 후 살균, 방부처리하여 안정화시켜 사용해야 된다. 또한 점액질을 분말화시켜 사용하기 편리하게 유통하고 있다. 천연검이기 때문에 합성고분자에서는 볼 수 없는 산뜻한 감촉을 가지며, 끈적거리지 않는 특징이 있다.

② 산탄검(Xanthan gum)

포도당을 크산토모나스속균(*Xanthomona scampestris*)을 사용해 발효시켜 얻은 미생물 유래의 천연검으로, 독성과 자극이 없는 원료로 pH에 따른 점도변화가 없고, 다당류 특유의 사용감이 있다. 또한 다른 수용성고분자와는 달리 온도변화에 따른 점도의 변화가 없는 특징을 갖고 있다. 따라서 점증제 외에 유화안정제, 분산제에도 첨가되는 원료이기도 하다.

2) 수용성 점증제

수용성 점증제는 무기금속의 산화물로 인한 무기점증제와 유기금속 산화물인 유기점증제로 나뉜다. 유기점증제로 카르복시메틸 셀룰로오스 나트륨과 카르복시비닐 폴리머가 대표적이다.

① 카르복시메틸 셀룰로오스 나트륨(Sodium carboxymethyl cellulose)

피부자극 등의 독성이 없으며 인체에 무해한 특징이 있으며, 농도가 두배 증가하면 점도는 6-8배 증가하는 특징이 있는 원료이다. 보호 콜로이드, 유화 안정성을 지닌 투명한 점성 용액이 얻어지며 화장수, 크림, 로션, 파운데이션, 두발제품, 팩 등에 폭넓게 활용되고 있다.

② 카르복시비닐 폴리머(Carboxyvinyl polymer, Carbopol)

알칼리 중화에 의해 수용액의 점도가 현저히 증가하며 품질의 변동이 적고 장시간 가열, 냉각해도 점성의 변화가 생기지 않으며, 미생물에 의한 오염이 천연검에 비해 적은 특징을 가지고 있다. 가수분해, 산화 등에 영향을 받지 않아 저장 안정성이 뛰어나고, 독성이 없으며, 점도 증가 효과와 사용 감촉이 좋기 때문에 화장품에서 가장 많이 사용하는 점증제 중 하나이다.

(2) 피막형성제(Film formers)

피막형성제가 들어간 화장품은 도포 후 시간이 경과하면 굳게 되는 성질을 가진다. 주로 팩이나 네일 에나멜, 헤어 코팅제, 헤어 스프레이 등이 대표적인 예이다. 주로 고분자 화합물을 이용한 것으로 피막제 고분자는 물이나 알코올에 용해되는 것, 수용성과 비수용성으로 나눌 수 있다.

구체적인 예를 들자면, 팩은 도포 후 물이 증발하면서 막을 형성하는 것이며, 헤어스프레이는 알코올이 휘발되면서 막을 형성하며, 아이라이너나 마스카라에서는 수용성 고분자 화합물을 이용한 것이며, 네일에나멜은 니트로셀룰로오스를 유기용매에 녹여 이용한 것이다.

1) 폴리비닐알코올(PVA, Polyvinyl alcohol)

폴리초산비닐을 비누화하여 제조하며, 비누화도나 중합도에 의해 점도 및 피막 강도가 달라진다. 피막형성 작용을 가지고 있어 주로 팩에 사용되며, 보호 콜로이드 효과를 이용해서 에멀젼의 안전화에 이용하며 유화안정제로도 사용한다.

2) 폴리비닐피롤리돈(PVP, Polyvinyl pyrrolidone)

N-Vinyl pyrrolidone을 과산화수소 촉매에서 중합하여 제조하며, 물에 잘 용해되어 점성 용액을 형성하며, 알코올, 글리세린, 초산에틸 등에 용해된다. 피막형성능, 부착성을 가지고 있어 정발제 제품에 사용된다. 또한 기포를 안정화시키고 모발에 광택을 부여하기 위해 샴푸에 사용된다.

3) 니트로셀룰로오스(Nitro cellulose)

셀룰로오스의 질산 에스테르 화합물로, 단단한 피막을 형성하기 때문에 네일 에나멜의 피막제로 이용된다.

4) 고분자 실리콘(Silicone gum)

부드러운 고무와 같은 성상을 갖고 있다. 갈라진 모발의 코팅 등의 두발 제품에 사용되어 모발에 고무상의 얇은 피막을 형성하므로 갈라지는 모발의 모발보호효과의 목적으로 사용된다.

[피막형성제를 구성하는 대표적 원료]

용해성	용도	대표적 원료
물(알코올)용해	팩	폴리비닐 알코올(PVA)
	헤어스프레이, 세팅제	폴리비닐피롤리돈(PVP), 메톡시에틸렌 무수말레인산 공중합체, 양쪽성메타아크릴산에스테르 공중합체
	샴푸, 린스	양이온화 셀룰로오스, 폴리염화디메틸메틸렌 피페리듐
수용성 에멀전	아이라이너, 마스카라	폴리아크릴산에스테르 공중합체, 폴리초산비닐
휘발성 유기용매	네일 에나멜	니트로셀룰로오스
	손상모 코팅제	고분자 실리콘
	썬오일, 리퀴드파운데이션	실리콘레진

6. 색재(Coloring material)

색재는 화장품에 배합되어 화장품의 색을 부여하고 자외선을 방어하기도 한다. 색조 화장품에 많이 사용하여 피부를 피복하고 채색하여 아름답게 보이기 위한 것이다. 주로 주근깨, 기미를 감추거나, 건강하고 매혹적인 피부 표현을 할 목적으로 사용된다.

화장품에 배합되는 색소는 크게 유기합성 색소, 무기 안료, 천연 색소 등으로 크게 분류할 수 있으며, 최근 기술의 발달로 진주광택 안료나 고분자 분체가 화장품 원료로 상용되고 있다. 새로운 각종 기능의 분체가 개발되고 있지만, 색재원료는 식품, 화장품, 의약품에 사용 할 수 있는 것이 그 목적성에 맞게 한정되어 있다.

<table>
<tr><td rowspan="10">화장품용 색소</td><td rowspan="3">유기 합성 색소</td><td>염료</td><td>FD&C Yellow No 6, FD&C Red No 4</td></tr>
<tr><td>레이크</td><td>FD&C Yellow No 6 Al lake</td></tr>
<tr><td>유기 안료</td><td>D&C Red No 30</td></tr>
<tr><td rowspan="3">무기 안료</td><td>백색 안료</td><td>이산화티탄, 산화아연</td></tr>
<tr><td>착색 안료</td><td>산화철</td></tr>
<tr><td>체질 안료</td><td>마이카, 탈크, 카올린</td></tr>
<tr><td colspan="2">천연색소</td><td>코치닐, 베타카로틴, 안토시아닌</td></tr>
<tr><td colspan="2">진주 광택 안료</td><td>운모티탄</td></tr>
<tr><td colspan="2">고분자 안료</td><td>나일론 파우더, 폴리메틸케타아크릴레이트</td></tr>
<tr><td colspan="2">기능성 안료</td><td>보론나이트라이트, 합성마이카,</td></tr>
</table>

(1) 유기 합성 색소(Organic synthetic dye)

1) 염료(dye)

염료는 물 또는 오일, 알코올에 녹는 색소로, 화장품 자체에 색상을 부여하기 위해 사용한다. 물에 녹는 염료를 수용성 염료라 하며, 오일에 녹는 염료를 유용성 염료라 한다. 주로 기초화장품, 모발화장품에 사용하며, 카로틴, 안토시아닌과 같은 천연색소는 독성이 없어 안전하나, 일반적으로 안정성이 떨어지고 가격이 비싼 단점이 있다. 따라서 값이 싸고 안정한 인공으로 합성된 타르(tar)색소들이 일반적으로 사용되고 있다.

염료의 종류에는 아조계 염료, 잔틴계 염료, 퀴놀린계 염료, 트리페닐계 메탄 염료, 안트라퀴논계 염료 등이 있다.

2) 레이크(lake)

레이크 안료는 물에 녹기 어려운 염료를 칼슘 등의 염으로 물에 불용화시킨 것으로, 적색 201호, 204호, 206호, 207호 등이 있다. 염료 레이크는 수용성의 산성 염료에 알루미늄(Al), 칼슘(Ca), 마그네슘(Mg), 지르코늄(Zr)염과 같은 금속염으로 침전 또는 체질안료에 흡착시켜 물에 녹지 않게 만든 것이다.

일반적으로 레이크는 안료에 비해 내산, 내알칼리성이 떨어져 중성에서도 약간씩 물에 용출되는 성질이 있으므로 충분한 안정성 시험이 필요하다. 색상의 화려함이 무기안료와 유기 안료의 중간 정도 되며 일반적으로 레이크와 안료를 구별하지 않고 안료라 총칭하기도 한다.

립스틱, 블러셔, 네일 에나멜 등에 안료와 함께 사용하며, 레이크는 산, 알칼리에 약하며 중성에서도 물에 조금씩 녹는 경우가 있으므로 사용 전에 충분한 안정성 검토가 필요하다.

3) 유기안료(Organic pigment)

유기 안료는 물, 기름 등의 용제에 용해하지 않는 유색 분말을 말한다. 일반적으로 레이크에 비해 착색력, 내광성이 뛰어나 립스틱, 블러셔 등의 색조 제품에 널리 쓰인다.

색상이 화려한 반면 빛, 산, 알칼리에 약하다. 주로 석유에서 합성한 것으로, 인위적으로 합성을 할 수 있으므로 대량 생산이 가능하고 여러 번의 정제 과정을 거쳐 높은 순도의 색재를 제조할 수 있어 선명한 색조를 만들어 낼 수 있다.

(2) 무기 안료(Inorganic pigment)

무기안료는 천연에서 산출되는 광물에서 얻은 안료며, 광물성 안료라 불리기도 한다. 과거에는 천연에서 생산되는 광물을 사용했으나 불순물의 함유량이 많아 색소가 선명하지 않고 품질이 떨어져 최근에는 합성에 의한 무기 화합물을 주로 사용하고 있다. 무기 안료의 선명도는 유기안료에 비해 떨어지지만, 내광, 내열성이 양호하며 유기 용매에 용해되지 않는다.

무기 안료의 분류	
백색 안료	이산화티탄, 산화아연
착색 안료	산화철(적색, 흑색, 황색), 산화크롬, 군청, 감청. 카본블랙
체질 안료	탈크, 마이카, 탄산칼슘, 탄산마그네슘, 무수규산, 카올린, 산화알루미늄, 황산바륨
진주 광택 안료	운모티탄, 어린박, 옥시염화비스머스
특수 기능성 안료	질화붕소, 포토크로믹 안료, 합성 불소 금운모, 철 함유 합성 불소 금운모, 미립자 복합분체

1) **백색안료**(white pigment)

화장품을 하얗게 나타낼 목적으로 사용하며 커버력을 결정하는 안료로 이산화티탄(Titanium dioxide, TiO_2)과 산화아연(Zinc oxide, ZnO)의 두 종류가 있다.

① **이산화티탄**(Titanium dioxide, TiO_2)

백색의 미세한 분말로 굴절률이 높으며 입자경이 작기 때문에 백색도, 은폐력, 착색력 등의 광학적 성질이 우수하고 빛, 열, 내약품성도 우수한 대표적인 백색안료이다. 화장품에서는 백분류, 파운데이션류, 립스틱, 네일 에나멜 등의 제품에 널리 사용되어지고 있다.

초미립자 이산화티탄은 분산성이 우수하기 때문에 안료용 이산화티탄과는 다른 성질을 나타낸다. 입자의 평균입경이 가시광선 파장의 1/10 정도(30~50nm)로 작기 때문에 착색력이나 피복력이 적은 반면 색상의 변화없이 제품의 특성 개선이 가능하고, 투명성이 우수하고 400nm 이하의 파장을 흡수하여 자외선을 효과적으로 차단할 수 있다.

② **산화아연**(Zinc oxide, ZnO)

산화아연은 아연 금속을 가열하여 얻는다. 독성이 없고 물 및 알코올에는 용해되지 않지만, 산, 알칼리 및 암모니아수 등에는 용해된다. 가열하면 황색을 띠고 냉각하면 원래대로 돌아오지만, 황화수소에 의해 황화아연으로 변하면 색상은 변하지 않는다.

자외선 방어 효과가 있으며, 입자경은 500nm 전후이고 이산화티탄 보다는 굴절률과 은폐력이 작지만 내광성, 내후성, 내열성이 높아 거의 모든 안료와 병용하여 사용할 수 있다. 특히 피복력이 우수하기 때문에 메이크업 제품에 널리 사용되어지고 있으며, 수렴성과 소염작용도 있어 카라민(calamine)로션에도 사용된다. 그러나 지방산을 함유하는 유성기제에 배합하면 경시적으로 서서히 반응하여 금속비누를 형성하므로 주의가 필요하다.

2) **착색안료**(coloring pigment)

화장품에 색상을 부여하여 색조를 조정해주는 역할을 하며 백색안료와 함께 커버력을 높이기도 한다.

① 산화철 안료(Iron oxide)

산화철 안료는 황색, 적색, 흑색의 산화철로 나뉘다. 내광성, 내열성, 내약품성이 좋아 메이크업 제품에 널리 이용되지만 유성기제에는 경시적으로 산패를 촉진하는 촉매로서 작용하는 결점이 있다.

② 군청(Ultramarine)

선명한 청색의 안료로 카올린, 규조토, 유황, 소다회 및 석탄, 목탄 같은 환원제를 혼합 소성하고 분쇄, 분급하여 제조한 것이다. 내광성, 내열성은 강하나 착색력이 낮고 공기중에서는 300℃ 이상의 온도에서 퇴색되는 결점이 있다. 알칼리 영역에서는 안정하지만 산성영역에서는 약하다. 특히 유황성분이 함유되어 있어 pH 5 이하의 산성조건에서는 황화수소를 발생시키며 퇴색하기 때문에 제조시 유의해야 한다.

3) 체질안료(extender pigment)

체질안료는 점토 광물을 분쇄하여 얻는다. 체질안료는 희석제로 색조를 조정함과 동시에 제품의 사용감촉이나 광택 등을 조정할 뿐만 아니라, 제품의 제형을 유지하기 위해서도 사용된다. 체질 안료 중 대표적인 것으로는 마이카, 탈크, 카올린과 같은 점토 광물과 함수 규산염 화합물이 있다.

① 마이카(Mica)

마이카는 칼륨 운모에 속하며 백운모라고도 한다. 견운모(세리사이트)라고도 알려져 있지만 미세한 결정편의 집합으로 되어 건조물의 표면이 비단 광택을 나타내기 때문에 붙여진 이름이다. 운모는 박편상 입자로 탄성이 풍부하기 때문에 사용감이 좋고 피부에 대한 부착성이 좋으며, 퍼짐성, 윤기, 감촉, 투명성을 부여할 목적으로 각종 메이크업 제품에 많이 사용된다.

② 탈크(Talc, Talcum)

탈크는 활석을 미분쇄한 것이다. 매끄러운 감촉이 풍부하기 때문에 활석이라고도 불리며, 양질의 것은 백색이지만, 불순한 것은 회색이나 담록색을 나타낸다. 사용감을 부여하여 오래전부터 유아용 파우더의 주성분으로 사용되어 왔다. 파우더, 아이섀도우 등의 파우더형태 메이크업 제품의 40~60%를 차지하는 주요 원료이다.

입자 형상은 일반적으로 박편상(얇은 여러겹의 판자를 쌓아놓은 형태)이며 매끄러움을 좋게 하기 위해 사용하고 적당한 커버력도 부여한다. 탈크는 빛을 굴절시키지 않고 투과시켜 버리기 때문에 기미나 주근깨 등의 피부 결점을 은폐하는 기능은 적지만 피부에 자연스러운 광택과 투명감을 부여하는 장점이 있다. 비교적 원료비가 경제적이고 성형성이 우수하다.

③ 카올린(Kaolin)

카올린은 고대 중국에서 도자기 원료로 이용한 순도 높은 백색 점토를 고령(kauling)이라는 지방에서 채취했기 때문에 붙여졌으며, 이러한 이유로 영국에서는 카올린을 차이나 클레이라고도 부른다. 카올린은 미국 조지아주, 영국 콘월에서 생산되는 것이 품질이 좋다. 판상 입자의 두께가 얇기 때문에 피부 부착성이 좋으며, 유분이나 수분의 흡수성이 좋기 때문에 메이크업 제품에 사용된다.

④ 세리사이트(Sericite)

운모(mica)의 일종이지만 마이카 보다 비단과 같은 광택이 약간 있어 '견운모'라 불리기도 한다. 마이카에 비해 분체에 두께가 있고, 피부에 도포시 퍼짐성이 좋고 매끄러운 사용감촉을 지닌다. 메이크업 제품에 많이 사용되며, 특히 투웨이 케이크나 파운데이션 등에 많이 배합된다.

⑤ 무수규산(Silicic anhydride)

평균 입경 5~10μm의 구상입자로 개발되어 있으며, 메이크업 제품의 퍼짐성과 프레스 제품의 압축성형성 향상, 깔끔한 마무리 감촉을 부여할 목적으로 사용된다.

4) 진주광택 펄안료(Pearlescent pigment)

진주광택안료는 피착색물에 진주광택이나 홍채색 또는 메탈릭감을 부여하여 질감을 변화시킨 특수한 광학적 효과를 갖는 안료이다. 천연의 펄 에센스는 매우 고가였고 초기 합성 진주 광택 안료는 수은, 납 화합물이어서 사용에 제한을 받았다. 이후 옥시 염화 비스머스가 개발되었지만 안정성이 나빴다.

1965년 프랑스 듀퐁사에 의해 획기적인 이산화티탄 피복운모가 개발되어 현재는 이 원료가 대부분의 진주광택 안료로 사용되고 있다. 이산화티탄 피복 운모(운모티탄)는 운모를 박편상 입자로 한 후 그 표면에 이산화티탄 균일층을 입힌 것이다. 박편상의 입자가 피착색물 중에서 규칙적으로 평행하게 배열하여 광을 반사시켜 반사광이 간섭을 일으켜 진주 광택을 부여한다.

5) 고분자 분체(polymeric powder)

메이크업 제품에서 사용감 조정 등의 목적으로 널리 사용하고 있는 고분자 분체는 초기에는 부정형의 입자가 이용되었지만 고분자 중합 기술의 진보에 따라 구상 입자 제조가 가능해졌다.

고분자 분체로는 폴리에틸렌 파우더(저밀도 파우더는 점증제로 사용되며 중고밀도 파우더는 메이크업 제품 또는 스크럽제로 사용), 폴리메틸메타아크릴레이트(효능물질 안전화 코팅 기제로 사용), 나이론 파우더(분쇄시 충격에도 쉽게 변형되지 않아 제품의 퍼짐성을 좋게 하는 용도로 사용) 등이 있다.

6) 기능성 안료(functional pigment)

메이크업 제품은 사용되고 있는 안료들의 고유 사용감과 특징들에 의해 많은 영향을 받아왔다. 예를 들어, 탈크는 사용감이 좋은 반면 은폐력이 낮고, 이산화티탄은 은폐력이 높으나 사용감촉은 떨어진다. 입자 형태 면에서도 탈크나 마이카는 박편상이고, 이산화티탄은 입자 형태이므로 균일하게 분산시키기도 어렵다. 그러나 최근에는 안료들의 고유한 특성들을 개선하여 보다 다양한 기능성 안료들이 개발되고 있으며, 헥사고날 보론 나이트라이드,하이브리드 파인 파우더(hybrid fine powder), 포토크로믹 안료(photocromic powder), 육발 정질화 질화붕소, 합성 불소 금운모 등이 대표적이다.

(3) 천연 색소(Natural pigments)

천연색소는 자연계에 널리 존재하는 동 · 식물로부터 유래된 것과 미생물로부터 유래된 것이 있다. 예로부터 화장품의 일부로 사용되어 왔으나, 합성 색소에 비해 내광성, 내열성 및 내약품성이 결여되어 경시변화를 일으키고, 색소에 따라서는 안정 공급이 곤란해서 가격이 높기 때문에 유기합성 색소가 사용되면서 거의 사용하지 않게 되었다.

중남미지역의 선인장에 기생하는 연지벌레에서 추출한 적색 색소인 코치닐(cochineal), 당근에서 처음 추출되었던 황색색소인 베타 카로틴, 검은색의 식물 색소인 안토시아닌(anthocyanin) 등이 있다.

7. 향료

향의 사용은 인류와 함께 오래된 역사를 가지고 있다. 향료는 휘발성 물질이 발산 될 때 후신경이 자극을 받아 느끼는 감각을 인류가 유익하게 활용한 것이다. 클레오파트라나 양귀비 등 동서양의 미녀들은 오래전부터 향을 가까이 두고 사용하여 왔다. 화장품을 사용할 때 좋은 향기를 맡음으로써 기분이 좋아질 수 있으며 마음이 풍요로워지는 것을 느낄 수 있다. 또한 화장품의 향기는 이를 사용하는 사람의 매력을 이끌어 내고 자신의 매력을 연출하는 목적으로도 사용한다. 이러한 이유로 향은 화장품 선택에 있어 매우 중요한 부분이라 할 수 있다.

(1) 향료의 분류

오래전 미이라의 보존에서부터 최근의 아로마 향에 대한 관심까지 향의 역사는 인류와 함께 오랜 역사를 가지고 있다. 화장품에서 차지하는 향의 비중이 상당히 높아 일부 소비자들의 경우는 향취가 화장품 선택의 기준이 되기도 한다. 화장품에서 나는 좋은 향은 기분을 좋게 하며, 자신의 좋은 이미지를 형성시키는 것으로 간주되어 향을 이미지 메이킹에 사용하기도 한다.

화장품에 사용하는 향료는 크게 천연향료, 합성향료, 조합향료의 3가지로 나눌 수 있다.

1) 천연향료

천연향료는 식물에서 분리한 식물성 향료와 동물의 분비선에서 채취한 동물성 향료로 구분된다.

① 식물성 향료

레몬, 오렌지, 베르가못, 계피 등의 과실의 껍집을 이용하거나, 종자를 이용한 바닐라, 고수 오일, 꽃을 이용한 장미, 자스민, 과목을 이용한 샌달우드, 그 외에 이끼류 등이 있다.

② 동물성 향료

사향노루의 선낭으로부터 얻는 사향, 사향고향이의 분비물에서 얻는 영묘향, 바다삵의 분비물에서 얻는 해리향, 사향고래의 소화불량으로 생긴 결석을 채취하여 얻는 용연향 등이 있다.

2) 합성향료

합성향료는 단일 화학구조를 갖는 향료를 가리키고, 여기에는 천연향료에서 주요성분만을 분리한 단리향료와 화학적 합성반응에 의해 만들어진 순합성 향료가 있다.

3) 조합향료

조합향료는 조향사가 필요한 용도에 따라 천연향료와 합성향료를 목적에 맞게 혼합한 것을 말한다.

(2) 향료의 사용목적

향료는 향기를 이용해 화장품을 사용하는 사람의 매력을 이끌어내 자신을 매력적으로 연출하는 것을 목적으로 사용한다. 대표적인 것이 향수와 같은 방향제품이다.

또한 향은 화장품 원료의 냄새를 마스킹(masking)할 목적으로 첨가된다. 화장품의 원료는 원료의 고유한 냄새를 갖고 있는데, 이러한 원료의 냄새를 감추고 사용감을 좋게 할 목적으로 향을 첨가한다. 좋은 향기를 가진 제품은 사용감이나 효과에 영향을 주기 때문이다.

한편 향이 가지는 생리적, 심리적 효과로 인한 상품가치를 높이는 역할을 위해 첨가된다. 특별한 향을 이용하는 자신의 이미지를 타인에게 노출시켜 긍정적 이미지를 형성할 뿐 아니라 자기 자신에게도 심리적, 생리적 면에서 긍정적 이미지를 형성하는데, 대표적인 예로 아로마를 이용한 아로마테라피가 있다. 아로마테라피는 아로마 향을 이용하여 스트레스와 불면, 면역력 증강 등의 심리적, 생리적 문제를 개선시키는 연구가 현재까지 활발히 진행되고 있다.

8. 방부제

화장품에는 각종 유수분, 보습제 및 활성성분 등이 함유되어 있고 이들은 공기나 각종 불순물에 노출되었을 때 산화, 즉 부패를 유발한다. 이러한 부패는 미생물의 증식에 의해 변질되었을 때 나타나는 것으로 향, 색상, 점도 등이 변화를 일으키거나 곰팡이가 생기는 등의 현상으로 나타난다.

미생물의 증식을 억제하기 위해 화장품 제조에서부터 소비자가 일정기간 동안 인체에 안전하게 사용할 수 있도록 방부제를 첨가한다. 방부제는 피부에 대한 안전성 테스트를 거친 후 안전성이 확인된 것을 사용하고 있다.

(1) 화장품과 미생물

화장품이 미생물에 오염되면 감염증을 유발할 수 있어 위험하며 품질력이 저하된다. 미생물 오염에 의한 변질 유형은 변색 및 변향, 점도 저하, 분리, 침전 발생, 곰팡이 발생 등이 있다.

(2) 미생물의 오염 경로

1) 1차 오염

화장품 제조시 공장에서 오염되는 것(제조자 오염)을 말하며, 물 유래의 박테리아(특히 그람 음성균)가 주 오염균으로 원료(제조수, 추출물, 천연분체), 부재료(브러쉬, 퍼프, 스폰지), 작업자(상처 난 피부, 불결한 손), 제조공정(제조 및 저장 탱크, 배관, 충진기, 펌프)에 의해 오염이 될 수 있다. 그렇기에 제조사는 원료의 미생물 관리, 청소, 소독으로 작업장 관리, 작업자의 철저한 위생 교육 그리고 GMP(Good Manufacturing Practice) 관리 강화가 매우 중요하다.

2) 2차 오염

화장품 사용시 소비자에 의해 오염되는 것(소비자 오염)을 말하며, 주 오염은 박테리아(그람 음성균)로 소비자의 손이나 피부, 우연히 떨어진 균, 화장도구 및 이물질 혼입이 주 오염원이다. 따라서 제조사는 화장품의 특성을 고려하여 최적의 방부력이 있는 제품을 설계하며 소비자는 균 혼입이 힘든 용기를 선택하여 사용하는 것이 좋다.

(3) 이상적인 방부제의 구비조건

① 넓은 범위의 pH에서 방부력을 나타내야 한다.
② 여러 종류의 미생물에 효과적이어야 한다.
③ 소량 배합할 때에도 피부나 점막에 자극을 주지 말아야 한다.
④ 화장품에 작용하여 향, 색, 성분 등에 영향을 주어서는 안된다.
⑤ 화장품에 배합된 다른 원료들에 용해가 잘 되어야 한다.
⑥ 방부제의 사용으로 인한 유효성분의 효과가 떨어지지 않아야 한다.
⑦ 용기의 금속이나 고무 부분에 손상을 주지 말아야 한다.
⑧ 생산이 쉽고 경제적이어야 한다.

(4) 방부제의 종류

화장품에 방부제를 사용할 때는 한가지 방부제 보다는 여러 종류의 방부제를 함께 사용하는 것이 효과적이다. 그러나 피부에 자극을 줄 수도 있기 때문에 피부에 대한 안전성을 고려하여 각 나라마다 사용하는 방부제의 종류나 함량 등에 제한을 많이 두고 있다.

1) 파라벤(Parabens)

파라벤은 화장품에서 사용되고 있는 대표적인 방부제로 안식향산이라고도 한다. 무취의 백색 분말로 항균력이 높고 물에 대한 용해도가 낮아 화장품 외에도 식품, 의약품 등에 널리 사용하고 있는 방부제이다. 알코올의 종류에 따라 메탄올을 사용하여 제조한 경우에는 메틸파라벤(methyl paraben), 에탄올을 사용한 경우는 에틸파라벤(ethyl paraben), 프로판올을 사용한 경우는 프로필파라벤(propyl paraben), 부탄올을 사용한 경우에는 부틸 파라벤(butyl paraben) 이라 한다. 파라벤은 박테리아의 성장을 억제하며 곰팡이에 대해서도 항균력을 갖고 있다.

2) 이미다졸리디닐 우레아(Imidazolidinyl Urea)

백색의 분말로 무색 무취이며, 물에 대한 용해도가 매우 높고 에탄올에는 잘 용해되지 않는다. 제한농도가 0.6%로 사용한다. 열에 약하므로 제조 공정 시 낮은 온도에서 투입해야 되며, 박테리아에 대한 활성은 크지만 곰팡이에 대해서는 약해서 파라벤 등과 혼용해서 사용된다.

3) 페녹시 에탄올(phenoxy-ethanol)

파라벤보다 약산으로 가장 내성이 생기기 어려운 방부제이기도 하다. 오랫동안 다양한 산업분야에 활용되어 오던 방부제로 미생물의 세포벽을 파괴하거나 세포막의 성질을 변화시켜 번식을 억제한다. 박테리아와 곰팡이에 대해 어느 정도 효과가 있으며 보통 파라벤과 함께 사용되며 제한농도는 1%로 정해져 있다.

4) 이디티에이(EDTA)

킬레이트 화합물로 색소를 안정화시키며 방부제의 효과를 높여 주므로 대부분 처방에 사용된다. 다른 방부제와 함께 사용하면 상승 효과를 가져오며 그람음성 박테리아에 효과적이다. 세포막 투과성을 높여줘 특히 그람음성균에 대한 항균력을 높여준다.

5) 기타 방부제

디아조리디닐 우레아(diazolidinyl urea), 소르빈산(sorbic acid) 등이 있다.

9. 기타 첨가제

(1) 산화방지제(antioxidants)

화장품의 대부분을 차지하는 것이 물과 유지(오일, 왁스)가 혼합된 에멀젼이거나, 유지에 안료가 분산된 색조화장품으로, 유지가 차지하는 비중이 상당히 높다. 그러나 유지는 공기 중에 오래 노출되거나 높은 온도나 빛에 오래 방치되었을 때 산화가 잘 일어나게 된다. 따라서 유지의 산화를 방지하고 화장품의 품질을 일정하게 유지하기 위해 첨가되는 것이 산화방지제이다. 대표적인 산화방지제로는 토코페롤(tocopherol, 비타민E), 레시틴(lecithin), 아스코르빅산(ascorbic acid, 비타민C) 등의 천연 산화방제제와 페놀계 화합물인 BHT(Dibutyl Hydroxy Toluene), BHA(Butyl Hydroxy Anisole) 등의 합성 산화방지제가 있다.

산화방지제도 하나의 산화방지제를 사용하는 것 보다 혼합하여 사용하는 것이 효과 면에서 우수하므로 혼합해서 사용하는 것이 바람직하며, 산화방지 보조제로는 구연산(citric acid), 주석산(tartaric acid)등이 있다.

[산화방지제의 종류]

종 류	특 성
토코페롤 (Tocopherol)	불안정하므로 토코페롤 아세테이트 유도체형으로 주로 사용한다. 사용농도 : 0.03~0.05%
BHT (Dibutyl Hydroxy Toluene)	물에는 녹지 않으나 유지와 유기용매에는 녹는다. 내열성과 내광성이 우수하다. 사용농도 : 0.01~0.05%
BHA (Butyl Hydroxy Anisole)	물에는 녹지 않으나 유지와 유기용매에는 녹는다. 내열성은 좋으나 내광성은 약하다. 사용농도 : 0.005~0.05%

(2) 금속이온봉쇄제(Sequestering agents, Chelating agents)

화장품에 금속이온이 존재하게 되면 화장품의 품질이 저하되는 원인이 될 수 있다. 금속이온은 유성원료의 산화를 촉진하고 변색, 변취의 원인이 되며, 화장수 등에 침전물을 생기게 하는 원인이 되기도 한다. 이러한 금속이온의 활성을 억제하기 위해 첨가되는 것이 금속이온봉쇄제인데 킬레이트제(Chelating agent)라고도 한다. 킬레이트제는 각종 금속이온과 킬레이트 화합물을 만드는 성질을 가지고 있으므로 이러한 성질을 이용하여 금속이온을 봉쇄한다. 화장품에서 사용되는 대표적인 금속이온 봉쇄제로는 에틸렌디아민4초산(EDTA)의 나트륨염, 인산, 구연산, 아스코르빈산, 호박산, 글루콘산, 폴리인산나트륨, 메타인산나트륨 등이 있다.

1) Disodium EDTA

백색의 결정성 분말로 금속이온에 의한 침전을 방지하기 위해 화장수와 유화제품에 사용된다. 물에는 용해되지만 에탄올에는 용해되지 않는다.

2) Sodium citrate

무색 또는 백색의 결정성 분말로 금속이온에 의한 침전을 방지하거나 산화방지, pH 완충제 등으로 사용된다.

10. 활성성분

(1) 동·식물 추출물

화장품에 배합되어 온 물질들 중에는 오랜 사용경험을 통해서 또는 실험을 통해 그 효과를 인정받고 있는 동물 또는 식물 추출물들이 많다. 특히 동물 추출물은 대부분 소의 각 부위에서 추출되어 1980년대까지 화장품 원료로 널리 사용되었다. 그러나 1990년대 이후 소비자 인식 변화와 광우병 파동으로 동물 추출물들의 사용량은 급격히 줄어들고, 대신 미생물 배양에 의해 얻은 성분과 식물 추출물들이 대부분 사용되고 있다. 이들 물질들은 기능성과 동시에 약리효과가 있는 것이 특징인데, 오늘날에는 각종 화장품에 이들 추출물들을 적당량 첨가하여 유효성을 확보하고 있다.

1) 콜라겐(Collagen)

인체를 구성하고 있는 전체 단백질의 33%는 콜라겐이다. 또한 이들 콜라겐은 섬유상 단백질로 신체를 구성하는 세포조직을 결합 또는 지탱하는 물질이다. 화장품 원료로 사용하는 콜라겐은 보습력을 강화하여 잔주름을 예방하는 목적으로 사용한다.

2) 태반추출물(Placenta extract)

소, 돼지, 양 등의 태반을 저온 동결건조시켜 얻는 것으로 효소, 수용성 단백질 및 호르몬 등 인체에 유효한 성분을 함유하고 있어 피부 재생, 보습 및 미백을 목적으로 하는 제품에 사용된다.

한때 인(人)태반 제품이 유행하기도 했었는데 인간 광우병 파동으로 인해 국내의 경우 2007년 1월 1일 이후 인태반 화장품의 수입 및 생산, 판매 금지로 국내시장에서는 인 태반 화장품 유통이 되지 않고 있다. 최근에는 식물의 씨눈에서 추출한 식물성 태반 추출물도 사용하고 있다.

3) 프로폴리스(Propolise)

프로폴리스는 벌이 밀납과 분비물 등을 혼합하여 만들어낸 천연 수지로 벌집을 짓는데 사용하는 성분이다. 항균과 항염증 작용이 우수하고, 상처 치유 효과도 우수하다.

4) 로얄젤리 추출물(Royal jelly extract)

여왕벌의 먹이즙인 로얄젤리(일벌의 분비물)에서 추출한다. 화장품 성분으로 사용할 경우 혈액의 흐름을 원활히 하고 보습 및 피부면역강화, 세포재생 효과가 우수하다.

5) 감초 추출물(Licorice extract)

감초 뿌리에서 추출한 성분으로 주성분은 글리시리진(glycyrrhizin)으로 독성제거, 항알레르기, 항염증 효과가 있다. 특히, 유용성 감초 추출물은 미백 효과 면에서 코직산이나 비타민C 보다 더 효과적이다.

6) 녹차 추출물(Green tea extract)

녹차 잎 속에서 추출한 카테킨(catechin) 성분은 항산화효과가 우수하고, 항안드로겐 특성을 가져 피지분비를 억제해 탈모방지에 효과가 있다.

7) 알로에베라 추출물(aloe vera extract)

알로에 잎에서 추출한 것으로 피부 진정, 보습, 상처 치유, 항염증 효과가 우수하여 화장품 원료 뿐 아니라 약용 및 식용으로도 사용된다.

8) 알란토인(allantoin)

오래전부터 상처 치료제로 사용되어 왔으며, 밀의 배아, 담배의 종자, 오줌 등에 함유되어 있으며, 현재 화장품에 사용되는 것은 요산을 산화시켜 화학적으로 합성한 것이다. 민감성 완화, 진정, 상처치유 및 세포증식 작용이 우수하다.

9) 위치하젤(witch hazel)

하마멜리스 비르기니아(*Hamamelis Virginiana*)라고도 하며, 북미에서 자생하는 조롱나무에서 채취한 것으로 수렴작용이 우수하여 에탄올 대신 지성과 복합성피부용 화장수의 수렴 및 소독제로 사용된다.

10) 아줄렌(Azulene)

카모마일 등에서 추출하며 라틴어로 '남색'이라는 뜻을 지닌 파란색의 성분이다. 항염, 항알러지, 상처치유, 진정작용을 한다.

(2) 비타민(Vitamin)

비타민은 우리 몸 안에서 합성되지 못하고 반드시 음식물을 통해 체내로 흡수되며, 지용성 비타민류가 수용성 비타민류 보다 피부 표면에서의 친화력이 강하여 경피 흡수가 쉽다.

1) 비타민 A와 그 유도체들(Retinoid)

비타민 A는 쉽게 산화되어 분해되므로, 에스테르 타입인 비타민 A 팔미테이트가 주로 사용되고 있다.

레티놀은 레틴산(retinoic acid)의 전구물질로 잔주름 개선 효과가 있고, 피부에 대한 자극이 레틴산 보다 적지만 쉽게 산화되므로 잘 밀봉해서 보관해야 한다.

2) 피리독신(pyridoxine)

비타민 B_6 로 비타민 B군 중에서 피부 대사에 가장 중요한 역할을 맡고 있다. 비타민 B6는 수용성이고 유지에 전혀 용해되지 않기 때문에, 화장품 성분으로 사용할 때는 에스테르화시킨 피리독신디옥타노에이트(pyridoxine dioctanoate), 피리독신디팔미테이트(pyridoxine dipalmitate)과 같은 유도체 성분을 사용하고 있다. 피지 분비 억제 작용이 있어 지성피부에 효과가 좋다.

3) 디-판테놀(D-panthenol)

비타민 B_5(D-판토텐산(pantothenic acid))의 전구체로 프로비타민 B_5 또는 판토테닐 알코올(pantothenyl alcohol)이라고도 한다. 세포 증식을 도와주며 글리세린과 달리 끈적임이 없는 보습성분으로 피부 진정효과가 있다.

4) 비타민 C(Ascorbic acid)

비타민 C는 수용성 비타민으로 피부에 흡수가 잘 되지 않으며, 쉽게 산화되는 성질을 가지고 있다. 따라서 화장품 성분으로 사용할 때에는 비타민 C의 안정성을 높이고 피부 흡수를 촉진하기 위해 순수비타민 C를 안정화시킨 마그네슘 아스코빌 포스페이트(magnesium ascorbyl phosphate)나 아스코빌 팔미테이트(ascorbyl palmitate)와 같은 유도체성분을 사용하고 있다. 비타민 C는 콜라겐 합성 촉진시키고, 티로시나아제 활성을 억제하여 피부 미백에도 효과가 있다.

5) 비타민 E(α-tocopherol)

토코페릴 아세테이트(tocopheryl acetate)라고도 하며 말초 순환 기능 촉진, 피부 염증 억제, 노화억제, 유해산소제거 등의 효과가 있다. 비타민 E 역시 비타민 C와 마찬가지로 쉽게 산화되어 분해되므로 화장품 성분으로 사용할 때에는 에스테르 타입인 비타민 E 아세테이트를 사용한다.

6) 비오틴(biotin)

비타민 H 라고도 하며 동식물계에 널리 분포하는 세포 성장인자이다. 손상된 케라틴 단백질을 회복시키므로 손톱, 모발 등의 치유에 좋다.

(3) 기타 활성성분

1) AHA(Alpha Hydroxy Acid)

과일이나 채소에서 추출한 천연산으로 각질제거, 피부 간접 재생의 효과가 뛰어나며 피부의 유연기능과 보습기능이 있다. 농도에 따라 다양한 효능으로 적용할 수 있으나, 고농도로 함유될 경우 피부에 도포시 따끔거림이 있거나 햇빛에 민감해지는 등의 부작용을 일으킬 수 있으므로 화장품에 배합시 대부분 농도를 pH 3.5이상에서 10% 이하로 사용하고 있다.

① 글리콜산(Glycolic acid)

사탕수수에 함유되어 있는 성분으로 AHA 중에서 가장 분자량이 작아 침투력이 우수하다. 섬유아세포의 증식작용과 주름개선 작용이 있다.

② 젖산(Lactic acid)

쉰 우유에 함유되어 있다. 글리콜산에 비해 각질제거 효과는 약하지만천연보습인자의 하나로 보습작용도 있고 각질층의 세라마이드 양도 증가시켜준다.

③ 사과산(Malic acid)

사과, 복숭아 등에 함유되어 있는 성분으로 보습작용과 pH 조절 작용이 있다.

④ 주석산(Tartaric acid)

신 포도에 함유되어 있는 성분으로 포도산이라고도 한다.

⑤ 구연산(Citric acid)

레몬, 오렌지 등에 많이 함유되어 있으며 화장품에서는 주로 pH조절제나 킬레이트제, 산화방지제 용도로 사용된다.

2) 살리실산(Salicylic acid)

BHA(Beta-hydroxy acid)라고도 하며 AHA 보다는 각질제거 효과가 약하지만 피부 안전성이 좋다. 여드름 피부용 화장품에서 각질제거 효과나 피지제거 효과를 위해 사용된다.

3) 클레이(Clay)

점토라고도 하며, 색은 보통 분홍색, 백색, 회색 및 녹색일 수 있다. 점토는 음이온을 띄며, 표면적이 커질수록 양이온 분자와 독소를 끌어당기는 힘은 더욱 커진다. 따라서 점토는 이러한 기능 때문에 벌레 물린 곳, 피부 발진, 햇빛에 과다 노출된 곳, 화상, 종기 및 물집 잡힌 곳을 진정시키는 기능이 있으며, 얼굴 마스크와 파우더 형태의 화장품에 사용된다.

4) 알긴산(Alginic acid)

알긴산은 갈조류의 세포간 점액물질로 존재하는 다당류이며, 점증제, 안정제 및 겔 형태의 화장품 제조에 사용되며, 보습효과가 있다.

Ⅳ. 기능성 화장품

1. 기능성 화장품의 시작

고령화 인구의 증가 및 소비자의 의식수준이 높아지면서 점차 효능 및 효과가 강조된 유효성에 관한 화장품에 대한 관심이 높아지고 있다.

따라서 화장품 업계는 1990년대에 들어 포화상태에 달한 화장품 시장과 고객의 다양한 요구를 만족시키기 위해 각기 특수한 기능을 갖는 기능성 화장품 개발이 요청되었으나 당시에는 화장품법이 별도로 제정되어 있지 않아 약사법에 화장품 관련 내용의 일부가 편입되어 실제적인 기능성화장품의 개발과 판매가 어려운 실정이었다.

그러던 중 2000년 7월부터 별도의 화장품 법이 제정되어 시행되었고 2001년 9월 26일자로 기능성 화장품 등의 심사에 관한 규정이 제정됨에 따라 기능성 화장품은 법적인 근거를 갖는 실체로서 일반 소비자들에게 인식되기 시작했다.

기존의 기능성화장품은 피부의 미백에 도움을 주는 제품, 피부 주름개선에 도움을 주는 제품, 피부를 곱게 태우거나 자외선으로부터 피부를 보호하는데 도움을 주는 제품에 국한되었으나, 2016년 5월 화장품법이 개정되면서 7종의 기능성화장품이 추가되었다. 추가된 기능성화장품은 모발색상변화제(탈염제 · 탈색제), 제모제, 탈모증상 완화제, 여드름성 피부 완화제, 아토피성 피부로 인한 건조함 완화제, 튼살에 따른 붉은 선을 엷게 하는데 도움을 주는 제품이다.

기능성 화장품은 “Cosmeceuticals”로 미국의 글리그만(Kligman)박사가 화장품(cosmetics)과 의약품(phamaceuticals)에 해당되는 용어를 합성하여 제안한 신조어이다. 기능성화장품을 나타내는 일반적인 용어로 쓰이고는 있으나 국제적으로 통용할 수 있도록 공식적으로 인정된 용어가 아니므로 이들에 대한 개념만을 통합해 보자면 의약품과 화장품의 양 그룹 사이에 존재하면서 유효성과 안전성이 향상된 제품을 의미한다고 하겠다.

기능성 화장품의 법적 정의 및 범위

(1) 기능성 화장품의 법적 정의

① 화장품(화장품법 제 2조 제1항)

"화장품"이라 함은 인체를 청결, 미화하여 매력을 더하고 용모를 밝게 변화시키거나 피부 · 모발의 건강을 유지 또는 증진시키기 위하여 인체에 사용되는 물품으로서 인체에 바르고 문지르거나 뿌리는 등 이와 유사한 방법으로 사용되는 물품으로 인체에 대한 작용이 경미한 것을 말한다. 다만, 약사법 제2조 제4항의 의약품에 해당하는 물품은 제외한다.

② 기능성 화장품(화장품법 제2조 제2항)

"기능성 화장품"이라 함은 화장품 중에서 다음 각 호의 1에 해당하는 것으로서 보건복지부령이 정하는 화장품을 말한다.

1. 피부의 미백에 도움을 주는 제품
2. 피부 주름 개선에 도움을 주는 제품
3. 피부를 곱게 태우거나 자외선으로부터 피부를 보호하는데 도움을 주는 제품
4. 모발의 색상 변화 · 제거 또는 영양공급에 도움을 주는 제품
5. 피부나 모발의 기능 약화로 인한 건조함, 갈라짐, 빠짐, 각질화 등을 방지하거나 개선하는 데 도움을 주는 제품

(2) 기능성 화장품의 법적 범위(화장품법 시행규칙 제 2조)

화장품법 제 2조 제2호에서 "총리령이 정하는 기능성 화장품"이라 함은 다음 각 호의 화장품을 말한다.

1. 피부에 멜라닌 색소가 침착하는 것을 방지하여 기미, 주근깨 등의 생성을 억제함으로써 피부의 미백에 도움을 주는 기능을 가진 화장품
2. 피부에 침착된 멜라닌 색소의 색을 엷게 하여 피부의 미백에 도움을 주는 기능을 가진 화장품
3. 피부에 탄력을 주어 피부의 주름을 완화 또는 개선하는 기능을 가진 화장품
4. 강한 햇빛을 방지하여 피부를 곱게 태워주는 기능을 가진 화장품
5. 자외선을 차단 또는 산란시켜 자외선으로부터 피부를 보호하는 기능을 가진 화장품
6. 모발의 색상을 변화(탈염, 탈색을 포함)시키는 기능을 가진 화장품, 다만, 일시적으로 모발의 색상을 변화시키는 제품은 제외
7. 체모를 제거하는 기능을 가진 화장품, 다만, 물리적으로 체모를 제거하는 제품은 제외

8. 탈모 증상 완화에 도움을 주는 화장품. 다만, 코팅 등 물리적으로 모발을 굵게 보이게 하는 제품은 제외
9. 여드름성 피부를 완하하는데 도움을 주는 화장품. 다만, 인체 세정용 제품류로 한정
10. 아토피성 피부로 인한 건조함 등을 완하하는데 도움을 주는 화장품
11. 튼살로 인한 붉은 선을 엷게 하는 데 도움을 주는 화장품

2. 기능성 화장품의 특징

일반적인 화장품이 갖추어야 할 요건으로 안전성, 안정성, 사용성, 유효성 등을 들 수 있다. 여기서 안전성이 좋다는 것은 피부에 대한 자극, 알러지, 독성 등이 적다는 것을 의미하고, 안정성이 좋다는 것은 제품이 일정기간 동안 변질되거나 분리되지 않는다는 것을 의미한다. 또한 사용성이 좋다는 것은 피부에 바를 때 손놀림이 쉽고 잘 펴 발라진다는 것을 의미하는 것이다. 마지막으로 유효성이 좋다는 것은 피부에 바른 후 적절한 보습, 자외선 차단, 노화 억제 등의 구체적인 효능 효과를 부여해준다는 것을 말한다.

마찬가지로 기능성 화장품 또한 구체적인 효능 효과가 강조된 의약품적 성격과 피부에 대한 안전성이 강조된 화장품적 속성을 동시에 가지고 있어야 한다.

현재 국내 화장품법상 기능성 화장품은 일반 화장품과는 달리 식품의약품안전처에서 지정한 '고시원료'를 용량에 맞춰 사용했을때 승인을 얻은 후에 제조판매가 가능하다. 또한 비고시원료나 화장품회사에서 특정원료에 대해 식품의약품안전처로부터 따로 인증받아 기능성 화장품을 제조할 수도 있다.

현재 국내 화장품법상 기능성화장품으로 인정받아 판매하려는 화장품 제조업자, 화장품책임 판매업자, 총리령으로 정하는 대학 · 연구소 등은 품목별로 안정성 유효성에 관하여 식품의약품안전처장의 심사를 받거나 보고서를 제출해야 제조 및 판매가 가능하다.

3. 주름개선 화장품

(1) 노화의 종류

노화란 나이가 들어감에 따라 자연적으로 발생하는 신체의 기능적, 구조적 퇴행성 변화를 말하며, 이는 생리적, 내적 원인에 의해서 발생하는 내인성 노화와 태양광선과 같이 주변 환경이나 생활 여건 등의 외적 원인에 지속적으로 노출되어 피부노화가 진행된 외인성 노화 즉, 광노화로 구분할 수 있다.

노화의 원인을 설명하는 여러 학설들에는 프리 라디칼설(Free radical theory), 말단소립자설(Telomere theory), 교차결합설(Crosslink theory), 유전자 프로그램설(DNA program theory), 자가면역설(Autoimmune theory) 등이 있다.

노화에 관한 여러 학설들을 검토해 보면 서로 타당한 점들은 있으나 결정적으로 핵심이 될 만한 증거가 결여되어 있어 아직 정설로 인정받고 있는 학설은 없다. 아무래도 노화란 한 가지 원인만으로 일어나는 것이 아니라 여러 가지 원인이 얽혀진 복잡한 현상이기 때문일 것이다.

(2) 주름발생의 원인과 과정

나이가 듦어감에 따른 자연노화 또는 자외선이나 산화, 건조로 인한 노화가 진행되면 섬유아 세포 수와 기능 감소, 콜라겐의 변성 및 감소, MMPs 증가 그리고 항산화 시스템의 손상이 일어나게 된다.

이러한 노화 현상이 진행되면서 케라티노사이느 기능이 저하되면서 피부의 지질과 NMF가 감소되고 표피의 위축 증상이 발생하여 변화가 일어나면서 탄력이 감소되고 가는 주름과 굵은 주름이 발생하게 된다.

이는 표피와 진피의 경계부 약화와 미푸 매트릭스 분해 및 변성, 변성 엘라스틴의 축적, 단백질의 당화가 증가되는 결과를 발생하게 한다.

(3) 주름개선 화장품의 원리

미백 메카니즘과는 다르게 주름 개선에 관한 메카니즘은 상대적으로 덜 밝혀져 있다. 그러나 주름과 관련된 피부의 생리적 변화 가운데 하나가 섬유아세포의 증식 감소이다. 섬유아세포의 증식이 감소되면 콜라겐 합성이 적어지고, 이것은 외부인자에 대한 방어력의 약화로 이어져 주름 생성을 촉진하게 된다.

따라서 화장품에서 주로 사용하는 주름개선 성분에는 섬유아세포의 성장을 촉진하는 물질, 섬유아세포의 콜라겐 합성을 촉진하는 물질, 활성산소와 프리라디칼을 제거하는 물질 등이 있는데, 이중 대표적인 물질이 레티노이드(retinoid)이다.

레티노이드는 천연물 유래의 비타민A 또는 합성 비타민 A군을 총칭하는 것으로 레티놀, 레틴알데히드, 레틴산 등이 포함되는데, 이들은 피부세포 분화와 촉진을 비롯하여 콜라겐과 엘라스틴 같은 단백질 생합성에 중요한 역할을 한다. 즉, 피부세포에 존재하는 세포핵의 DNA로 하여금 mRNA를 발현시켜 콜라겐의 생합성을 촉진시킴으로써 주름을 감소시키고 피부의 탄력을 증대시킨다.

(4) 주름개선 화장품의 주요 성분

1) 식약청 고시원료

연번	성분명	함량
1	레티놀	2,500 IU/g
2	레티닐팔미테이트	10,000 IU/g
3	아데노신	0.04 %
4	메디민 A (폴리에톡실레이티드레틴아마이드)	0.05~0.2 %

① 레티놀(Retinol)

비타민 A 유도체로 레틴산의 전구물질이므로 처음에 레티노인산을 이용해 여드름 치료에 사용하였는데 이 물질이 주름개선과 미백에 효과가 있다는 것을 발견하였고, 추후 연구를 통해 레티노인산 대용으로 레티놀을 사용하게 되었다.

피부에 침투한 후 서서히 레틴산으로 변화하여 작용하면서 콜라겐 생성을 촉진, 케라티노사이트의 증식 촉진, 표피의 두께 증가, 히아루론산 생성 촉진, MMP 생성 억제, 진피 내 섬유 정상화 효능을 나타내어 주름을 개선시키고 탄력을 증대시킨다.

레티놀을 함유한 제품은 자외선에 노출되었을 때 광과민 반응을 일으키므로 주로 밤에만 사용하도록 한다.

② 레티닐팔미테이트(Retinyl Palmitate)

레티놀은 효능, 효과는 좋으나 불안정하여 빛, 열, 공기에 의해 변질되기 쉽고, 보관이 어려워 레티놀의 유도체인 레티닐팔미테이트가 사용되기도 하는데, 레티놀 보다 안정성과 안전성은 우수하지만 흡수성은 떨어진다.

③ 아데노신(Adenosine)

아데노신은 DNA를 구성하고 있는 요소 중 하나로 자연적으로 세포에 존재하는 성분인 탓에 피부에 잘 침투하는 특징을 가지고 있다.

피부 섬유아세포의 DNA 합성을 촉진하고 단백질 합성을 증가시키며, 세포의 크기를 증가시켜 진피 세포의 파괴와 노화로 인한 주름 형성을 개선시켜 준다.

기존의 레티놀이 안정성 문제로 주로 밤에만 사용하도록 권장하는 번거로움을 개선하여, 밤과 낮 모두 사용이 가능하며, 피부에 대한 자극이 적고 안정성이 우수하다.

④ 폴리에톡실레이티드 레틴아마이드(Polyethoxylated Retinamide)

"메디민 A"라고 불리는 비타민 A 유도체로 레티노이드에 PEG(poly ethylene glycol)를 첨가한 형태이다. 기존의 레티놀이 공기나 물에 안정성이 떨어지고 캡슐화할 경우에는 흡수율이 떨어지는 단점을 가지고 있으므로, 이러한 레티놀의 단점을 보완하여 개발되어졌는데, 메디민A는 젤 타입으로 흡수성과 안정성을 높였다.

4. 미백 화장품

(1) 피부의 색

사람의 피부색은 멜라닌, 헤모글로빈, 카로틴의 양 등에 의해 결정되며, 인종, 성별, 연령에 따라 다르고 같은 사람에 있어서도 신체 부위에 따라 다르며 건강상태나 스트레스 혹은 계절에 따라 달라지는데 이 중 가장 중요한 역할을 하는 것이 멜라닌이다.

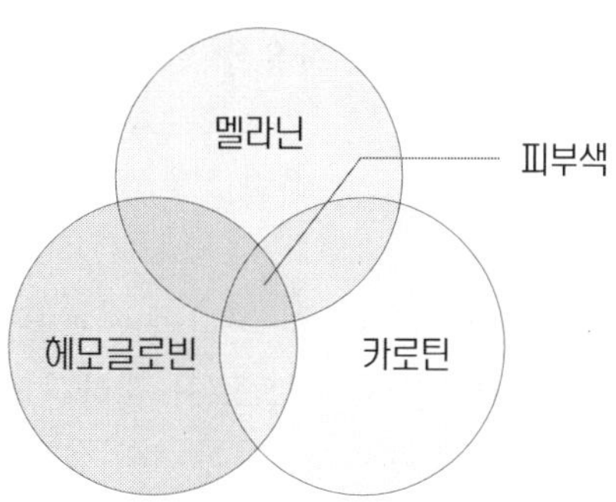

[피부의 색소]

인종간 멜라닌 형성 세포의 수는 거의 일정하나 멜라닌의 양 분포도가 다르기 때문에 인종간 피부색이 다르다. 멜라닌은 피부표피의 가장 아래층인 기저층에 존재하는 멜라닌 생성 세포(melanocyte)에서 만들어지는데, 피부에서 발생하는 활성산소나 프리라디칼을 제거하고, 자외선의 투과를 막아 피부의 내부를 보호하는 역할을 한다.

멜라닌을 만드는 출발물질은 티로신이라는 아미노산의 일종으로, 티로신은 멜라닌 세포 내에서 티로시나아제(tyrosinase)라는 효소에 의해 산화되어 도파(dihydroxy phenylalanine, DOPA)로 변하고, 도파는 더욱 산화하여 도파퀴논(DOPA quinone)으로 바뀐다. 도파퀴논은 이후 자동 산화반응을 거쳐 최종적으로 흑갈색의 유멜라닌(eumelanin)을 만들어 낸다.

한편, 도파퀴논이 시스테인(cysteine)을 만나게 되면 시스테이닐도파(cysteinyl DOPA)가 만들어지고 그 결과 적갈색의 페오멜라닌(pheomelanin)이 만들어진다.

이후 생성된 멜라닌은 멜라노좀(melanosome)에 실려 각질형성세포로 전달된다.

멜라닌 합성은 멜라닌 세포 내의 멜라노좀이라고 부르는 작은 기관에서 이루어지며, 이 멜라노좀은 돌기를 따라 수지의 끝 부분으로 이동하고 최종적으로 각질형성세포로 멜라닌을 넘겨준다. 각질형성세포는 턴-오버에 따라 표면으로 이동하게 되며 최종적으로 분리되어 탈락된다.

(2) 미백화장품의 기본 원리

미백 화장품은 자외선에 의한 기미, 주근깨 등을 완화시키고 멜라닌 색소의 생성을 억제하기 위한 목적으로 개발된 제품이다. 미백화장품의 미백 효과는 피부색에 미치는 영향이 큰 멜라닌 색소를 얼마나 그리고 어떻게 조절하느냐가 중요하다.

즉, 미백화장품들은 멜라닌 생성 세포(melanocyte)에서 이루어지는 멜라닌 생성 메카니즘 과정에서 어느 일부분을 저해하거나 억제해서 멜라닌의 양을 줄인다. 또는 이미 생성된 멜라닌을 환원시키거나 각질박리 작용에 의해 외부로 배출시키는 방법을 사용하고 있다.

1) 자외선 차단

자외선 차단은 피부노화를 예방해 줄 뿐 아니라 미백을 위해서도 중요한 역할을 한다. 즉 UV-A, UV-B를 흡수하거나 산란시킴으로서 멜라닌 생성을 억제하여 깨끗한 피부를 유지 관리 할 수 있도록 도와주는 것이다. 물론 자외선 차단 기능만 강조된 것은 자외선 차단 화장품에 속하며, 미백 기능성 화장품에서는 보조 성분으로 배합되고 있다.

2) 멜라닌 생성 자극 신호 전달 조절

멜라닌 세포를 포함한 모든 세포는 외부와의 신호교환에 있어서 세포막에 있는 수용체(receptor)를 이용하는데, 멜라닌의 생성과정은 정상 세포와는 달리 외부로부터의 균형된 신호가 전달됨으로써 발생하는 것으로 보고 있다. 즉, 멜라닌 세포에 멜라닌 합성을 명령하는 여러 신호전달물질들을 조절하여 멜라닌 생성을 억제한다.

3) 티로시나아제의 활성 억제 및 저해

티로신의 산화를 촉진하는 촉매인 티로시나아제의 활성 부위에 구리이온이 함유되어 있는데 이것을 제거하면 티로신이 효소의 활성부위에 작용할 수가 없어 멜라닌 생성에 방해를 받는다. 현재 코직산, 알부틴, 감초 추출물, 닥나무 추출물 등의 많은 미백 원료들이 티로시나아제활성을 억제하거나 저해하여 멜라닌 생성을 억제하는 용도로 사용되고 있다.

4) 멜라닌 환원

티로신의 산화반응을 억제함으로서 멜라닌 색소의 생성을 억제하거나 흑갈색의 유멜라닌(eumelanin)을 적갈색의 페오멜라닌(pheomelanin)이 만들어지도록 유도한다. 대표적인 것으로 비타민C 와 그 유도체, 글루타치온(gluthatione) 등이 있다. 비타민C와 그 유도체들은 도파퀴논을 도파로 환원시켜 멜라닌 합성을 저해하는 성분들이다. 또, 도파퀴논이 시스테인(cysteine)을 만나게 되면 시스테이닐도파(cysteinyl DOPA)가 만들어져 적갈색의 페오멜라닌이 만들어지게 되는데 흑갈색의 유멜라닌 보다 밝은 색의 페오멜라닌으로 환원시킬 수 있다.

5) 박리촉진

각질이 정상적인 각화주기를 통해 턴오버 하지 않게 되면 멜라닌 색소 역시 함께 침착이 된다. 그러므로 각질을 박리하고 턴 오버를 촉진시켜 피부의 각질층에 함유된 멜라닌 색소를 함께 제거한다.

[미백화장품의 작용 원리와 대표 성분]

작용원리	대표 성분
자외선 차단	에칠헥실메톡시신나메이트, 옥시벤존, 티타늄디옥사이드, 징크옥사이드 등
멜라닌 생성 자극 신호 전달 조절	이메린(immelin), 카모마일 추출물 등
멜라닌 환원	비타민 C 및 유도체, 글루타치온 등
티록시나아제의 활성 억제 및 저해	알부틴, 감초추출물, 닥나무추출물, 상백피 추출물 등
박리 촉진	AHA(α -hydroxy acid), 살리실산, 각질분해효소 등

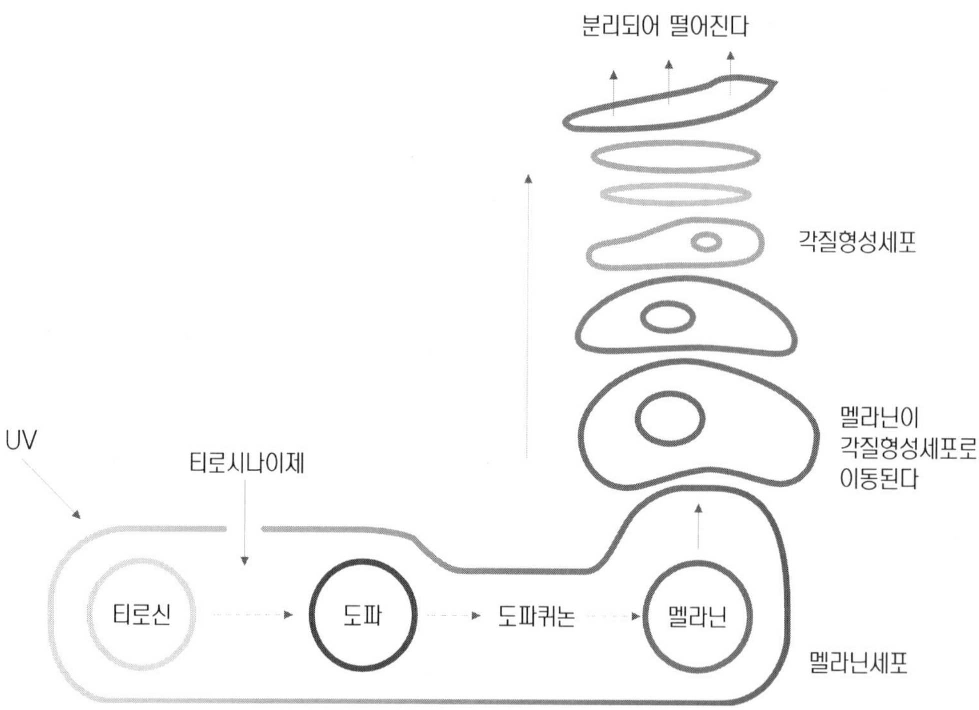

(3) 미백 성분

1) 식약처 고시원료

현재 식약청에 고시된 미백 기능성 화장품에 대한 주성분은 닥나무추출물, 알부틴, 에틸아스코빌에텔, 유용성 감초 추출물, 아스코빌글루코사이드, 마그네슘아스코빌포스페이트 6종이 있다. 이들은 고시된 농도를 사용할 경우 안전성 유효성 심사 자료의 제출이 면제된다.

[식약처 고시원료]

번호	성분명	함량
1	닥나무 추출물	2%
2	알부틴	2~5%
3	에칠아스코빌에텔	1~2%
4	유용성 감초 추출물	0.05%
5	아스코빌글루코사이드	2%
6	마그네슘아스코빌포스페이트	3%
7	아스코빌테트라이소팔미테이트	2%
8	나이아신아마이드	2~5%
9	알파-비사보롤	0.5%

① 닥나무 추출물

닥나무는 뽕나무과 식물로서 전통적으로 한지의 원료로 사용했다. 닥나무 추출물은 티로시나아제 활성을 저해하는 효과가 탁월해 미백 화장품의 원료로 오랫동안 사용되고 있다.

② 알부틴(Arbutin)

자연계에서는 월귤나무와 배나무 잎에서 추출되나 화장품에 사용되는 것은 대부분 화학적으로 합성한 것이다.

미백 치료에 사용되는 의약품 성분 중 하나인 하이드로퀴논(우리나라에서는 화장품 배합금지 성분으로 지정되어 있으나 미국의 경우 화장품 성분으로 사용가능한 성분으로 지정되어 있다.)에 한 분자의 글루코오스(glucose)가 결합된 것으로, 하이드로퀴논 배당체(hydroquinone glucose)라고도 하며, 티로시나아제 활성을 저해한다. 장점으로는 비교적 피부에 안전하며 안정도가 우수하다는 것이며, 단점은 효과가 상대적으로 미비하고 피부투과도가 낮다는 것이다.

③ 비타민 C(아스코빅 애시드, Ascorbic acid)와 유도체

비타민 C는 ascorbic acid($C_6H_8O_6$)라고도 하며, 감귤, 레몬, 양배추, 꽃양배추, 메론, 감자 등의 식물에 존재하며, 어패류에서는 결합형 아스코르비겐(Ascorbigen)으로 존재한다. 생체 조직 중에서는 환원형의 L-아스코르빈산(L-Ascorbic acid)으로 존재하고 산화형과 환원형은 생체 내에서 가역적으로 상호 변환한다.

비타민C는 콜라겐 합성시 proline이 hydroxyproline으로 전환되는 것을 도와 콜라겐의 합성을 촉진시킨다. 또한 비타민C는 항산화제 및 미백제로 사용되는데 수용성인 비타민C는 안전성은 좋지만, 안정성은 좋지 않기 때문에 수용액에서 쉽게 산화되어 색상이 갈색으로 변할 뿐 아니라 피부 투과의 어려움이 있어, 화장품 원료로 사용 시에는 화장품의 안정화 및 투과율을 목적으로 각종 유도체를 합성하여 사용하고 있다.

비타민 C와 그 유도체(ascorbyl magnesium phosphate, ascorvyl palmitate, ascorbyl starate)는 멜라닌을 생성하는 티로시나아제 반응에서 2가지 작용을 한다. 하나는 멜라닌 중간체인 도파퀴논(dopaquinone)을 환원하여 멜라닌 생성을 억제하는 것이고, 또 다른 하나는 진한색의 산화형 멜라닌을 환원하여 엷은 색의 환원형 멜라닌으로 만드는 것이다.

2) 식약처 비고시원료

① 코직산(Kojic acid)

코직산은 주로 Aspergillus oryzae나 Penicillium속 등의 사상균의 발효액 중에서 생산되며, 된장, 간장 및 술 등의 색이나 맛에 중요한 인자로 알려져 있는 γ -pyrone 화합물이다. 티로시나아제의 활성 부위에 구리이온이 함유되어 있는데 코직산의 경우 구리와의 킬레이트(금속이온봉쇄)에 의해 티로신과 티로시나아제의 결합을 막아내어 멜라닌 생성을 억제할 뿐 아니라 자외선에 의한 염증 억제 및 기미, 검버섯, 염증후 색소침착에도 효과가 있는 것으로 알려져 있다.

코직산은 공기 중에서 매우 불안정하고 산성기로 인한 피부자극의 단점을 가지고 있는데, 2003년 일본에서 실험용 쥐에 코직산을 투여한 실험결과 간암유발 가능성이 관찰되어 한때, 업계 자율적으로 제조 및 수입을 중단하기도 하였으나, 이후 화장품으로 사용하는 것에 문제가 없다는 연구 결과가 발표되어 현재 코직산의 안전성이 인정되어 미백원료로도 사용이 가능하지만 소비자들의 인식 때문에 국내에서는 잘 사용하고 있지 않다.

② AHA(Alpha-Hydroxy Acid)

천연에 광범위하게 존재하는 유기산의 일종이다. 우유와 포도에 함유된 젖산과 주석산은 세포 간 접착물질인 데스모좀을 분해하여 표피의 턴 오버를 촉진하여 각질층의 탈락속도를 빠르게 한다. AHA들 중에서 특히 글리콜산(Glycolic acid)은 표피 세포의 증식 촉진 효과가 있는 것으로 알려져 있다. 글리콜산은 사탕수수에서 유도된 α -hydroxy acid로 표피의 응집력을 없애 빠르게 표피의 탈락을 유도하여 미백에 관여한다.

5. 자외선 차단 화장품

(1) 자외선

태양에서 나오는 빛은 여러 가지의 파장을 가진 다른 광선들이 섞여 있는데, γ선, X선, 자외선, 가시광선, 적외선, 라디오파 등으로 구성되어 있으며, 이중 자외선을 UV(Ultra violet ray)라고도 한다. 자외선은 파장에 따라 UV-A(320~400nm), UV-B(290~320nm), UV-C(200~290nm)로 나누어지며 그중 파장이 가장 짧은 UV-C는 γ선, X선과 함께 오존층에 막혀 지표에 거의 도달하지 못하는 것으로 알려져 있다.

UV-A는 파장이 가장 길어 지표 도달량은 많지만 자외선 강도는 상대적으로 약하며 실내의 유리창을 통과할 수 있기 때문에 생활자외선이라고 불린다. UVA는 진피층까지 침투하여 콜라겐을 손상시켜 주름을 발생시키므로 최근 광노화의 원인으로 주목 받고 있으며 선탠(sun tan)을 일으키기도 한다.

UV-B는 UV-A에 비해 지표 도달량은 적지만 상대적으로 자외선 세기가 UV-A보다 강하며, 피부에 조사되면 각질층에 의해 일부 반사되거나 산란된다. 피부가 빨갛게 되고 심할 경우에는 염증이 생기다가 피부가 딱딱해지는 결과를 낳기도 한다. UV-B는 비타민 D의 합성을 촉진하고 일광화상(sun burn)을 일으키며, UV-C는 피부암의 원인이 되는 것으로 알려져 있다.

(2) 자외선 차단 방법

자외선 차단 방법으로는 물리적 방법과 화학적 방법이 있으며, 각 방법의 장점을 살려 최근에는 두가지를 동시에 사용하여 자외선이 피부에 도달하기 전에 차단제에 의해 흡수될 가능성을 높이는 방법을 취하고 있다.

1) 물리적 방법(자외선 산란제)

물리적 방법은 무기계 차단제라고도 하며, 자극 요인이 적어 비교적 안전하게 사용할 수 있다. 이산화티탄이나 산화아연과 같은 성분을 이용하여 물리적인 산란작용에 의해 자외선이 피부 속으로 침투되는 것을 막는 방법이다. 자외선 산란제로 사용되는 무기물질들은 피부에 바른 후 시간의 경과에 따른 자외선 차단 효과의 저하가 없고 접촉성 피부염과 같은 부작용이 발생하지 않아 안전성이 높다.

그러나 불투명하기 때문에 크림이나 로션에 많이 배합되면 피부에 발랐을 때 하얗게 되는 백탁현상이 있어 미용적인 면이나 사용감 면에서 만족스럽지 못하기 때문에 많은 양의 배합이 불가능하다. 대표적 무기계 차단제로 티타늄옥사이드와 징크옥사이드가 있다.

2) 화학적 방법(자외선 흡수제)

화학적 방법은 유기계 자외선 차단제라고도 하며 유기계 차단제는 구조적인 특성에 의해 흡수된 수소는 강한 에너지의 자외선을 낮은 에너지로 변환한다. 에틸헥실메톡시신나메이트(ethylhexyl methoxycinnamate)와 같은 유기물질을 이용하여 자외선을 흡수시켜 소멸시키는 자외선 차단 방법으로 차단 효율이 높다.

자외선 흡수제로 사용되는 유기물질들은 대부분 카르보닐기(carbonyl group)을 갖는 방향족 화합물로서 아미노기(amino group), 메톡시기(methoxy group) 등의 전자 공여기(electron donor)가 벤젠 고리의 오르토(ortho) 또는 파라(para)위치에 있어 자외선 흡수에 유리한 공명구조를 가지고 있다.

자외선 흡수제들은 자외선을 흡수하여 인체에 해롭지 않은 낮은 에너지의 적외선으로 변환하여 천천히 방출한다.

자외선 흡수제들은 피부에 바른 후 투명하고 백탁현상이 없기 때문에 미용적인 측면이나 사용감면에서 만족스러우나 많이 배합하게 되면 접촉성 피부염을 일으킬 수 있으므로 주의하여야 한다.

(3) 자외선 차단 지수

1) 자외선 차단 지수(SPF : Sun Protection Factor)

자외선 차단 지수(SPF)는 제품이 UVB를 차단하는 정도를 나타내는 지수이다. 제품을 바른 피부와 제품을 바르지 않은 피부의 최소 홍반량(MED)의 비를 말한다.

최소홍반량(Minimum Erythemal Dose, MED)은 UVB를 사람의 피부에 조사한 후 16~24시간에서 조사 영역의 거의 대부분에 홍반을 나타낼 수 있는 최소한의 자외선량을 말한다.

자외선 차단지수는 2부터 50까지 있으며, 50이상의 제품은 50+로 표시된다.

2) UVA 차단 등급(PA : Protection factor of UV A)

UVA 차단 등급(PA)은 제품이 UVA를 차단하는 정도를 나타내는 지수이다. UVA 차단 등급은 UVA 차단지수에 의해 정해지며, 자외선 차단지수는 제품을 바른 피부와 바르지 않은 피부의 최소지속형즉시흑화량(MPPD)의 비를 말한다.

최소지속형즉시흑화량(Minimal Persistent Pigment darkening Dose : MPPD)은 UVA를 사람의 피부에 조사한 후 2~4시간에 조사영역의 전 영역에 희미한 흑화가 인식되는 최소 자외선 조사량을 말한다.

[자외선A 차단등급 분류]

UVA차단지수(PFA)	UVA차단등급(PA)	UVA차단효과
2 이상 4미만	PA+	있음
4 이상 8미만	PA++	많이 있음
8이상	PA+++	매우 많이 있음

3) 내수성 자외선차단지수

내수성 자외선 차단지수란 여름철 해수욕장이나 야외 수영장에서 물놀이를 할 때 피부에 바른 자외선 차단제품이 물에 씻겨나가 제 기능을 발휘할 수 없게 되므로 물에 쉽게 씻겨나가지 않는 자외선 차단제품을 개발하여 이 제품을 바르고 물놀이를 할 때의 자외선 차단지수를 측정하여 나타낸 것이다.

내수성 자외선 차단지수는 제품을 바르고 물속에 드나드는 내수성 시험법에 따라 시험을 하여 측정된 자외선 차단지수가 일반 자외선 차단지수의 50% 이상을 나타내는 경우 제품에 "내수성" 또는 "지속 내수성"이라고 표기한다.

"내수성"은 물놀이를 약 1시간 하는 경우로, "지속 내수성"은 물놀이를 약 2시간 하는 경우로 설정하여 실험한 것이다.

※ 자외선차단지수 표기 사례

자외선으로부터 피부를 보호하는데 도움을 준다. SPF 30 자외선으로부터 피부를 보호하는데 도움을 준다. SPF 30, PA++ 자외선으로부터 피부를 보호하는데 도움을 준다. SPF 30, PA++, 내수성

(4) 자외선 차단 성분

피부를 곱게 태워주거나 자외선으로부터 피부를 보호하는데 도움을 주는 제품의 성분과 함량은 아래 표와 같다.

번호	성분명	함량
1	드로메트리졸	0.5~7%
2	디갈로일트리올레이트	0.5~5%
3	4-메칠벤질리덴-캄파	0.5~4%
4	메틸안트라닐레이트	0.5~5%
5	벤조페논-3	0.5~5%
6	벤조페논-4	0.5~5%
7	벤조페논-8	0.5~3%
8	부틸메톡시디벤조일메탄	0.5~5%
9	시녹세이트	0.5~5%
10	에칠헥실트리아존	0.5~5%
11	옥토크릴렌	0.5~10%
12	에칠헥실디메칠파바	0.5~8%
13	에칠헥실메톡시신나메이트	0.5~7.5%
14	에칠헥실살리실레이트	0.5~5%
15	2-페닐벤즈이미다졸-5-설폰산	0.5~4%
16	호모살레이트	0.5~10%
17	징크옥사이드	25%(자외선차단성분으로 최대함량)
18	티타늄옥사이드	25%(자외선차단성분으로 최대함량)
19	이소아밀-p-메톡시신나메이트	10%(최대함량)
20	비스에칠헥실옥시페놀메톡시페닐트리아진	10%(최대함량)
21	디소듐페닐디벤지미다졸테트라설포네이트	산으로 10%(최대함량)
22	드로메트리졸트리실록산	15%(최대함량)
23	디에칠헥실부타미도트리아존	10%(최대함량)
24	폴리실리콘-15(디메치코디에칠벤잘말로네이트)	10%(최대함량)
25	메칠렌비스-벤조트리아졸일테트라메칠부틸페놀	10%(최대함량)
26	테레프탈리덴디캄퍼설폰산 및 그 염류	산으로 10%(최대함량)

6. 태닝 화장품

(1) 태닝 화장품

적당히 선탠한 갈색 피부는 건강한 분위기를 연출할 수 있다. 선탠을 할 때는 피부에 스트레스를 주지 않으면서 얼룩지지 않고 예쁘게 태우는 것이 중요하다. 자외선 가운데 UVA는 선탠(sun tan)을 유도하며, UVB는 선번(sun burn)을 일으킨다. 따라서 태닝 화장품은 피부가 손상되지 않는 범위에서 자외선에 의해 피부의 멜라닌 색소 양을 늘려주는 방법을 사용한다.

즉, 선탠용 화장품에서는 UVB를 차단할 수 있는 자외선 차단제를 적절히 함유하고 있어 UV A에 의해서만 서서히 태닝효과가 나타나도록 하거나 경우에 따라서는 UVA와 UVB를 적절히 차단함으로서 태닝 효과를 나타나도록 한다. 가장 대표적인 태닝 화장품으로는 태닝 오일이 있다.

(2) 셀프 태닝 화장품

셀프 태닝 화장품은 자외선에 노출하지 않고 색소침착(tanning)의 효과를 볼 수 있는 화장품으로 자외선으로 인한 피부 손실 없이 각질층의 윗부분만 갈색으로 변화시키는 화장품이다.

주성분은 디하이드록시아세톤(Dihydroxyacetone, DHA)으로 피부를 이루고 있는 단백질인 케라틴의 아미노산에 화학적 반응에 의해 갈색으로 변화시킨다. 따라서 멜라닌 형성 세포에는 아무런 영향을 주지 않은 채 각질층의 색상만 갈색으로 변화시킨다.

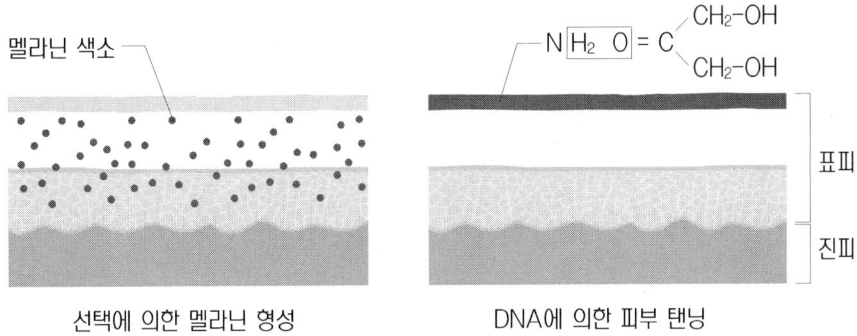

[선탠과 셀프태닝의 차이]

7. 아토피 화장품

(1) 아토피란?

아토피 피부염은 주로 유아기 혹은 소아기에 시작되는 만성적이고 재발성의 염증성 피부질환으로 소양증(가려움증)과 피부건조증, 특징적인 습진을 동반한다. 유아기에는 얼굴과 팔다리의 펼쳐진 쪽 부분에 습진으로 시작되지만, 성장하면서 특징적으로 팔이 굽혀지는 부분과 무릎 뒤의 굽혀지는 부위에 습진의 형태로 나타나게 되며, 많은 경우에 성장하면서 자연히 호전되는 경향을 보인다. 어른의 경우 접히는 부위 피부가 두꺼워지는 태선화(lichenification)가 나타나고, 유소아기에 비해 얼굴에 습진이 생기는 경우가 많다. 아토피 피부염은 세계적으로 증가하는 추세이며 유병률이 인구의 20%라는 보고도 있다.

아토피 피부염의 발병 원인은 아직 확실하게 알려져 있지 않은 상태이다. 임상 증상도 피부건조증, 습진 등으로 다양하게 나타나기 때문에 발병 원인이 어느 한 가지로만 설명될 수는 없지만, 환경적인 요인과 유전적인 소인, 면역학적 반응 및 피부보호막의 이상 등이 주요 원인으로 여겨지고 있다.

환경적인 요인으로는 산업화로 인한 매연 등 환경 공해, 식품첨가물 사용의 증가, 서구식 주거 형태로 인한 카펫, 침대, 소파의 사용 증가, 실내 온도 상승으로 인한 집먼지 진드기 등의 알레르기를 일으키는 원인 물질(알레르겐)의 증가 등이 있다.

아토피 피부염은 심한 소양증(가려움증)과 피부건조증이 특징인 질환인데, 피부건조는 가려움증을 유발하고 악화시킨다. 가려워서 긁게 되면 습진성 피부 병변(병리적 변화)이 생기고 이러한 병변이 진행되면서 다시 더 심한 가려움이 유발되는 악순환이 반복된다.

(2) 아토피 화장품의 작용 원리

1) 피부청결

샤워나 목욕을 통해 피부에 묻은 먼지, 집 먼지 진드기, 피부 유해균, 땀, 기타 이물질 등을 씻어냄으로서 아토피 피부의 알레르겐(원인 알레르기 물질)을 제거하는 것이 중요하다. 아토피 피부염의 알레르겐으로는 집먼지 진드기가 중요하고, 실내에서 애완동물을 키우는 일이 많아지면서 애완동물이 알레르겐의 원인이 될 수도 있다.

특히 땀을 유발하는 환경에서는 발한이 가려움을 유발하는 경우가 많은데 가려워서 긁게 되면 황색포도상구균의 번식이 심해 아토피 피부 상태를 더 악화시키게 된다. 따라서 땀을 많이 흘린 경우에는 잘 씻어야 하는데, 지나친 목욕이나 과다한 비누 사용은 오히려 상태를 더 악화시킬 수 있다.

아토피 피부는 정상피부 보다 pH가 높으므로 알칼리성 비누보다는 약산성의 세제를 사용하는 것이 바람직하며, 장시간의 목욕은 피하고 미지근한 물로 가볍게 샤워하는 것이 좋다.

2) 피부 장벽 강화

아토피 피부는 매우 건조하고 각질층의 각질세포간 지질 성분인 세라마이드가 부족한 특징을 가진다. 세라마이드가 부족하면 피부 보호막이 손상되어 민감성 피부가 되고 아토피성 피부염을 유발하거나 악화시킨다.

따라서 아토피 피부를 관리할 때는 세라마이드성분이 충분히 함유되거나 아토피 피부에 적절한 보습제들을 발라 자체 피부 보습 능력을 높이는 것이 중요하다. 특히 공기가 차갑고 건조해지는 가을부터 봄에 걸쳐서는 보습제에 의한 관리가 중요한데, 보습제를 사용하게 되면 각질층 수분 보유함유량을 증가시킬 뿐 아니라 장벽기능도 상승시킨다.

(3) 아토피 화장품의 성분

1) 세라마이드(Ceramide)

피부 각질의 보습을 담당하는 NMF의 주요 구성성분인 세라마이드는 각질세포간 지질의 40%를 차지하고 있는 자극없는 원료이다. 피부 세포 사이의 결합력을 강화시켜 주는 역할을 하며 피부의 수분 보유 능력을 향상시켜 피부 본래의 유연성과 탄력성을 회복할 수 있도록 도와준다.

2) 히아루론산(Hyaluronic acid)

세라마이드가 피부 표면의 보습을 담당하는 인자라면, 피부 내부의 보습을 담당하는 것은 히아루론산으로서, 진피를 구성하고 있는 기질에 존재한다. 화장품에 흔하게 사용되는 보습원료로 끈적임 없이 사용 가능하며, 우수한 수분 결합력과 큰 분자구조로 인하여 표피를 부드럽게 해주고 적절한 유연성과 긴장감을 유지하도록 해준다.

또한 자외선, 담배연기, 질소산화물 등 피부 자극 요인들로부터 피부를 보호하며, 피부의 면역력 저하를 방지하고 손상된 피부를 회복시켜 준다.

3) 젖산(Lactic acid)

쉰 우유에서 얻어지는 천연 유래의 산으로 피부 세포의 부활, 보습 및 각질 연화, 각질 박리 효과가 탁월한 알파하이드록시산(AHA) 이다.

4) 천연추출물

황백, 황련, 황기, 알란토인, 갈조, 감초, 카모마일 등과 같이 알르레기 및 자극에 대해 진정작용이 있는 천연물을 추출하여 아토피 화장품에 배합하고 있다.

8. 여드름 완화 화장품

(1) 여드름의 발생원인

여드름은 피지선의 만성질환으로 피지분비가 많은 얼굴, 목, 가슴 등에 주로 발생하는 비염증성 또는 염증성 질환이다. 다양한 원인에 의해 피지 분비량이 많아지고 모공 내 각질비후로 인해 피지 배출이 되지 않아 발생된다. 주로 성호르몬 분비가 시작되는 사춘기에 왕성하게 발생하나, 성인이 되어서 호르몬의 영향으로 발생할 수도 있다. 성인기의 여드름은 대부분 지속적인 스트레스, 소화기장애, 수면부족, 손으로 짜는 습관, 화장품 등이 일반적인 원인으로 작용하고 있다.

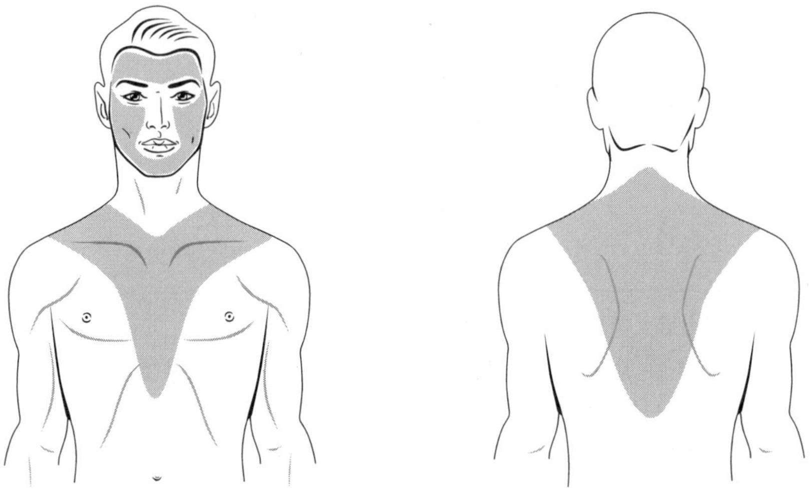

[여드름의 발생 부위]

여드름 발생의 주된 원인은 유전적인 것으로, 여드름의 83% 이상을 차지한다. 유전에 의한 여드름은 남성 호르몬인 테스테스토론이 정상보다 과잉 분비되어 피지선이 발달하고 피지분비가 많아 모공을 막으면서 생긴다. 또한 여성에게서 월경주기로 인한 턱 주변의 여드름은 호르몬의 변화가 주된 원인으로 보고 있다.

성인에게서 나타나는 여드름의 주된 원인은 스트레스로, 스트레스를 받으면 부신 피질에서 코티솔(cortisol)이라는 스트레스 호르몬을 분비하게 되는데 이는 남성호르몬의 분비를 촉진시켜 피지선을 자극하여 여드름 발생의 원인이 된다.

(2) 여드름 생성과정

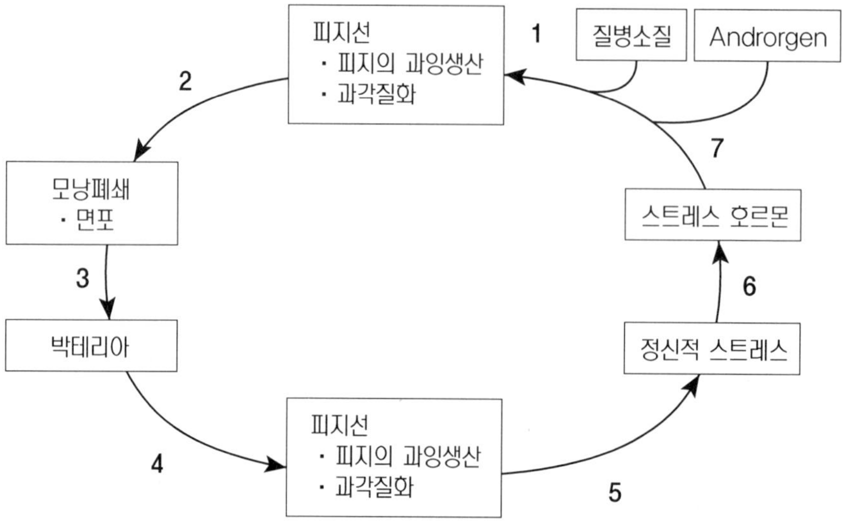

[여드름생성 과정]

1. 남성 호르몬(테스토스테론)이 피지선의 피지 분비를 자극한다.
2. 모공 내 각질 비후로 피지와 각질세포들이 모공을 막아 면포를 형성한다.
3. 모낭 속에 *p.acne* 균과 포도상구균이 침투하여 증식한다.
4. 박테리아가 피지의 중성지방을 유리지방산으로 분해하고 유리지방산은 모낭벽을 자극하여 염증이 발생한다.
5. 여드름 발생이 정신적인 스트레스를 준다.
6. 부신피질에서 스트레스 호르몬(cortisol)이 분비된다.
7. 스트레스 호르몬이 남성 호르몬(테스토스테론) 분비를 촉진시켜 피지분비를 자극한다.

(3) 여드름 개선 화장품의 작용원리 및 성분

많은 양의 피지가 생성되고 모공이 각질 등으로 막힌 상태에서 세균에 의해 감염되어 나타나는 여드름피부를 관리할 수 있는 화장품은 살균능력을 갖추고, 각질의 박리를 원활히 할 수 있어야 한다. 여드름은 피부의 상태를 청결히 하여 예방하는 것이 최선책으로, 화장품 등의 여러 불순물이 세정 후 피부에 남아 지속적인 자극을 유발하는 경우도 많다.

그 외에 스트레스를 줄이고 수면시간을 늘리는 것 또한 여드름의 예방에 중요한 역할을 한다.

1) 피지분비 억제제

과잉 피지 분비는 남성 호르몬 분비에 의해 조절되기 때문에 길항작용을 갖는 난포 호르몬이 피지 억제제로 배합되고 있으나 화장품에서는 배합되는 양이 극히 제한 적이다. 주요성분으로는 에스트라디올, 에스트론, 에치닐에스트라디올 등이 있다.

그 외에 피지 억제 작용이 있는 인삼 추출물, 우엉 추출물, 로즈마리 추출물, 비타민 B6 등을 사용하여 피지 분비를 정상화 시킨다.

2) 각질 제거제

여드름 발생 시 모공내 각질의 각화가 항진되고 면포가 생기므로 이 면포의 앞부분을 열어서 면포 내용물을 배출하기 위하여 화장품에 유황(sulfur), 살리실산(salicylic acid), 레조루신, 단백질 분해효소, AHA 등의 각질 제거 작용 성분들을 배합한다.

식약처에 고시된 여드름 피부 완화 화장품 원료로는 살리실산(salicylic acid; SA; 2-hydroxybenzoic acid)이 있다. 살리실산은 버드나무 껍질에서 추출한 성분으로 의약용 아스피린의 원료로 사용되었으나, 여드름 피부에 적용했을 때 여드름균(*p.acne*)에 대한 항균효과를 나타내 여드름을 완화시키고 각질을 제거하여 여드름피부의 각질제거제로 활용되고 있다.

3) 박테리아 성장 억제제

여드름을 유발하는 균은 *p.acne* 균으로 정상적인 피부에도 상재하는 균으로, 피부의 상태가 악화되었을 때, 즉 과다한 피지로 인해 모공을 막거나 세정이 깨끗이 이루어지지 않았을 때 활성을 띠어 염증을 일으키게 된다. 따라서 이러한 균의 활성을 억제시켜 줄 수 있는 성분으로는 벤조일퍼옥사이드, 염화벤잘코늄, 트리크로로카루반, 2,4,4-트리클로로-2-하이드록시 페놀 등이 있다.

벤조일퍼옥사이드는 유리지방산을 감소시키고 세균을 증식을 억제하나 과량 도포하면 자극을 줘서 오히려 피부를 건조하게 만들 수 있다.

9. 튼살 완화 화장품

(1) 튼살의 정의

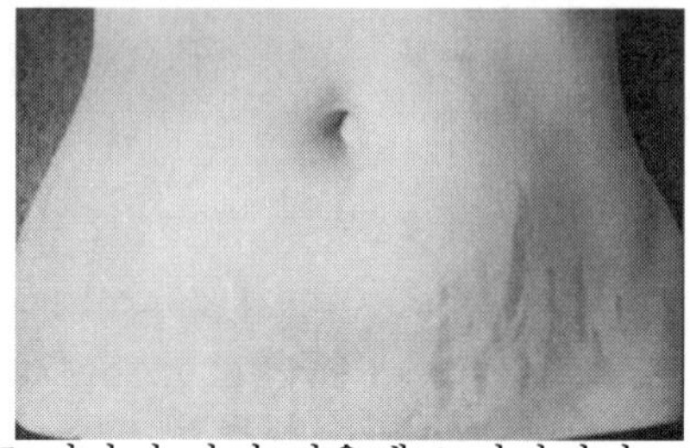

튼살은 허벅지나 복부, 둔부 등의 피부가 얇게 갈라지는 증상으로, 생리적 혹은 병리적 원인으로 체내 부신피질 호르몬의 증가와 관련이 있고, 피부가 늘어나면서 생기게 된다. 튼살이 생기는 원인은 몸 안의 부신피질 호르몬이 늘어나 진피 내 콜라겐 섬유가 파괴되기 때문이다. 부신피질 호르몬은 사춘기나 임신기에 분비량이 증가하므로 비만이 아닌 경우에도 나타난다.

튼살이 생기기 시작할때는 피부의 상층부가 위축되면 피부 깊숙한 곳에서 탄력섬유가 소실되어 처음에는 붉은색 선이나 띠를 두른 것처럼 나타난다. 푸른빛이 도는 붉은색 선이 엉덩이, 넓적다리, 아랫배, 무릎 뒤, 유방 등에 나타나는데, 자세히 살펴보면 정상피부보다 약간 가라앉아 있어 만져보면 울퉁불퉁하게 느껴진다.

튼살은 붉은색을 띠는 초기에 대응하지 않으면 개선이 점점 어려워지는 특징을 갖고 있다.

(2) 튼살의 원인

1) 부신피질 호르몬의 증가

생리적 혹은 병리적 원인으로 체내 부신피질 호르몬의 증가하면서 진피 내 콜라겐 섬유가 파괴되고 피부가 늘어나면서 생기게 된다. 부신피질 호르몬은 사춘기나 임신기에 분비량이 증가하므로 비만이 아닌 경우에도 나타난다.

2) 체중의 증가

비만 성인이나 소아에서 튼살이 잘 생긴다. 사춘기 청소년에게서 여성호르몬이 증가하면서 갑자기 체중이 불어나거나 몸집이 커지면 피부가 늘어나 발생한다. 한편 근육을 과도하게 사용하는 남성에게서도 생기기도 한다.

3) 임신 및 출산

임신한 여성의 90%에서 튼살이 관찰된다. 임신기간 중 복부를 중심으로 가슴과 둔부, 허벅지 등의 피부가 늘어나면서 진피층의 콜라겐 구조가 파괴되어 튼살이 생기고, 출산 후에도 없어지지 않는다.

(3) 튼살의 치료 및 기능성화장품으로서의 적용

튼살의 치료에는 국소적으로 tretinoin 연고를 도포하거나 Trichloroacetic acid(TCA)를 이용한 화학적 필링을 하는 방법이 사용되고, 다양한 레이저를 이용한 치료들이 시도되고 있으나 아직 효과적인 치료법은 없는 상태이다.

튼살은 붉은 선이 생기기 시작할 때나 임신초기 튼살이 생기기 전부터 튼살 크림을 통해 마사지하는 방법으로 예방하는 것이 중요하며, 튼살의 붉은 선을 개선하는 기능성화장품으로서의 가이드가 설정되면 안전하게 개발하고 사용할 수 있을 것으로 기대한다.

10. 염모제

염모제는 흰머리를 본래의 색으로 만들고자 하는 욕구에서 시작되었으나, 최근에는 자신의 머리색에 다양한 변화를 주어 미적 아름다움을 추구하거나 개성의 표현으로 사용하는 경향이 있다. 염모제는 염색의 효과에 따라 일시 염모제, 반영구 염모제, 영구 염모제, 브리치로 구분할 수 있다.

(1) 일시 염모제(Temporary hair color)

기능성화장품에 일시 염모제는 포함되지 않으며, 스틱타입, 젤 타입, 스프레이타입, 마스카라 타입 등의 다양한 제형이 상품화되어 있는데, 주로 모발 전체를 염색하기 보다는 일부분을 강조하거나 새치머리를 감추는데 사용된다. 물이나 오일에 녹지 않는 유색 안료(pigment)를 수지(resin)에 혼합하여 모발의 표면에 일시적으로 부착시켜 모발의 색을 바꿔주는 제품이다.

색소가 모발 내부에 침투하지 않고 수지의 접착능력으로 모표피 층 사이사이에 물리적으로 붙어 모발 표면에 존재하므로 지속력이 없어 1~2회 샴푸만으로도 색상이 완전히 제거되므로 엄밀한 의미로는 염모제라 할 수 없다.

일시적 염모제는 색상 지속력이 없어 주로 일회용으로 사용되며 모발과 두피의 손상 없이 안전하게 사용할 수 있는 장점이 있다.

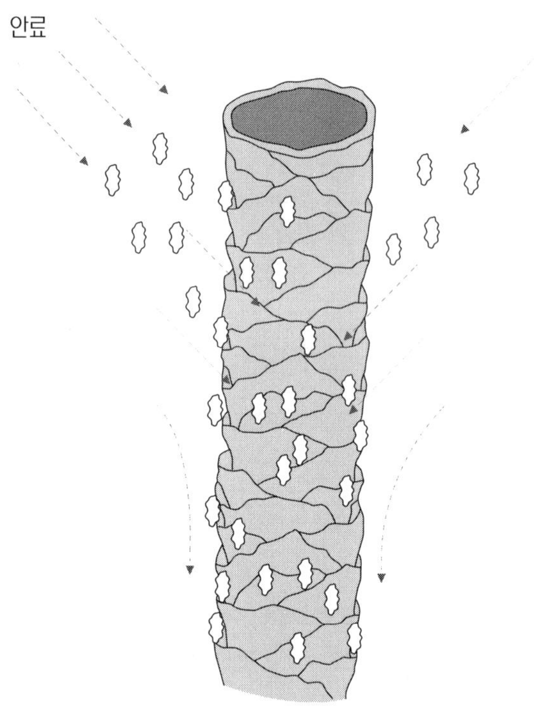

[일시적 염모제의 작용원리]

(2) 반영구 염모제(Semi-permanent hair color)

반영구 염모제는 염료가 모소피와 그 내측의 모피질까지 침투하여 흡착하는 것으로 머리를 감을 때 마다 염모제가 조금씩 퇴색한다.

코팅컬러, 산성컬러가 여기에 속하며 약산성 제품인 1제로만 구성되어 있어 모발은 거의 손상되지 않지만, 색상 지속력은 산화 염모제보다 떨어진다. 산화제나 암모니아가 없어 모발 내부에 있는 멜라닌 색소가 파괴되지 않기 때문에 모발을 밝고 선명한 색상으로 염색할 수는 없으나, 같은 색상이나 더욱 어둡게 연출하는 것은 가능하다.

색상의 유지기간은 약 4~6주 정도이며, 샴푸할 때 색상이 점차 빠져 신생모의 색상과 차이가 거의 나지 않으며 모발의 손상도 적다. 그러나 산성염료는 모발 및 피부의 단백질과 이온결합이 빨리 되어버리는 성질로 인해 피부에 염착이 일어날 수 있고 자주 시술하면 모발이 뻣뻣하고 건조해진다.

구성원료는 아조(azo)계 산성염료이며, 벤질알코올이나 N-메칠피롤리돈 등이 모발 침투 촉진제와 구연산 등의 유기산과 함께 배합되어 용액타입, 젤타입, 크림타입으로 상품화되어 있다.

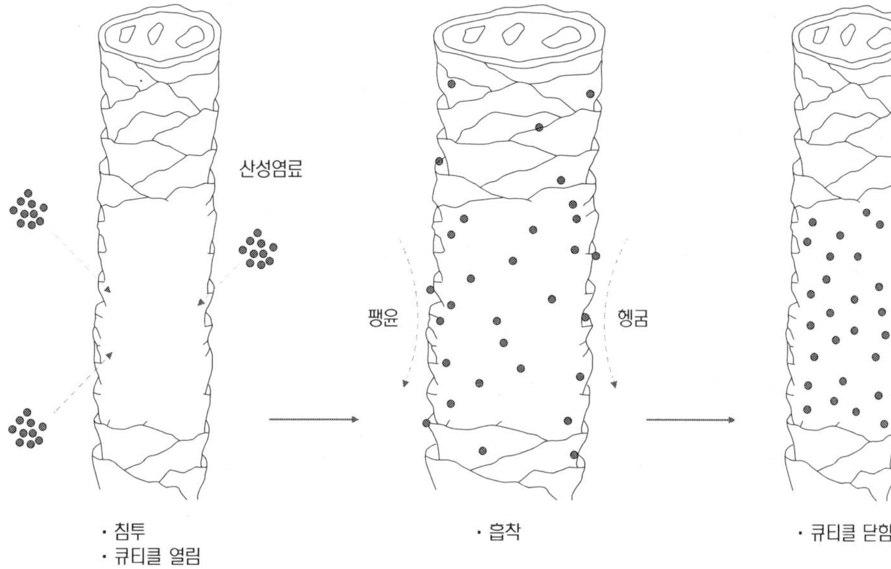

[반영구 염모제의 작용원리]

(3) 영구 염모제(Permanent hair color)

영구 염모제는 염료 등이 두발의 모피질과 모수질에 까지 침투하여 화학변화를 일으켜 두발을 구성하는 케라틴과 결합하여 염착하는 것으로 염모 효과가 장기간에 걸쳐 지속된다.

영구적 염모제는 식물성 염모제(예. 헤나), 금속성 염모제(예. 주로 납을 이용), 산화 염모제로 나뉘며, 현재 가장 많이 사용되는 것이 산화 염모제이다.

산화 염모제는 모발 손상의 단점이 있기는 하지만 염색효과가 영구적이고 흰머리를 100% 커버할 수 있으며 모발의 색상과 밝기를 조절할 수 있는 장점이 있다. 유기합성 화합물의 산화염료를 이용한 가장 대표적인 염모제로 산화염모제에 사용되는 산화염료인 염료중간체는 무색이며 분자가 작아 모발의 모피질과 모수질에 까지 침투하고 2제인 산화제가 여기서 염료중간체를 산화시켜 발색된다. 이때 염료의 분자는 중합하여 커지고 모발을 구성하는 케라틴과 결합하여 불용성의 색소가 되기 때문에 샴푸 등에 의해 색소가 빠져

나올 수 없어 염색효과가 장기간 지속된다.

분말타입, 액상타입, 크림타입 등이 있으나 크림타입이 주류를 이루고 있다. 일반적으로 크림타입은 산화 염료가 함유된 1제와 산화제가 함유된 2제로 나뉘어져 있으며 염색을 할 때는 1제와 2제를 잘 혼합한 다음 사용한다.

[영구 염모제의 주요성분]

구 분	성 분	특 징
제 1제	염료중간체 (dye intermediate)	자체는 색소가 아니지만 산화되면 색소로 변하는 물질 p-페닐렌디아민, p-아미노페놀, p-톨루엔디아민
	염료수정제(coupler)	염료중간체와 반응하여 색상을 다양하게 변화시키는 물질 레조르신, m-아미노페놀, m-페닐렌디아민
	알칼리제	큐티클을 열게하고 색소형성반응이 빠르게 일어날 수 있도록 함.
	고급지방산	알칼리제와 반응하여 고급지방산염(비누)을 형성, 염료중간체 또는 염료수정제의 침투를 촉진시키고 세발시 세정을 용이하게 함.
	겔화제	2제와 혼합시 겔을 형성
	용제	염료중간체, 염료수정제의 용해를 도움
제 2제	산화제	모발속의 멜라닌 색소를 파괴하여 모발을 탈색시키고 동시에 염료중간체와 염료수정제의 반응을 일으켜 새로운 색소를 만듦
	pH조절제	과산화수소를 안정화시키기 위해 pH 4 부근으로 조절

[염모제의 식약처 고시성분]

연번	성분명	사용시 농도 상한(%)	연번	성분명	사용시 농도 상한(%)
1	p-니트로-o-페닐렌디아민	1.5	24	황산 p-페닐렌디아민	3.8
2	니트로-p-페닐렌디아민	3.0	25	N,N-비스(2-하이드록시에칠) -p-페닐렌디아민 설페이트	2.9
3	2-메칠-5-히드록시에칠아미노페놀	0.5	26	2,6-디아미노피리딘	0.15
4	2-아미노-4-니트로페놀	2.5	27	염산 2,4-디아미노페놀	0.5
5	2-아미노-5-니트로페놀	1.5	28	1,5-디하이드록시나프탈렌	0.5
6	5-아미노-o-크레솔	1.0	29	피크라민산 나트륨	0.6
7	m-아미노페놀	2.0	30	황산 2-아미노-5-니트로페놀	1.5
8	o-아미노페놀	3.0	31	황산 o-클로로-p-페닐렌디아민	1.5
9	p-아니노페놀	0.9	32	α -나프톨	2.0
10	염산 2,4-디아미노페녹시에탄올	0.5	33	레조시놀	2.0
11	염산톨루렌-2,5-디아민	3.2	34	2-메칠레조시놀	0.5
12	염산 m-페닐렌디아민	0.5	35	몰식자산	4.0
13	염산 p-페닐렌디아민	2.0	36	카테콜	1.5
14	N-페닐-p-페닐렌디아민	2.0	37	피로갈롤	2.0
15	피크라민산	0.6	38	과붕산 나트륨, 과붕산나트륨(1수하물), 과산화수소, 과탄산나트륨	제품 중 과산화수소로서 12.0%
16	황산 p-니트로-o-페닐렌디아민	2.0			
17	황산 p-메칠아미노페놀	0.68			
18	황산 5-아미노-o-크레솔	4.5			
19	황산 m-아미노페놀	2.0			
20	황산 o-아미노페놀	3.0			
21	황산 p-아미노페놀	1.3			
22	황산 톨루엔-2,5-디아민	3.63			
23	황산 m-페닐렌디아민	3.0			

11. 탈색제

(1) 헤어 브리치(Hair bleach)

모발이 갖고 있는 천연색소인 멜라닌 색소를 분해하여 모발이 밝게 되는 것을 말하는데, 탈색정도에 따라 갈색에서 금색에 이르기까지 색상의 톤을 자유롭게 조절할 수 있다.

헤어브리치제는 알칼리제인 암모니아수와 과산화물을 주성분으로 하는 1제와 산화제인 과산화수소 주성분의 2제 타입이 일반적이며, 이들을 혼합하여 사용한다.

백색에 가까운 강한 탈색효과를 얻기 위해 과산화암모늄 등의 부스터(booster, 촉진제)가 첨가되기도 하며, 피로아황산나트륨을 1제에 넣어 산화, 환원 반응을 이용하는 발열타입도 있다.

현재 식약처에서 고시한 탈색 원료로는 1제형 탈색제와 2제형 탈색제가 있으며, 함량에 대해서는 고시되고 있지 않다. 1제형 탈색제는 과산화수소를 주성분으로 하고 있으며 정량할 때 표시량의 90.0~110.0%에 해당하는 과산화수소를 함유하고 있다.

2제형 탈색제는 제1제로 수산화나트륨, 모노에탄올아민, 강암모니아수 중 1성분 이상을 알칼리제로 사용하는 가루 또는 크림이며, 제2제는 과산화수소를 주성분으로 하는 크림, 로션 또는 액이다.

[탈색제의 식약처 고시성분]

번호	제형	성분명	
1	1제형 탈색제	과산화수소 90.0~110.0%를 함유한 외용제	
2	2제형 탈색제	제 1제	수산화나트륨, 모노에탄올아민, 강암모니아수 중 1성분 이상을 알칼리제로 사용하는 가루 또는 크림
		제 2제	과산화수소를 주성분으로 하는 크림, 로션 또는 액

12. 제모제(Hair remover)

제모제는 주로 겨드랑이나 다리 등의 미용상 눈에 거슬리는 잔털을 제거하기 위하여 사용하는 제품으로 의약부외품으로 취급된다. 제품을 크게 구분하면 물리적인 탈모제와 화학적인 탈모제로 분류된다.

(1) 물리적 제모제

물리적 제모제는 왁스 등을 이용하여 털이 난 부위에 바른 후 부직포, 등을 이용하여 떼어내는 방식으로 털이 모근으로부터 뽑혀 제거된다. 일정 시간이 지나면 다시 털이 자라므로 주기적으로 털을 제거하여야 하며 효과는 오래 지속되나 통증이 있다. 탈모 이후에는 피부가 민감해지는 것을 방지하기 위해 반드시 진정토너와 오일을 도포하여 진정시켜준다.

1) 콜드 왁스

콜드 왁스는 고형의 왁스가 녹아 있는 상태이다. 얼굴용과 바디용으로 구분되어 있다. 이 제품은 털이 난 부위에 왁스를 직접 발라 부직포나 테이프를 떼어내어 제거하는 방법이다.

2) 웜 왁스

고형의 왁스를 사용 전에 왁스를 녹이는 기구에서 녹인 후 사용할 부위에 골고루 펴 바른다. 웜 왁스를 사용할 때 주의점은 피부화상을 입지 않도록 온도를 유지하는 것이다.

(2) 화학적 제모제

알칼리 상태에서 환원제를 작용시키면 강한 시스틴 결합이 절단되어 케라틴의 화학구조가 파괴되기 때문에 털이 끊어지기 쉽다. 이것을 이용하여 알칼리성 사이에서 강력한 환원제를 작용시켜 털을 용해하는 것으로, 제모크림과 같은 화학적 제모이다. 주로 케라틴 용해 작용이 있고 무색, 무취인 티오글리콜산칼륨을 강알칼리 상태에서 털에 작용시켜 용해하여 제거하는데, 제품의 형태는 크림상, 페이스트상 등이 있으며, 현재 화학적 제모제만 기능성화장품의 대상으로 분류되고 있다.

[제모제의 식약처 고시성분]

번호	성분명	함량
	치오글리콜산 80%	치오글리콜산으로서 3.0~4.5%
	치오글리콜산 크림제	함량 미고시

치오글리콜산(thioglycolic acid)는 퍼머넌트의 제1제의 주성분으로 많이 활용되는 것으로, 특유의 냄새를 가진 무색 액체이다. 치오글리콜산은 모발의 황(S)결합을 무너뜨려 약한 농도에서는 모양을 변형시켜 퍼머넌트제로 활용하고, 강한 농도에서는 털의 모근부위를 녹여 제모가 가능하다.

13. 탈모완화 화장품

(1) 탈모(alopecia)란?

모발은 일정기간 동안 성장기, 휴지기, 퇴화기를 반복하면서 성장한다. 일반적인 사람의 경우 하루 50~100개의 모발이 탈락하지만, 탈락한 만큼 다시 생성되는 특성이 있다. 문제가 되는 것은 어떤 원인에 의해 갑자기 휴지기에 들어간 털이 많이 빠지게 되는 것으로, 1일 탈모되는 모발의 수가 120~200개가 넘는 것이다. 모발의 성장주기를 지키고 휴지기에서 탈락하는 탈모를 정상탈모라고 하고, 어떤 원인에 의해 성장기, 휴지기에 탈락하는 탈모를 이상탈모라고 한다.

이상탈모의 원인으로는 내부적으로는 유전적 요인, 남성호르몬, 스트레스, 질병 등의 건강상태가 요인이 되고, 외부적으로는 두피 불청결, 환경오염, 잦은 화학적 시술, 당김 등이 원인이다.

(2) 탈모의 유형

남성형 탈모는 대머리의 가족력이 있는 사람에게서 20대나 30대부터 모발이 점차 가늘어지며 시작된다. 이마와 머리의 경계선이 뒤로 밀리면서 양측 측두부로 M자 모양으로 이마가 넓어지고 정수리 부위에 탈모가 시작된다. 여성의 경우는 이마 위 모발선이 유지되면서 머리 중심부의 모발이 가늘어지고 머리숱이 적어지나 완전한 대머리가 되는 경우는 드물다.

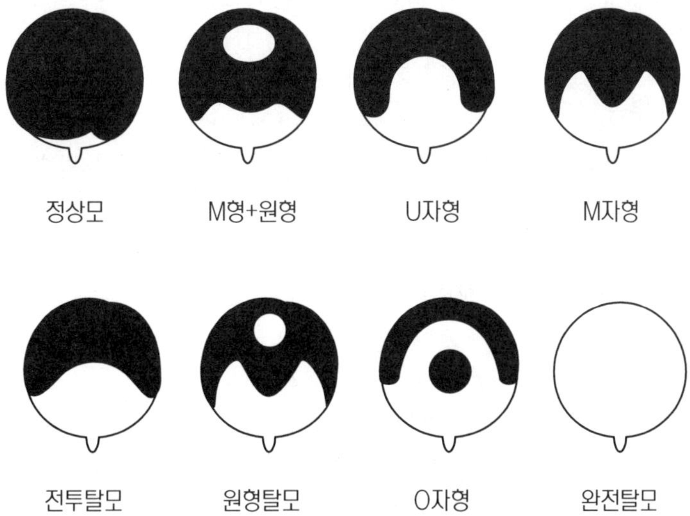

(3) 탈모의 원인

1) 유전

흔히 대머리라고 부르는 남성형 탈모는 선천적인 대머리 유전자에 의한 것이나 현재까지 대머리에 직접적으로 관여하는 유전자는 정확히 밝혀진 것은 아니다. 남성의 경우 부모 중 한쪽만 대머리라도 탈모 및 대머리의 위험성이 높고 여성의 경우 유전적 인자를 지니고 있어 남녀 모두 약 50% 정도 발생한다.

앞머리선이 점점 위로 올라가거나 정수리의 모발이 가늘어져 솜털처럼 되면서 머리숱이 줄어들게 된다. 여성의 경우 완전한 대머리가 없는 것은 남성에 비해 남성호르몬 수치와 활성효소(5α-리덕타제)가 남성의 절반 정도로 적기 때문이다.

남성형 탈모의 주요 요인이 되는 남성호르몬은 분비량에 의해 탈모가 나타나는 것이 아니라, 남성호르몬에 작용하는 활성효소(5α-리덕타제)의 영향으로 변환된 DHT(Di hyro testosterone)가 중요한 역할을 한다. DHT는 모모세포에 작용해 모낭을 위축시키고 세포분열을 둔화시켜 결과적으로 모발이 점차 가늘어지는 연모화 현상을 발생시킨다.

2) 스트레스

현대인들의 만병의 근원이라고 불리는 스트레스 또한 탈모에 영향을 미치나, 스트레스와 더불어 유전적 요인, 남성호르몬, 노화 등과 맞물려 탈모가 촉진된다. 정신적으로나 육

제척으로 스트레스에 자주 노출되면 자율신경 실조증을 초래하여 모발의 발육이 저해되어 탈모에 이르게 된다.

3) 식생활 영양소의 부족

신체가 건강한 상태를 유지하기 위해 균형잡힌 영양분의 섭취가 필수적이다. 영양소의 부족은 모모세포의 세포분열 저하로 이어져 모발의 건성화, 단모, 탈모, 연모화를 발생시킨다. 특히 다이어트와 같은 영양결핍은 정상탈모에 비해 약 2배에 달할 만큼 탈모를 일이키고 모발이 가늘어니는 특징을 보인다.

4) 혈액순환 장애

모발은 혈액의 순환으로 산소와 영양분이 모유두로 전달되어 성장한다. 따라서 원활한 혈액의 순환은 두피와 모발의 건강을 위해 필수적이나 탈모의 직접적인 원인이 되지는 않는다.

5) 피지분비 이상

남성호르몬은 피지선을 자극하여 많은 양의 피지를 분비시킨다. 과다하게 분비된 피지는 모근으로 역류하여 산화되면서 모낭염을 일으키고 모낭과 모발의 결속력을 저하시켜 탈모를 유발한다. 또한 많은 양의 피지가 두피에 오랜 시간 남아 있으면 산화되면서 균의 먹이가 되어 자극을 유발하여 지루성 탈모를 유발한다.

6) 노화

모발은 나이가 들면서 세포분열이 줄어들고, 굵기가 얇아지면서 연모화 현상이 빨라져 60세 이후에는 노인성 탈모로 나타난다.

7) 화학적 시술

잦은 퍼머넌트와 염색 등 화학약품에 지속적으로 노출되었을 경우, 두피의 알칼리 중화능력이 무너져 두피의 pH 밸런스가 깨지게 되고 두피와 모발이 손상된다. 또한 알칼리 성분은 모근에까지 영향을 미쳐 두피의 화상, 모낭염, 손상모, 모근부의 화상 등을 일으켜 탈모로 진행된다.

8) 기타

질병에 따른 약물을 장기간 복용했을 경우 혈관이 수축되거나 호르몬의 변화로 일시적으로 탈모가 나타나는데, 이때는 약물을 중단하면 다시 모발이 성장하기도 한다.

두피에 질환이 생겨 피부염이 발생할 경우 주로 곰팡이균이 원인이 되어 탈모가 나타나기도 한다. 또한 두피와 모발 사이에 기생하는 모낭충은 피지를 먹고 살아가며 모구 주변 세포벽을 손상시켜 탈모를 유발하고 두피 가려움증이나 염증의 원인이 된다.

환경오염 등으로 두피가 청결하게 유지되지 못할 경우 모발에 축적되는 중금속과 노폐물이 두피에 쌓여 염증과 가려움을 유발하고 비듬을 발생시켜 탈모를 촉진시키는 원인이 되기도 한다.

(4) 탈모 증상 완화 기능성화장품의 주요 성분

1) 식약처 고시원료

① 덱스판테놀(Dexpanthenol)

덱스판테놀은 비타민 B5의 전구물질로 피부와 점막을 통해 체내로 흡수되어 판토텐산(비타민B5)로 전환된다. 자극을 완화하고 두피의 재생 및 보습에 도움을 주어 대부분은 탈모샴푸, 토닉 제품에 사용된다. 모표피의 큐티클 층에 강하게 침착해 모발, 모근 강화작용과 더불어 모발의 뿌리에 침투해 모발에 윤기와 탄력을 부여한다.

덱스판테놀은 보습작용과 피부 장벽 강화 효과가 있으며 상처의 치유 속도를 높여 피부재생에 효과적이다. 특히 각질층의 수분 보유를 향상시키는 보습제로서 역할을 하고 섬유아세포 증식을 활성화시켜 각질층 회복 기능이 있다. 화장품에 첨가할 시 민감하고 건조한 두피를 촉촉하게 유지시키고, 손상모 회복을 촉진시키는 역할을 한다.

② 비오틴(Biotin)

비오틴은 황(S)을 함유하고 있는 수용성 비타민으로 피부와 손톱의 구성물질이며, 지방과 탄수화물 대사에 관여한다. 피부와 두피에 좋은 영향을 미쳐 '비타민 H'로 불리기도 한다. 결핍되면 손톱이 가늘어지거나 모발에서 윤기와 탄력이 사라지고 탈모를 일으킨다.

화장품에 배합시 주로 모발 컨디셔닝제, 헤어 토너, 탈모방지 샴푸로 사용되어 힘없이 늘어진 모발을 강화시키고 두피 밸런스를 조절하여 모발성장을 촉진하는데 도움을 준다.

③ L-멘톨(L-Menthol)

멘톨은 박하나 페퍼민트에서 수증기 증류하여 얻은 정유를 냉각시켜 만든 것으로, 멘톨 성분은 특유의 톡쏘는 아로마 성분이 감각을 자극하여 상쾌한 사용감을 주고 모근을 자극하며 혈액순환을 촉진한다. 특히 시원한 사용감은 한방에서 말하는 탈모의 주요 원인인 두피열을 식혀주기 위해 샴푸 등에 첨가하여 두피의 청량감을 높여주기 위해 사용된다.

④ 징크피리치온(Zinc Pyrithione)

징크피리치온은 항균제이며 화학반응을 통해 합성되는 아연성분 물질이다. 기능성화장품에 배합시 비듬방지를 의해 샴푸원료로 사용한다.

비듬은 두피에 존재하는 곰팡이성 미생물 말라세지아(malassezia)에 의해 발생하는데 말라세지아로부터 분비된 지질분해효소는 두피의 지질층을 공격하고 감염시킨다. 징크피리온이 함유된 샴푸는 말레세지아의 활성을 억제하기 위해 사용된다.

PART 3.
피부미용 기기학

Ⅰ. 기기관리 기초과학

1. 전기와 전류

(1) 전기

전기(electricity)란 전자가 한 원자에서 다른 원자로 이동하는 현상이다. 즉 전자는 음극(−)에서 양극(+)으로 이동하지만, 전류는 양극(+)에서 음극(−)으로 이동한다.

(2) 전기의 발생

물체를 마찰시키면 한쪽 물체에서 다른 쪽 물체로 전자가 이동하여 전기를 띠게 된다. 전자를 잃은 물체는 (+)극을, 전자를 얻은 물체은 (−)극 전기를 띤다.

(3) 피부미용기기 사용시 일반적 주의사항

① 위생적이고 안전한 도구를 준비하여 사용한다.
② 전선의 피복상태, 콘센트 플러그, 누전 차단기 박스 등을 정기적으로 점검한다.
③ 피부미용 기기 부속품을 정기적으로 점검받아 오작동이 발생하지 않도록 한다.
④ 기기를 젖은 손으로 만지지 말고 습기찬 곳에 두지 않는다.
⑤ 고객에게 적용전 전류의 세기는 "0"에 있도록 하고, "off"상태인지 확인한다.
⑥ 고객이 기기를 만지지 않도록 한다.
⑦ 기기 사용시 관리중 손쉽게 사용가능하도록 미리 가까이 둔다.
⑧ 고객이 착용한 장신구를 제거하도록 한다.

2. 전기 용어

① 암페어(A): 전류의 세기를 나타내는 단위
② 도체 : 금속이나 전해질 수용액처럼 저항이 작아 전류가 잘 통하는 물질
③ 부도체 :유리나 고무같이 저항이 커서 전류가 잘 통하지 않는 물질
④ 전압 : 회로에서 전류를 생산하는데 필요한 압력을 전압이라고 하는데, 단위로 볼트(volts)를 사용하고 전압계로 측정

⑤ 전기저항 : 전류가 전도체를 흐를 때 저항을 받게 됨. 이 저항의 단위로 옴(ohms, Ω)을 사용하고, 흐르는 전류를 가해진 전압에 비례하고 저항에 반비례함.
⑥ 전력 :전기를 사용할 때 드는 전기적인 힘을 전력이라고 하고 단위로는 와트(W)를 사용
⑦ 축전지 :축전지는 평상시에 전기를 저장했다가 필요할 때 사용할 수 있도록 한 기기

3. 전류와 전기저항

(1) 전류(electric current)

전류란 (−)전하를 지닌 전자의 흐름이라 할 수 있다. 도선에 전류가 흐를 때 전자가 이동하며 전자가 지닌 (−) 전하도 함께 이동한다.

(2) 전류의 방향

① 전류의 방향은 도선에 따라 (+)극에서 (−)극으로 흐른다.
② 전자의 방향은 도선에 따라 전지의 (−)극에서 (+)극으로 흐른다.
③ 즉 전자의 방향과 전류의 방향은 반대이다.

(3) 전류의 세기

1초 동안 도선을 따라 움직이는 전하량을 말하며 단위는 암페어(A)라고 하며, 전류계로 측정한다. 전류는 높은 전위에서 낮은 전위 쪽으로 흐른다.

(4) 전류의 강도와 인체의 전기저항

물이 묻은 손으로 전류를 만지면 더 강한 전기적 충격을 받을 수 있다. 사람에 따라 정도의 차이는 있지만, 마른손일 때 저항이 커서 우리 몸속을 흐르는 전류의 세기가 약하지만, 손에 땀이나 물이 묻은 경우에는 저항이 작아 약 10배 정도 강한 전류가 우리 몸에 전달되므로, 전기를 사용할 때 각별한 주의가 필요하다.

4. 전류의 분류

(1) 흐르는 방향에 따른 분류

1) 직류전류(Direct Current : DC)

전류의 흐르는 방향이 시간의 흐름에 따라 변하지 않는 전류를 말하며, 갈바직 전류(Galvanic current)라고 한다.

2) 교류전류(Alternating Current : AC)

전류의 흐르는 방향과 크기가 시간의 흐름에 따라 주기적으로 변하는 것을 교류전류라 한다. 고주파, 저주파 등이 해당된다.

Ⅱ. 피부미용기기 종류 및 기능

피부미용 관리시 단순히 손에 의한 관리보다 피부 상태에 적절한 기기를 사용하여 더욱 효과적이고 능률적인 관리를 시행할 수 있다.

전기 기기는 주로 에너지를 이용하여 관리한다. 전기를 응용한 피부미용 기기는 대부분 생체전기의 원리를 이용해 만들어졌다고 볼 수 있다. 예를 들면, 피부의 전기적 이온화를 통해 화장품의 유효한 성분을 일시적으로 피부내로 흡수시키는 등의 역할을 한다.

1. 직류를 이용한 피부미용 기기

(1) 갈바닉 전류

화학적 효과를 나타내는 직류전류를 이용하여 침투가 잘 안되는 이온물질을 피부 안으로 침투시키는 기기이다. 이탈리아 볼로나 대학의 해부학 교수에 의해 낮은 전압의 전류가 발명되어 갈바닉 전류(Galvanic current)라 하며, 이 전류를 이용한 미용기기를 갈바닉 기기라고 한다.

1) 갈바닉 전류의 특징

① 갈바닉기기는 유도전류에 의한 기기이다.

② 전압은 안전하고 정류된 것으로 일정하게 흐른다. 전류가 산과 염을 포함하고 있어 어떤 용액에 전류가 흐를 때 화학적인 변화가 일어난다.

③ 갈바닉 전류는 양극(+)과 음극(−)의 상반된 효과가 있기 때문에 주의하도록 하낟.

④ 전류는 양극에서 음극으로 흐른다.

2) 갈바닉 기기의 원리

① 60~80V의 미세한 전류가 항상 한 방향으로만 흐르는 직룰 기기이다.

② 한 전극봉은 음극(−), 다른 하나는 양극(+)이다.

③ 같은 극끼리는 밀어내는 전기적 성질을, 다른 극끼리는 끌어당기는 성질이 있는 것을 이용하여 이온화된 물질을 피부 안으로 이동시킨다.

④ 피부 속으로 침투가 어려운 물질을 녹여 이온화시켜 피부조직안으로 이동이키는 이온영동법(iontophoresis)과 노폐물을 배출시키는 디스인크러스테이션(disincrustation) 있다.

3) 이온영동법(iontophoresis, 이온토포레시스)

① 양극의 효과

산에 반응, 신경을 안정시키고 혈액공급 감소, 조직에 탄력을 주어 피부가 건강해진다.

② 음극의 효과

알칼리에 반응, 신경을 자극하고 혈액공급 증가, 건성, 노화피부에 효과적

[직류 양극의 효과]

양극(+)	음극(-)
산성반응	알칼리성 반응
산성물질 침투에 사용	알칼리성 물질 침투에 사용
신경 안정	신경 자극
혈관 수축	혈액공급 증가
조직 강화	조직 이완
진정 효과	활성화 작용
염증 예방	모공세정 및 피지 용해
모공과 한선의 수축	모공과 한선의 확장

4) 디스인크러스테이션(disincrustation)

① 알칼리성 용액을 모낭에 침투시켜 노폐물을 분해시켜 배출하는 목적으로 사용한다.
② 관리중 발생하는 알칼리는 피부의 pH를 변화시키므로 관리후 7~8분간 극성을 변화시켜 마무리한다.
③ 혈관의 팽창이 혈액순환을 증가시켜 영양과 산소의 공급을 촉진시킨다.
④ 전기분해제로 소금물이 필요하다.

5) 갈바닉 사용시 주의사항

① 오일 타입의 앰플은 전도되지 않으므로 효과가 없다.
② 기기관리 전 고객의 금속장신구를 제거한다.
③ 극성의 변화시 반드시 기기를 끄고 변화시킨다.
④ 물질 침투 과정에서 전극봉이 피부 표면에서 떨어지지 않도록 주의한다.
⑤ 눈 주위 관리는 피한다.
⑥ 제품의 극을 미리 확인한다.

⑦ 전극의 세기가 너무 강하면 화상을 입을 수 있다.
⑧ 전극봉의 금속부분이 피부에 닿지 않도록 스펀지나 젖은 화장솜을 사용한다.
⑨ 심장병, 고/저혈압, 당뇨, 간질, 수술직후 환자, 인공심장 복동기 착용자, 체내 금속류 이식한 자는 관리를 피한다.

2. 교류를 이용한 피부미용 기기

(1) 교류의 주파수에 따른 분류

① 저주파 전류 : 1~1,000Hz 이하의 주파수
② 중주파 전류 : 1,000~10,000Hz 주파수
③ 고주파 전류 : 100,000Hz 이상 주파수

(2) 저주파

저주파기기는 저주파 전류를 근육에 전기자극하여 근육을 운동시켜 지방을 에너지로 생성, 발산하게 하는 원리를 이용한 것이다. 얼굴 리프팅관리과 바이쉐이핑 관리에 주로 사용한다.

1) 저주파 전류의 효과

① 단시간 내 최대한 운동효과를 통하여 즉각적인 비만관리 효과를 기대할 수 있다.
② 자연적인 체중감소로 건강에 무리를 주지 않는다.
③ 최대한의 지방연소로 비만관리와 동시에 탄력증진 효과로 탄력관리 병행이 가능하다.

2) 저주파기기 사용시 주의사항

① 몸에 지니고 있는 모든 금속을 제거한다.
② 패드와 패드가 서로 겹치지 않도록 준비한다.
③ 반드시 근육 모터 포인트 점을 정확히 잡아 주어야 하며 뼈에 붙이지 않도록 한다.
④ 저주파 전용 전도 젤을 반드시 사용한다.
⑤ 고객 관리 전후 30분은 식사를 하지 않도록 한다.
⑥ 고객을 혼자 두지 말고 옆에 있으면서 설명하고 안심시킨다.
⑦ 관리 전 고객의 치수를 파악하는 것이 좋다.
⑧ 저주파 기기는 6개월~1년 마다 주기적으로 기기 점검을 받아야 한다.
⑨ 집중관리시 격일제로 실시하여야 한다.

3) 저주파기기 사용시 위생과 소독

① 고객은 편안하고 안정된 상태가 되도록 준비해야 한다.
② 기기는 청결하게 정리 · 정돈되어 있어야 한다.
③ 기기 사용 후 금속 부분은 알코올로 소독하여 보관한다.
④ 사용 후 도자는 미온의 비눗물로 잘 닦아서 자외선 소독기에 30분 이상 넣어 소독한다.
⑤ 고무 밴드는 솜에 알코올을 묻혀 닦은 후 파우더를 발라 엉키지 않게 정리한다.
⑥ 퓨즈를 체크하고 퓨즈에 이상이 있으면 교체한다.
⑦ 피부미용사의 손톱은 길거나 에나멜을 발라서는 안 되며 구취, 체취 등으로 불쾌감을 주지 않으며 피부미용사와 고객의 가운은 청결해야 된다.
⑧ 고객은 편안하고 안정된 상태가 되도록 준비해야 한다.

(3) 중주파

중주파기기는 중주파 전류를 이용하는 기기로1,000~10,000Hz 주파수 사이의 전류를 활용하여, 저주파 사용시 근육수축으로 오는 통증의 한계를 극복한 기기이다.

1) 중주파의 효과

① 근육을 자극하여 지구력 강화와 이완에 효과적이다.
② 혈관을 수축, 확장시켜 혈액순환 및 림프순환에 영향을 주어 불필요한 조직액과 노폐물을 배출시킨다.
③ 부종관리에 효과적이다.

2) 사용목적

① 비만, 체형관리
② 셀룰라이트 관리
③ 슬리밍

3) 금지사항

① 혈전성 정맥류 환자는 사용을 금한다.
② 인공심작박동기를 착용한 자는 사용을 금한다.
③ 보철은 자극 전류장에 포함되지 않을 수 있으므로 사용시 주의해야 한다.

(4) 고주파

고주파(high frequence current)는 주파수가 10만Hz 이상인 높은 교류를 이용하며,

높은 진폭의 테슬러 전류를 사용한다.

고주파의 전극은 유리와 금속으로 되어 있으며 모양도 다양하다. 전류가 유리전극을 통과할 때 유리관 속에 들어있는 가스의 종류에 따라 다양한 색을 나타내는데 유리관이 네온가스를 포함하고 있으며 오렌지색, 아르곤 가스를 포함하고 있으면 보라색빛을 발한다.

고주파 전류를 인체조직에 가하면 진동폭이 매우 짧기 때문에 이온운동이 거의 일어나지 않으며 전기화학적 반응 또는 전기분해 현상이 없고, 그 전류의 경로 안에서 열에너지로 변환되어 심부열을 발생시킨다. 다른 전류와 달리 감각신경 및 운동신경을 자극하지 않는 고주파 전류는 인체내 불편함이나 근육수축을 일으키지 않으면서 신체조직 안의 특정부위를 가열하여 비만관리에 사용된다. 생체 열에너지로 변환된 고주파에너지는 조직의 온도를 상승시켜 세포의 기능을 증진시키고 혈류량을 증가시킨다.

1) 고주파 전류의 특징

① 방전에 의해 발생되는 오존의 작용으로 진동률이 높다.
② 표백과 살균작용이 일어나 여드름에 유효하다.
③ 직접법과 간접법이 있다.

2) 고주파기기의 효과

① 조직 온도 상승으로 모세 혈관의 혈류량이 증가되어 신진대사를 촉진하며, 피부 조직의 재생 능력을 증가시킨다.
② 스파킹 기능으로 세균 및 독소의 살균 작용을 한다.
③ 근 수축을 자극하지 않고 열에너지를 체내에 발생시켜 세포를 활성화시킨다.
④ 림프순환이 증가되어 노폐물 배출이 용이하다.
⑤ 근육 내에 열이 발생되어 신진대사가 촉진되고 산소와 영양 공급 및 노폐물 배출을 도와준다.
⑥ 통증 부위나 말초 신경에 열을 가하면 통증 완화와 근육 이완 효과가 있다.

3) 사용방법

① 직접법

전극을 관리사가 쥐고 사용하는 것으로, 안면 트리트먼트시 크림이나 마스크 위에 사용한다. 지성피부나 여드름 피부의 살균작용을 하기 위한 방법이다.

■ 직접전류 효과
유리관 안의 기체가 전도체가 되어서 공기 중의 O_2와 만나 O_3화 되어 오존과 열을 발생시켜 피지 건조, 살균 소독의 효과가 있다.

■ 주파 스파킹(sparking) 효과
여드름과 농포가 있는 부위에 적용하여 살균 소독의 효과가 있다.

② 간접법

■ 간접전류 효과
고주파가 열을 발생시켜 혈액 순환을 향상시키는 효과가 있다.

4) 고주파 색상 및 용도

① 오렌지색 고주파 : 지치고 피곤한 고객이 얼굴관리시 적용한다.
② 푸른색 고주파 : 여드름 압출 후나 여드름 염증 부위에 적용한다.

5) 고주파 유리전극봉 모양에 따른 적용 부위

① 버섯형 : 얼굴, 목 부위 직접법
② 롤러형 : 거즈나 크림없이 얼굴, 전신 직접법
③ 직각형 : 얼굴, 목, 턱 부위 직접법
④ 빗살형 : 두피 직접법
⑤ 코일형 : 앰플 공급 직접법과 간접법

6) 주의사항

① 목, 턱, 뺨, 코, 이마 순으로 진행한다.
② 거즈는 나일론과 같은 합성소재를 피하고 면 소재를 이용한다.
③ 전극을 얼굴에 댄 후 전류를 켠다.
④ 고객의 몸에서 금속류를 제거한다.
⑤ 고객이 임신 중일 경우 사용을 금한다.
⑥ 알콜 성분이 든 제품은 사용하지 않는다.
⑦ 도자와 나사풀림에 주의한다. 시술 중 일레트로드가 풀릴 경우 즉시 사용을 중단, 스파크나 화상의 위험이 있다.
⑧ 관리 중 플레이트판에서 몸을 들썩이거나 만지지 말아야 한다.
⑨ 시술시 플레이트와 도자가 부딪히지 않게 주의한다.
⑩ 건조한 부위에 마찰에 의한 스파크가 일어날 수 있으므로 고주파 크림을 충분히 도포한다.
⑪ 사용전 전기장판은 반드시 끄고 사용한다.

3. 음파를 이용한 피부미용 기기

(1) 초음파(ultra sound)

초음파는 진동 주파수가 18,000 Hz 이상의 매우 높은 주파수로, 인간의 귀로는 들을 수 없는 진동음파이다. 피부세포에 아주 미세한 진동을 일으켜 열과 물리학적 에너지를 발생시켜 신진대사 및 혈액순환을 촉진시킨다.

(2) 초음파 기기의 특징

① 18,000Hz ~20,000Hz 이상의 진동 주파수로 귀에 들리지 않는다.

② 초음파는 기체, 액체, 고체의 매질 속을 진행할 때에 분자의 진동을 발생시켜 매질속에서 분자가 앞뒤로 파동을 일으킨다.

③ 피부 세포에 아주 미세한 진동을 일으켜 열과 물리학적 에너지를 발생하여 신진대사 및 혈액 순환을 촉진시킨다.

④ 피부 조직에 초음파를 적용하면 조직의 분자에서 초음파 에너지의 흡수하여 선택적으로 조직의 온도를 상승시킨다.

⑤ 초음파 에너지의 흡수는 구조 단백의 함량이 많을수록 높기 때문에 근육은 지방 조직보다 초음파 에너지의 흡수량이 2-3배 정도 높은 성질이 있다.

⑥ 초음파는 한 조직에서 일정한 속도로 진행하다가 다른 조직의 경계면에 도달하면음파의 진행 방향이 구부러지는 굴절 현상이 나타나는 특징을 가진다.

⑦ 초음파가 초당 100~300만 번 이상의 음파의 진동에 의해 온열 효과가 발생하여 얼굴 근육의 탄력을 회복시키며 세정, 필링, 주름 방지 효과가 있다.

⑧ 뭉쳐진 근육을 풀어 주고 근육 상태를 조절하는 마사지 효과를 낸다.

(3) 초음파의 효과

1) 온열효과

혈액 및 림프순환을 촉진시키고, 교원조직의 탄력성이 높아지고 신진대사가 활발해진다.

2) 화학적 효과

섬유아세포의 활성화, 콜라겐과 엘라스틴의 생성촉진, 세포의 DNA 합성이 촉진되어 피부재생 효과가 탁월하다.

3) 물리적 효과

연결조직의 유연성과 세정효과가 높아지고, 피부탄력이 증가한다.

4) 지방분해 효과

(4) 초음파 이용시 주의사항

① 눈 주위, 갑상선 주위의 관리는 피한다.
② 매개 물질은 충분한 양을 도포하여 피부 표면의 자극을 최소화하고 기기 기능의 약화를 방지해야 한다.
③ 한 부위에 5초 이상 머무르지 않고 계속 이동해야 한다.
④ 뼈나 관절 부위에는 적용하지 않는다.
⑤ 관리 시간은 15분을 넘기지 않는다.
⑥ 피부의 홍반 현상 발생 시 즉시 사용을 중지한다.
⑦ 어린이, 임산부, 심장 질환자, 상처 부위, 염증 부위의 사용을 금한다.
⑧ 물질 침투 과정 중 금속봉이 피부 표면에서 떨어지지 않도록 주의한다.

4. 압력을 이용한 피부미용 기구

(1) 진공흡입 기기(버큠석션기, 패터기)

피부표면을 진공상태로 만들어 세포와 조직에 적절한 압력을 가하여 세포활동을 촉진시켜, 대사과정 개선과 해당부위의 세포 간 조직 간에 정체된 노폐물을 효과적으로 배설시키는데 도움을 주는 기기로, 석션기라고도 한다.

1) 사용방법

버큠(vacuum)은 석션(suction)이라고도 하며, 진공 흡입 마사지기를 말한다. 피부에 밀착시켜 공기구멍을 막으면 흡인력에 의해 피부를 끌어당기게 되고, 공기구멍에서 손을 떼면 피부가 원위치로 가게 된다. 상태에 따라 적절히 흡인력을 조절하면 피지제거나 흡입 마사지를 할 수 있다. 사용할 때는 꼭 크림이나 오일을 바르고 한다.

2) 석션의 효과

① 지방이나 모공의 피지, 노폐물 제거

② 림프순환을 촉진하여 노폐물 제거 촉진
③ 피부를 자극하여 피지선의 기능 활성화
④ 마사지효과로 혈액순환이 되어 셀룰라이트와 체지방 감소
⑤ 얼굴과 전신에 모두 사용 가능

3) 석션 사용시 주의사항

① 한 부위에 오래 사용하면 멍이 생길 수 있으므로 주의한다.
② 흡인관(벤토즈)의 재질이 유리인 경우 깨지지 않도록 주의하고, 세척과 소독을 철저히 한다. 벤토즈에 금이 가 있으면 고객에게 상처를 입힐 수 있다.
③ 벤토즈의 흡입력은 얼굴이 10%, 전신은 20%를 기준으로 한다.
④ 림프절에 따라 얼굴 굴곡을 따라 컵을 움직이고, 컵을 떼기전에 손가락을 떼어 압력을 낮춘다.
⑤ 갈바닉 기기사용 후에는 사용하지 않는다.
⑥ 사용전 오일이나 크림을 도포하여 벤토즈의 이동이 쉽도록 하고 자극을 최소화한다.
⑦ 농포성 여드름 피부를 관리할때는 감염의 위험이 있으니 사용하지 않는다.

4) 석션 비적용증

① 모세혈관 확장피부, 알르레기, 습진, 일광화상, 멍, 피부질환, 민감성 피부, 아크네, 로제시아 등
② 성형이나 보톡스, 콜라겐 주입, 박피 후 피부는 사용을 금한다.

5. 색채, 빛, 온도를 이용한 피부미용 기구

(1) 컬러테라피

1) 컬러테라피 기기/크로마토테라피 기기의 원리

오늘날 학자들은 인체에 빛의 파장이 미치는 영향을 현대의학으로 밝히고 심리치요 및 질병이나 상처치료에 널리 활용하고 있다. 그 대표적인 사례로 광선치료를 들 수 있다. 색채요법, 즉 크로마토테라피는 색채의 스펙트럼을 통해 7가지 빛 중 6가지 빛의 파장으로 치료하는 요법을 말하며, 가시광선의 파장, 빛의 세기, 색깔에 의한 효과를 적절히 선택하여 피부 관리의 효과를 얻도록 고안된 기기이다.

2) 컬러테라피 적용 부위

셀룰라이트, 여드름, 정맥류, 모세혈관 확장증, 임신선, 지성피부, 건성피부에 적용

3) 컬러의 종류와 효과

색상	얼굴 적용시 효과적인 피부
빨강(600~700nm)	지루성 여드름, 혈액순환 저하, 노화피부
주황(590~600nm)	건성 및 문제성 피부, 알레르기성 민감성 피부, 노화피부
노랑(580~590nm)	피부 조기노화 예방
초록(500~559nm)	스트레스성 여드름, 홍반 및 반점 피부
파랑(470~500nm)	모세혈관 확장피부, 지성 및 여드름 피부
보라(420~460nm)	여드름 후 상처 재생

4) 컬러테라피 주의사항

① 고객의 몸에 부착된 금속 장신구를 제거한다.
② 광선을 적용할 부위를 클렌징한 후, 무알콜을 이용하여 피부를 정돈한다.
③ 빛의 강도는 피부 상태에 따라 조절한다.
④ 관리효과를 극대화하기 위해 빛을 나선형 또는 직선방향으로 움직이며 사용한다.
⑤ 주 2회 이상 관리할 때 효과적이며, 1회 조사시간은 10~20분이 적당하다.
⑥ 컬러테라피시 주변이 어두워야 효과적이다.

(2) 확대경

확대경은 세안 후 피부분석시 아주 작은 결점까지 관찰할 수 있도록 하는 기기이다. 피부상태를 명확히 파악하여 정확한 관리에 도움을 준다.확대배율은 3~5배의 배율이 사용된다.

1) 확대경의 효과

① 육안으로 판독하기 어려운 피부문제와 표면상태를 관찰할 수 있다.
② 잔주름, 색소침착, 모공상태 등을 관찰할 수 있다.
③ 화이트헤드, 블랙헤드를 비롯한 피지압출시 사용한다.

2) 확대경 사용시 주의사항

① 고객의 눈을 보호하기 위해 아이패드를 사용한다.

② 사용전 조임부분을 확인하여 고객이 다치지 않도록 주의한다.
③ 조명이 고객 얼굴에 바로 비치지 않도록 스위치를 끈 후 이동한다.

(3) 우드램프

1) 우드램프의 원리

우드램프는 365nm 이상의 자외선과 가시광선을 방출하는 등이다. 어두운 상태에서 관찰하고자 하는 피부와 6~20cm 떨어진 거리에서 육안으로 관찰이 어려운 피지, 민감도, 모공크기, 염증, 색소의 상태를 확인할 때 사용한다.

2) 우드램프 사용방법 및 주의사항

① 정확한 피부 측정을 위해 깨끗이 클렌징한 후 청결한 상태에서 측정한다.
② 우드램프는 고객의 얼굴에서 10cm 정도 떨어진 위치에서 실내의 조명을 어둡게 한 후 측정한다.
③ 때때로 번쩍거리는 흰 부분은 먼지나 메이크업의 잔여물이다.

3) 피부상태에 따른 우드램프 색상

피부상태	우드램프에 나타난 색
정상피부	청백색
건성피부	연보라색
민감성 피부	진보라색
지성, 여드름 피부	오렌지색
노화피부	암적색
색소침착 피부	암갈색
두꺼운 각질층	흰색

4) 우드램프 사용시 주의사항

① 클렌징을 깨끗이 해 먼지나 메이크업 잔여물이 남지 않도록 한다.
② 고객에게 아이패드를 사용해 눈을 보호한다.
③ 주위를 어둡게 하여 사용한다.
④ 우드램프 등이 피부에 직접 닿지 않도록 한다.
⑤ 색소침착의 원인이 되므로 오랫동안 관찰하지 않는다.
⑥ 고객과 관리사는 빛이 나오는 부위를 직접적으로 쳐다보지 않는다.

(4) 적외선 램프

1) 전외선 램프의 원리

① 파장이 700~220,000nm의 전자기파로, 광선이 물질에 흡수되면 열이 발생되어 따뜻하게 해주는 성질이 있어 열선이라고 한다.

② 소독, 멸균, 관절 및 근육의 치료효과가 있다.

③ 발광등과 비발광등이 있으며, 비발광등은 발광등보다 훨씬 뜨겁게 느껴진다.

④ 높낮이 조절과 이동이 가능하고, 타이머가 부착되어 있다.

2) 적외선 램프의 효과

① 팩을 빨리 건조시킨다.

② 혈관을 팽창시켜 혈액순환을 촉진하고 근육통을 덜어준다.

③ 신진대사 촉진 및 피부 세포내 화학적인 변화를 증가시킨다.

④ 제품이 피부에 효과적으로 투입되도록 도와주며 피부를 유연하게 해준다.

3) 적외선 램프 사용시 주의사항

① 모든 금속류를 제거하고 관리과정을 고객에게 설명한 후, 램프의 직접적인 접촉을 피하도록 안내한다.

② 램프와 고객의 거리는 고객의 느낌에 따라 안전거리 확보를 위해 50~90cm를 유지하고, 스위치 작동 후 광선의 최대 출력에 도달하면(2분), 위치 고정과 연결부위의 안전을 확인한다.

③ 고객의 눈은 젖은 솜으로 보호하고, 시간은 민감도에 따라 10~30분 정도로, 최대 흡수효과를 위해 해당부위와 평행으로 놓고 빛이 직각으로 비춰지도록 한다.

④ 관리과정 동안 고객을 관찰하면서 피부반응에 따라 높이와 각도를 조절하거나, 과도한 홍반, 통증, 부종, 상처부위 출혈이 나타나면 중단한다.

⑤ 자외선 적용 전 단계에 절대 병행해서는 안된다. 감가기능 증가로 과민반응 유발하여 부작용의 우려가 있다. 자외선 관리후, 적외선을 사용하는 것은 가능하다.

⑥ 관리 후, 혈압강하로 인한 약간의 현기증과 두통이 생길수 있으니, 갑자기 일어나지 않는다.

⑦ 원적외선 사우나시 면 가운을 착용하고, 모발은 타월로 감싼다. 적용 후 바로 밖으로 나가면 오한의 우려가 있으니 기다렸다가 정상체온을 회복하면 나가도록 한다.

6. 기타 피부미용 기구

(1) pH측정기

피부표면의 pH를 측정하는 것은 피부상태와 산성화 정도를 확인하는 좋은 방법이다. 피부의 pH는 대기온도, 습도 등의 외적환경과 개인의 신체상태 등의 내적환경에 영향을 받으며 환경오염물질과 화장품 성분에 의해 변화하므로, pH 측정시 이러한 점을 고려해 측정해야 한다. pH측정기의 측정원리는 전기화학에 근거를 두고 있으며, 표피는 땀 등의 분비물과 수분을 함유한 여러 물질 때문에 물같은 성질을 띠고 있어 직접적인 pH 측정을 할때는 사전에 처리해두어야 한다. 측정은 pH탐침(probe)을 증류수에 씻은 후, 물기를 적당히 제거한 다음 probe를 측정 부위에 수직으로 세워 가볍게 눌러 접촉시키면 LCD 화면에 수치가 나타난다.

(2) 전동 브러시(frimator)

피부관리 과정에서 가장 효과적인 관리를 위해서 세안과정이 매우 중요하다. 청결한 세안을 위해 브러시(brush)가 부탁된 전동브러쉬를 사용하면 물리적 세척효과를 증진시킨다. 안면피부에 자극이 적은 부드러운 천연모를 재료로 전동기의 회전원리를 이용하여 모공의 피지와 불필요한 각질을 제거하기 위한 세안전용기기를 전동 브러시라고 한다.

1) 전동 브러시의 사용 목적

피부 표면에 죽은 세포를 제거하는 것과 먼지와 오염물을 제거하는 것이다.

2) 전동 브러시의 효과

① 클렌징 효과

클렌징(수용성)제를 피부에 바른 후, 브러싱한 다음 젖은 해면으로 닦아낸다.

② 마사지 효과

피부결에 따라 브러쉬가 회전하면서 피부 마사지 효과를 타나내 혈액순환 및 신진대사를 활발하게 한다.

③ 필링효과

필링제를 바른 후, 브러싱을 하면 노화된 각질을 제거한다. 이때 스팀기를 사용하면 효과가 더 좋다.

3) 전동 브러시의 종류

① 스펀지 브러시

젖은 상태의 필링제를 바르고 브러시로 필링할 때 사용한다. 회전수는 피부상태에 따라 조절하며, 두꺼운 피부는 높은 회전수로도 할 수 있다.

② 스톤 브러시

필링제를 얼굴에 바른 후, 말려서 마른 상태의 필링을 할 때 사용한다. 아주 두꺼운 피부나 팔꿈치, 무릎 등 필링이 많이 필요한 부위에 적용한다.

4) 전동 브러시 사용시 주의사항

① 관리중 브러시를 교체할때는 전원을 끈다.
② 머리카락이 브러시와 엉키지 않도록 주의한다.
③ 브러시가 피부표면에 직각이 되도록 사용한다.
④ 얼굴에 한곳에 브러시가 오래 머물지 않도록 한다.
⑤ 브러시는 젖은 상태에서만 사용한다.
⑥ 브러시는 사용후 중성세재로 세척하고 물기를 제거한 후 자외선 소독기에 10~20분 정도 소독한 후 보관한다.

(3) 스티머(steamer, vaporizer, 증기분무기)

안면 피부관리 현장에서 가장 많이 사용되는 기기 중 하나로, 가열센서가 내장된 물통이 부착되어 있어 물통의 물이 센서에 의해 가열되어 증기 만을 안면에 적용시킬 수 있다. 이를 통해 각질세포를 연화시켜 노화각질제거에 도움을 주고 피부이완, 유효물질 침투 효과를 증진시켜 안면관리에 기본으로 사용할 수 있는 기기이다.

1) 스티머의 효과

① 죽은 세포를 부드럽게 만들어 마사지나 브러싱하는 동안에 떨어져 나간다.
② 따뜻한 연무(수증기)는 모공을 열어 피부 노폐물을 제거하는 데 용이하다.
③ 여드름이 연화되어 제거가 용이해진다.
④ 일시적으로 인위적인 주름을 부드럽게 한다.
⑤ 피부 보습효과가 증대된다.
⑥ 마사지, 팩제, 필링제와 함께 사용하면 효과가 더 극대화된다.
⑦ 혈관을 확장시켜 혈액순환을 촉진시킨다.
⑧ 세포의 신진대사를 증가시킨다.

2) 스티머 사용시 주의사항

① 스티머가 고객의 안면으로 쓰러지지 않도록 설치가 안전해야 하며, 특히 화상을 입지 않도록 주의한다.

② 에어컨이나 선풍기 혹은 환기장치로 인해 증기의 방향을 방해받지 않도록 한다.

③ 눈 주위는 자연스럽게 스팀을 받게 하나, 모세혈관이 확장되거나 파열된 부위는 화장솜으로 덮어 보호한다.

④ 물통의 세척은 가벼운 수세미를 사용하고, 석회질이 쌓였을 경우 전원이 차단된 상태에서 식초와 물의 비율을 1:8로 희석하여 담근 후 제거하고 세척해 보관한다.

⑤ 주 1회 정도 세척하며, 세재 사용은 고장의 원인이 되므로 금지한다.

⑥ 고객의 얼굴과 스티머는 약 30~50cm 정도의 거리를 유지한다.

⑦ 사용 10분 전에 스티머는 미리 예열해 둔다.

⑧ 물통은 녹슬지 않도록 물을 비우고 보관한다.

(4) 분무기(spray, lucas)

냉온 증류수, 미네랄워터, 스킨로션, 식물 추출물, 허브티 등을 용기에 담아 안면을 향애 안개와 같은 작은 물방울이 자극없이 분무되는 기기이다. 주로 진공흡입 기기(석션기)나 종합미용기에 부착되어 있거나 단독으로 제작된 것도 있다.

1) 분무기의 효과

① 화장수의 분무에 적절하며, 세포와 신진대사 촉진에 좋다.

② 흡입기 사용 후, 트리트먼트 마무리 후 피부를 진정시키기 위해 사용한다.

③ 탈수된 피부, 모세혈관 확장피부, 노화피부에 사용시 효과적이다.

2) 적용 방법

① 스프레이 용기에 피부상태에 적합한 내용물을 담고, 튜브를 끼운다. 보통 일반 제품 사용시 증류수와 제품의 비율을 2:1 정도로 희석하여 사용한다.

② 고객에게 눈을 감거나 아이패드를 해준 후, 직각으로 용기를 세워 잡고 용기의 핀볼을 살며시 누른다. 이때 분무량은 노즐의 끝부분으로 조절한다.

③ 분무 후 표면을 가볍게 두드려 잘 흡수시킨다.

④ 관리가 끝나면 공기 방울 발생 방지를 위하여 용기에서 튜브를 빼낸다.

⑤ 튜브는 항상 깨끗해야 분무가 잘 되므로 구멍이 막히지 않도록 잘 세척하여 물기없이 건조시켜 보관한다.

3) 분무기 사용시 주의사항

① 분무 시 내용물이 직접 눈, 코, 입에 들어가지 않도록 한다.
② 어깨, 귀, 멀, 가슴 부위에 티슈나 타올로 덮어준다.
③ 희석할 내용물에 다른 성분이 들어가지 않도록 수돗물 사용은 금한다.
④ 차가운 채로 사용하기 때문에 겨울에 사용시 주의한다.

(5) 자외선 미용기기

1) 자외선의 분류

① UVA 장파장(320~400nm)

피부 깊숙이 침투하여 주름을 형성시키며, 색소침착(sun tan)을 유도한다. 인공 태닝기기에 사용되는 광선이다.

② UVB 중파장(280~320nm)

유리창에 의해 어느 정도 차단된다. 기미와 피부건조의 원인이 된다. 피부가 붉어지거나 붓거나 물집이 생기는(sun burn) 등의 결과를 낳는다. 일광화상을 일으키기도 한다.

③ UVC 단파장(280nm 이하)

가장 강력한 자외선이다. 대기권의 오존층에 완전히 흡수되어 지표에 도달하지 않았으나, 최근 오존층의 파괴로 인해 생태계를 위협하는 요소가 되었다. 흑생종과 같은 피부암을 유발하는 원인이 된다.

2) 자외선을 이용한 미용기기

① 인공 선탠기

선탠(sun tan)이란 피부가 자외선으로부터 스스로 보호하기 위해 표피 기저층의 멜라닌세포의 자극으로 색소를 추가적으로 생산하는 과정이다.

일반적인 선탠은 자연 태양광선을 조사받아 나타나지만, 피부미용적으로 적당한 피부색을 갖기 위해 인공 자외선 발생기로 색소를 만들어 주는 기기를 인공 선탠기라고 한다.

대표적인 형태는 인공자외선등이 설치된 베드형, 스탠드형이 있다.

인공자외선등의 원리는 소량의 수은과 아르곤 가스가 주입된 진공 유리관 속에 양쪽 이중 텅스텐 전극으로 된 열전자 방출기(emitter)에서 수은 증기에 의해 방전이 일어나 자외선을 발생하게 되는데, 선탠기의 자외선은 주로 UVA만을 방출하도록 설계되었다.

② 살균 소독기

파장이 짧은 UVC의 강한 살균효과를 이용하여 피부미용실에서 여러 가지 기구의 살균 소독을 목적으로 사용하는 것이 자외선 소독기이다. 푸른빛을 내는 저압 수은 램프에서 인공적으로 발생되는 자외선의 살균력을 이용하는 기기이다.

3) 인공선탠기 적용시 주의사항

① 기기설치는 열 조절을 위한 환풍구나 열 방출을 위한 통풍이 잘 되는 독립된 방이나 칸막이가 설치된 곳에 있어야 하며, 관리 중 고객의 손에 직접 스위치나 조절기 및 비상버튼에 닿을 수 있도록 해야 한다.

② 베드는 관리 전후 지정 살균제로 청결히 세척되어야 하며, 안전을 위하여 기기의 정기적 검사를 받도록 한다.

③ 관리 전 고객에게 기기 작동법을 충분히 설명하고, 모든 금속류와 컨택트렌즈 제거 후, 향수 및 유분제거를 위해 깨끗이 샤워한 후, 피부표면을 완전히 건조시킨다.

④ 안면 태닝을 원하지 않을 경우 자외선 차단제를 바르고, 색소의 고른 침착을 위해 선탠로션이나 오일을 전신에 도포한다. 원하는 부위 노출을 준비한 후 모발은 타월로 감싸고 눈에는 보안경을 착용하고 상처부위는 밴드로 보호한 후 관리에 들어간다.

⑤ 1차 첫 회 관리시는 15분을 초과하지 않도록 하며, 횟수가 늘어날수록 점차 시간을 늘리되 30분을 초과하지 않도록 한다. 관리는 보통 10회를 초과하지 않아야 하며, 1년에 2회 이상의 관리는 피한다. 년간 노출시간이 한계는 10시간 이내이다.

⑥ 태닝의 효과를 위해 관리 후 고객은 곧바로 세재로 샤워하는 것을 금한다.

[메디컬 스킨케어 활용 예시]

1. [미백관리1]

순서		제품 및 기기	시간	세부내용	준비
클렌징		클렌징 로션	10′	피부 노폐물 제거, 오염물질 제거, 화장품 제거	해면, 온습포
딥클렌징	필링	LA 35%	1′	LA를 피부 상태에 따라 1분 적용	유리볼 필링 제품 준비 시간 측정
	중화	Neutralizing S.S	4′	Neutralizing S.S으로 필링제가 남아 있지 않도록 피부를 중화시킨다.	중화제 준비 해면 준비
아이스 마스크	mummy 마스크	냉습포로 대체	5′	화장솜 사용 또는 냉습포를 얼굴에 5분 적용	아이스마스크 또는 냉습포
메디컬 스킨케어 기기관리		Skin Scrubber **II - MODE**	5′	- 스킨스크러버를 사용하여 수용성 보습 성분 침투 - 젖은 거즈 얼굴에 덮은 후 토너를 브러시로 바른다.	젖은 거즈, 유리볼, 브러시 소독 준비
마스크		모델링 마스크	20′	정제수를 사용하여 모델링 마스크를 피부에 밀착시킨다.	고무볼, 모델링마스크, 스파츌라, 냉습포
마무리		아이크림 보습 또는 재생크림 자외선 차단제	10′	크림은 스파츌라에 덜어서 위생적으로 사용한다.	스파츌라 소독, 제품 준비 온습포
전체시간			55′		온습포 2장, 냉습포 2장, 해면 6장

▶ 스킨스크러버 II - MODE : 마사지

– 초음파 대용으로 사용가능

구분	모든피부
적용시간	10분
적용레벨	모든피부 3~4 / 50~80

2. 메디컬스킨케어 [미백관리 2]

순서	제품 및 기기	시간	세부내용	준비
클렌징	클렌징 로션	10′	피부 노폐물 제거, 오염물질 제거, 화장품 제거	해면, 온습포
메디컬 스킨케어 기기관리	Skin Scrubber **I - MODE**	5′	화장솜으로 피부를 적셔가며 피부결 방향으로 딥클렌징	유리볼(물), 젖은 화장솜, 해변
	Iontophoresis **II - MODE(-,+),** **I - MODE(+,-)**	10′	직류 전류를 사용하여 수용성 비타민 C를 피부에 침투	화장솜, 제품
마스크	모델링 마스크	20′	정제수+마스크를 섞어 피부에 밀착시킨다.	고무볼, 마스크, 스파츌라 냉습포
마무리	아이크림 보습 또는 재생크림 자외선 차단제	10′	크림은 스파츌라에 덜어서 위생적으로 사용한다.	스파츌라 소독, 제품 준비 온습포
전체시간		55′		온습포 2장, 냉습포 1장, 해면 6장

▶ **이온토포레시스 효과**

비타민 투입으로 인한 미백효과, 근육조직 강화에 의한 리프팅 효과, (−) 피부재생, (+) 진정

구분	I - MODE(+,-)	II - MODE(-,+)	III - MODE(Lifting)
적용대상	(+)이온, 산성화 반응, 진정, 여드름 관리	(-)이온, 알카리화 반응, 비타민, 앰플 침투	+,- 교류를 통한 근육자극, 탄력
적용시간	예민 1~2 / 일반 3분	예민 2~3 / 일반 5분	예민 5 / 일반 10분
적용레벨	예민 2~3(40~60) 일반 3~4(50~80)	예민 2~3(40~60) 일반 3~4(50~80)	예민 2~3(40~60) 일반 3~4(50~80)

▶ **스킨스크러버 I - MODE : 클렌징**

구분	예민피부	일반피부	블렉헤드, 각질
적용시간	3분	5분	7분
적용레벨	2 / 40~60	3 / 50~80	4 / 70~100

3. 메디컬스킨케어 [미백관리 3]

순서	제품 및 기기	시간	세부내용	준비
클렌징	클렌징 로션	10′	피부 노폐물 제거, 오염물질 제거, 화장품 제거	해면, 온습포
딥클렌징	효소	10′	효소 파우더와 물을 섞어 얼굴에 도포	유리볼, 브러시, 제품, 화장솜
	기기 : 스티머		아이 & 립패드 적용 후 스티머	스티머에 물, 작동여부 확인할 것
메디컬 스킨케어 기기관리	Iontophoresis **II - MODE(-,+),** **I - MODE(+,-)**	5′	직류 전류를 사용하여 수용성 비타민 C를 피부에 침투	화장솜, 제품
	Iontophoresis **III - MODE(Lifting)**	10′	접지봉과 시술봉에 전선을 끼운다. 두 개의 리프팅 봉에 젖은 면봉을 끼워 근육결 방향으로 자극	
마스크	석고 마스크	20′	베이스크림을 충분히 도포한다. 정제수+마스크를 섞어 피부에 밀착시킨다.	고무볼, 석고마스크, 스파츌라, 냉습포
마무리	아이크림 보습 또는 재생크림 자외선 차단제	10′	크림은 스파츌라에 덜어서 위생적으로 사용한다.	
전체시간		65′		온습포 2장, 냉습포 1장, 해면 6장

▶ 이온토포레시스 효과

비타민 투입으로 인한 미백효과, 근육조직 강화에 의한 리프팅 효과, (−) 피부재생, (+) 진정

구분	I - MODE(+,-)	II - MODE(-,+)	III - MODE(Lifting)
적용대상	(+)이온, 산성화 반응, 진정, 여드름 관리	(-)이온, 알카리화 반응, 비타민, 앰플 침투	+,- 교류를 통한 근육자극, 탄력
적용시간	예민 1~2 / 일반 3분	예민 2~3 / 일반 5분	예민 5 / 일반 10분
적용레벨	예민 2~3(40~60) 일반 3~4(50~80)	예민 2~3(40~60) 일반 3~4(50~80)	예민 2~3(40~60) 일반 3~4(50~80)

4. 메디컬스킨케어 [보습관리 1]

순서	제품 및 기기	시간	세부내용	준비
클렌징	클렌징 로션	10′	피부 노폐물 제거, 오염물질 제거, 화장품 제거	해면, 온습포
딥클렌징	AHA 10%	10′	아이패드 후 AHA를 피부에 도포	유리볼, 브러시, 제품, 화장솜
	mummy 마스크		화장솜 사용 또는 냉습포를 얼굴에 5분 적용	아이스마스크 또는 냉습포
메디컬 스킨케어 기기관리	Skin Scrubber **II - MODE**	5′	- 스킨스크러버를 사용하여 수용성 보습성분 침투 - 젖은 거즈 얼굴에 덮은 후 토너를 브러시로 바른다.	젖은 거즈, 유리볼, 브러시 소독 준비
	초음파	5′	초음파젤을 피부에 도포 후 초음파 도자를 사용에 얼굴에 마사지한다.	유리볼, 초음파젤, 브러시
마스크	석고 마스크	20′	베이스크림을 충분히 도포한다. 정제수+마스크를 섞어 피부에 밀착시킨다.	고무볼, 석고마스크, 스파츌라, 냉습포
마무리	아이크림 보습 또는 재생크림 자외선 차단제	10′	크림은 스파츌라에 덜어서 위생적으로 사용한다.	스파츌라 소독, 제품 준비, 온습포
전체시간		60′		온습포 2장, 냉습포 1장, 해면 6장

5. 메디컬스킨케어 [보습관리 2]

순서	제품 및 기기	시간	세부내용	준비
클렌징	클렌징 로션	10′	피부 노폐물 제거, 오염물질 제거, 화장품 제거	해면, 온습포
딥클렌징	효소	10′	효소 파우더와 물을 섞어 얼굴에 도포	유리볼, 브러시, 제품, 화장솜
	기기 : 스티머		아이 & 립패드 적용 후 스티머	스티머에 물, 작동여부 확인할 것
메디컬 스킨케어 기기관리	Skin Scrubber **II - MODE**	5′	- 스킨스크러버를 사용하여 수용성 보습 성분 침투 - 젖은 거즈 얼굴에 덮은 후 토너를 브러시로 바른다.	젖은 거즈, 유리볼, 브러시 소독 준비
	Skin Scrubber **III - MODE**	5′	- 수분겔을 도포 후 근육결 방향으로 테크닉	유리볼, 제품, 브러시
마스크	모델링 마스크	20′	정제수+마스크를 섞어 피부에 밀착시킨다.	고무볼, 모델링 마스크, 스파츌라 냉습포
마무리	아이크림 보습 또는 재생크림 자외선 차단제	10′	크림은 스파츌라에 덜어서 위생적으로 사용한다.	스파츌라 소독, 제품 준비 온습포
전체시간		60′		온습포 2장, 냉습포 1장, 해면 6장

▶ 스킨스크러버 III - MODE : 리프팅

- 앰플 투입 시, 탄력이 없을 시
- 근육을 끌어올리듯이 테크닉

구분	모든피부
적용시간	5분
적용레벨	모든피부 3~4 / 50~80

6. 메디컬스킨케어 [노화관리 1]

순서	제품 및 기기	시간	세부내용	준비
웰컴 마사지	아로마	5′	키친타올 또는 티슈에 라벤다 1방울(아이필로우 대체), 두피마사지	
클렌징	클렌징 로션	10′	클렌징 - 온습포 - 토너정리	제품준비
딥클렌징	고마쥐	10′	고마쥐 타입을 바른 후 건조 - 피부결대로 밀어내기 - 물 사용하여 러빙	유리볼, 제품, 브러시
메디컬 스킨케어 기기관리	고주파 high frequency(HF)	10 ~ 15′	고주파 크림을 피부에 도포후 피부용 도자를 선택하여 마사지한다. LEVEL 3~5 정도가 적정	유리볼, 제품, 브러시
마스크	모델링 마스크	20′	정제수+마스크를 섞어 피부에 밀착시킨다.	고무볼, 마스크, 스파츌라, 냉습포
마무리	아이크림 보습 또는 재생크림 자외선 차단제	10′	크림은 스파츌라에 덜어서 위생적으로 사용한다.	스파츌라 소독, 제품 준비 온습포
전체시간		65′		

▶ 고주파의 효과

온도상승 및 세포 기능 증진, 림프순환 증가, 근육과 세포의 노화방지, 통증 완화, 지방분해 효과

▶ 고주파 기기 사용 주의사항

① 도자와 나사 풀림 주의(시술 중 일렉트로드가 풀릴 경우 즉시 사용을 중단, 스파크나 화상 위험)

② 관리 중 플레이트판에서 몸을 들썩이거나 만지지 말것

③ 금속물체 착용 금지

④ 시술 시 플레이트와 도자가 부딪히지 않게 주의

⑤ 건조한 부위에서 마찰에 의한 스파크가 날 수 있으므로 고주파 크림 충분히 도포

⑥ 사용 전 전기장판 반드시 끄고 사용

▶ 작동순서

고객(플레이트 밀착) - 전원 ON - 일렉트로드 선택(핸드피스에 장착) - HAIR, FACE, BODY 선택 - Hz 조절(0.3MHZ:심, 0.5MHZ:표) - START - LEVEL 조절 - TIME - 관리시작

7. 메디컬스킨케어 [여드름관리]

순서	제품 및 기기	시간	세부내용	준비
클렌징	클렌징 로션	10′	피부 노폐물 제거, 오염물질 제거, 화장품 제거	해면, 온습포
딥클렌징	효소	10′	효소 파우더와 물을 섞어 얼굴에 도포	유리볼, 브러시, 제품, 화장솜
	기기 : 스티머		아이 & 립패드 적용 후 스티머	스티머에 물, 작동여부 확인할 것
메디컬 스킨케어 기기관리	**고주파 적용(간접법)**	10 ~ 15′	고주파 크림을 피부에 도포후 피부용 도자를 선택하여 마사지한다. LEVEL 3~5 정도가 적정	유리볼, 제품, 브러시
	여드름 압출	10′		확대경, 알콜, 니들, 면봉
마스크	모델링 마스크	20′	정제수+마스크를 섞어 피부에 밀착시킨다.	고무볼, 모델링 마스크, 스파츌라 냉습포
메디컬 스킨케어 기기관리	고주파(직접법)	5′		
마무리	아이크림 보습 또는 재생크림 자외선 차단제	10′	크림은 스파츌라에 덜어서 위생적으로 사용한다.	스파츌라 소독, 제품 준비 온습포
전체시간		80′		온습포 2장, 냉습포 1장, 해면 6장

8. 메디컬스킨케어 [노화관리 2]

순서	제품 및 기기	시간	세부내용	준비
웰컴 마사지	아로마	5′	키친타올 또는 티슈에 라벤다 1방울(아이필로우 대체), 두피마사지	
클렌징	클렌징 로션	10′	클렌징 – 온습포 – 토너정리	제품준비
딥클렌징	고마쥐	10′	고마쥐 타입을 바른 후 건조 – 피부결대로 밀어내기 – 물 사용하여 러빙	유리볼, 제품, 브러시
메디컬 스킨케어 기기관리	석션기 I – MODE	10′	관리 부위 오일 도포 – 메인줄에 석션컵 또는 감압롤러봉 끼우기 – START – 압 조정 후 피부에 적용	유리볼, 제품, 브러시
마스크	모델링 마스크	20′	정제수+마스크를 섞어 피부에 밀착시킨다.	고무볼, 마스크, 스파츌라, 냉습포
마무리	아이크림 보습 또는 재생크림 자외선 차단제	10′	크림은 스파츌라에 덜어서 위생적으로 사용한다.	스파츌라 소독, 제품 준비 온습포
전체시간		65′		

▶ **석션기 조작법**

START / STOP	시작과 멈춤 버튼
압력조절 레벨구	오른쪽으로 돌리면 압이 강해짐
I – MODE	페이스 모드, 바이브레이션 프로그램으로 가슴컵, 멀티컵 사용 시
II – MODE	바디모드, 바이브레이션 프로그램으로 가슴컵, 멀티컵 사용 시
TIME	기본설정 30분, UP & DOWN으로 조정
FAST	바이브레이션 조절 버튼 흡입과 배출이 짧아짐
SLOW	흡입과 배출이 길어짐

▶ **석션컵, 감압롤러봉 사용순서**

전원 – 관리 부위 오일 도포 – 메인줄에 석션컵 또는 감압롤러봉 끼우기 – START – 압 조정

▶ **바이브레이션 관리 시 사용순서**

전원 – 관리 부위 오일 도포 – 적용 모드 설정 – 메인줄에 멀티컵 또는 가슴컵 끼우기 – SLOW, FAST 버튼 설정 – 압 조정

9. 메디컬스킨케어 [BODY, 고주파]

순서	제품 및 기기	시간	세부내용	준비
웰컴 마사지	아로마	5′	키친타올 또는 티슈에 라벤다 1방울	
딥클렌징	바디 스크럽	10′	고마쥐 타입을 바른 후 물 사용하여 러빙, 온습포 정리	유리볼, 제품
메디컬 스킨케어 기기관리	고주파 high frequency(HF)	30′	고주파 크림을 피부에 도포후 피부용 도자를 선택하여 마사지한다. LEVEL 6~8 정도가 적정	유리볼, 제품, 브러시
마무리	온습포 바디크림	10′	피부의 잔여물이 남지 않도록 온습포를 위생적으로 사용 크림은 스파츌라에 덜어서 위생적으로 사용한다.	스파츌라 소독, 제품 준비 온습포
전체시간		55′		

▶ **고주파의 효과**

온도상승 및 세포 기능 증진, 림프순환 증가, 근육과 세포의 노화방지, 통증 완화, 지방분해 효과

▶ **작동순서**

고객(플레이트 밀착) – 전원 ON – 일렉트로드 선택(핸드피스에 장착) – HAIR, FACE, BODY 선택 – Hz 조절(0.3MHZ:심, 0.5MHZ:표) – START – LEVEL 조절 – TIME – 관리시작

▶ **TREATMENT POINT**

① 관리가 끝난 후 미온수
② 차가운 물로 샤워하거나 찬 공기에 노출하지 않기
③ 관리 전 따뜻한 물로 샤워한 후 관리하면 시너지 효과
④ 림프관리 : (얼굴) 목 안면, (전신) 목 – 겨드랑이 – 손 – 서혜부 – 무릎뒤 – 발바닥
⑤ 지방분해 : 강한 자극과 압력으로 견딜 수 있는 최대 온도로 관리

10. 메디컬스킨케어 [BODY, 석션기]

순서	제품 및 기기	시간	세부내용	준비
웰컴 마사지	아로마	5′	키친타올 또는 티슈에 라벤다 1방울	
딥클렌징	바디 스크럽	10′	고마쥐 타입을 바른 후 물 사용하여 러빙, 온습포 정리	유리볼, 제품
메디컬 스킨케어 기기관리	석션기	30′	▶ 석션컵, 감압롤러봉 사용순서 전원 - 관리 부위 오일 도포 - 메인줄에 석션컵 또는 감압롤러봉 끼우기 - START - 압 조정	유리볼, 제품, 브러시
마무리	온습포 바디크림	10′	피부의 잔여물이 남지 않도록 온습포를 위생적으로 사용 크림은 스파츌라에 덜어서 위생적으로 사용한다.	스파츌라 소독, 제품 준비 온습포
전체시간		55′		

▶ 석션기 조작법

START / STOP	시작과 멈춤 버튼
압력조절 레벨구	오른쪽으로 돌리면 압이 강해짐
I - MODE	페이스 모드, 바이브레이션 프로그램으로 가슴컵, 멀티컵 사용 시
II - MODE	바디모드, 바이브레이션 프로그램으로 가슴컵, 멀티컵 사용 시
TIME	기본설정 30분, UP & DOWN으로 조정
FAST	바이브레이션 조절 버튼 흡입과 배출이 짧아짐
SLOW	흡입과 배출이 길어짐

11. 메디컬스킨케어 [BODY, 중저주파]

순서	제품 및 기기	시간	세부내용	준비
웰컴 마사지	아로마	5′	키친타올 또는 티슈에 라벤다 1방울	
딥클렌징	바디 스크럽	10′	고마쥐 타입을 바른 후 물 사용하여 러빙, 온습포 정리	유리볼, 제품
메디컬 스킨케어 기기관리	중저주파 INTENSER (코스모 C&T)	30′	▶ 석션컵, 감압롤러봉 사용순서 전원 - 관리 부위 오일 도포 - 메인줄에 석션컵 또는 감압롤러봉 끼우기 - START - 압 조정	유리볼, 제품, 브러시
마무리	온습포 바디크림	10′	피부의 잔여물이 남지 않도록 온습포를 위생적으로 사용 크림은 스파츌라에 덜어서 위생적으로 사용한다.	스파츌라 소독, 제품 준비 온습포
전체시간		55′		

▶ 석션기 조작법

코드	명칭 및 수량
CABLE	중저주파 라인 10개
PG 922	중저주파 단자 20개
PG 704(80*120mm)	반영구 대(大) 10개
PG 703(60*80mm)	반영구 소(小) 10개
PG 945/6(600*80mm)	벨크로 스트랩 짧은 타입 4개
PG 945/10(1000*80mm)	벨크로 스트랩 긴 타입 4개

▶ 사용방법

① 저주파 패드에 충분히 물을 적셔서 준비한 뒤 관리하고자 하는 부위에 패드를 부착시켜 밴드로 고정

② CONTINUE, PULSE 모드 중 관리하고자 하는 프로그램 선택
- CONTINUE : 진폭 세기 변하지 않음, 일정한 흐름, 파동의 순환
- PULSE : 맥박처럼 짧은 시간에 생기는 진동현상, 전류의 급격한 변화 반복
  PULSE 관리의 경우 1, 2번 버튼으로 IN/OUT 시간 설정, 높은 강도의 관리를 원할 경우 IN시간을 높게 설정

③ MENU 버튼 : 관리할 Hz 선택
- 120Hz : 가장 약한 세기, 60Hz : 가장 강한 세기
- 다양한 관리를 원할 경우 Auto 기능 설정

④ START 버튼 : 시작 버튼 / PAUSE : 일시 정지 버튼

⑤ Ch 1~10 버튼 : 세기조절(각 패드에 연결되어 있는 채널을 확인 후 10번 버튼으로 세기 조절)

PART 4.
아로마테라피

Ⅰ. 아로마테라피의 이해

1. 아로마테라피의 정의

(1) 아로마테라피란?

모든 동식물은 고유의 향을 갖고 있다. 아로마테라피(aromatherapy)는 아로마(aroma)와 치료(therapy)의 합성어로, 향이 나는 식물의 꽃, 열매, 줄기, 잎, 뿌리 등에서 추출한 향기성분을 이용해 심신을 건강하게 유지하는 대체요법의 하나이다.

아로마는 100% 천연 방향성 물질로 에센셜오일(essential oil) 또는 정유(精油)라고 부르며, 현재 시판되고 있는 아로마는 약 300개 정도 유통되고 있다.

(2) 허브(herb)란?

향기요법이라고도 불리는 아로마테라피는 향기나는 식물(herb)에서 추출한다. 지구상에 존재하는 허브는 약 300만종 정도가 될 것으로 추정된다. 이 중에서 독특한 향, 맛, 약리효과를 지닌 식물은 2,000~3,000가지 정도가 된다. 그 중 60여 종의 아로마가 주로 사용되고 있다.

1) 허브의 특징

① 허브에는 독특한 향과 맛을 가진 부위가 정해져 있다.
② 허브는 향신료 또는 양념으로 이용할 수 있다.
③ 허브는 독특한 향기가 난다.
④ 허브는 관상용 식물로도 이용한다.

(3) 아로마의 특징

① 약용식물에서 추출한다.
② 약리효과를 지닌다.
③ 독특한 향기가 있다.
④ 액체이며 휘발성이 강하다.
⑤ 빛, 산소, 열에 약하다.
⑥ 물에 잘 녹지 않으며 지방과 오일에 잘 녹는다.
⑦ 적게는 수십가지, 많게는 수백가지 화학성분으로 구성된 화합물이다.

(4) 아로마 향의 효과

아로마테라피의 장점은 육체뿐 아니라 정신적인 측면, 감정적인 측면에 까지 영향을 미친다는 것이다. 좋은 향기를 맡으면 기분이 좋아지고 머리가 맑아지거나 집중력이 높아지기도 한다. 아로마는 인간이 본래 갖고 있던 자연치유력을 자극해 질병을 예방하고 개선시키는 효과를 나타낸다. 식물에게 있어 아로마는 호르몬과 같은 역할을 해 생명의 항상성을 유지하고 해충을 물리쳐 자신을 보호하며, 성장과 번식에도 중요한 역할을 한다. 사람에게 있어 아로마도 사람의 감정과 정서에 긍정적 영향을 미치고, 신경계, 내분비계, 면역계 등에도 인체 항상성을 유지하게 해 몸과 마음의 건강을 지키는데 도움을 준다.

① 행동과 본능을 자극
② 소화기 자극
③ 순환, 호흡, 근육계 자극
④ 생식기, 내분비 자극
⑤ 심리적 자극
⑥ 제품의 masking으로 이용
⑦ 항균, 항산화, 이뇨, 배설, 치료효과

2. 아로마테라피의 역사

(1) 고대인

원시시대에도 식물을 이용하여 상처를 치유하거나 나뭇가지를 태워 향을 맡는 등 생활 속에서 다양하게 아로마를 이용했던 기록이 있다. 질병에 걸리는 것은 마귀가 병을 가져다 준 것이라 생각하였으며, 병마(病魔)는 향기를 두려워한다고 여겨 향기나는 식물을 사용해 전염병에 사용해왔다.

또한 천재지변은 신의 노여움으로 생각해 향기나는 식물을 태워 하늘로 올려보내 신에 대한 존경심을 표현하기도 했다.

고대로부터 내려온 이런 민간요법은 고대 이집트인, 인도, 중국에서도 사용되었다.

기원전 3,950년경 이집트에서는 올리브 열매를 추출해 식물유를 만들어 사용했으며, 동시대에 이집트에서는 시신을 미이라로 만드는데 몰약(myrrh)을 사용했던 기록이 남아 있다. 특히 몰약은 예수가 탄생했을 때 동방박사가 전한 선물 3가지 가운데 하나로 유명하다.

고대 인도에서는 질병과 종교의식에 백단향(sandalwood), 몰약(myrrh), 계피(cinnamon), 생강(ginger)등을 사용했다.

(2) 히포크라스 시대

아로마는 이집트에서 그리스로 전파되어 히포크라테스에 의해 체계적인 기틀을 정립했다. 히포크라테스는 질병에 대한 반응이 개인마다 다르다고 판단해 환자마다 다른 치료방법으로 시술했다. 환자 스스로의 자연치유력을 믿고 식이요법, 일광욕, 마사지, 목욕도 함께 병용할 것을 제안하고 치료에 사용가능한 식물을 체계적으로 정리했다.

(3) 로마시대

서기 261년 로마에서 1,600명을 한번에 수용할 수 있는 대규모 목욕탕을 건립했다. 목욕시 많은 아로마를 사용했으며, 특히 네로 황제는 펜넬(fennel), 세이지(sage), 로즈마리(rosemary), 백리향(thyme)을 사용했다는 기록이 있다.

(4) 르네상스 시대

12세기 십자군이 귀환할 때 아로마를 추출할 수 있는 증류법을 가져와 유럽에 소개했다. 당시 아랍지역은 냉각장치를 발명해 아로마를 생산해내고 있었다. 이때 사용한 에틸알콜은 아로마를 추출하는데 획기적인 역할을 했다. 1370년 프랑스에서 로즈마리 오일을 에틸알콜에 녹여 만든 최초의 향수를 '헝가리워터' 라 부르며, 향수의 시초가 되었다. 이후 1560년대 프랑스 남부 그라스 지역에 허브를 본격적으로 재배하기 시작하면 프랑스의 향수산업이 발전하는 기틀을 마련했다.

(5) 근대

18세기 프랑스에서 아로마 활용법에 대한 연구가 시작되고, 19세기에 질병을 치료할 때 향기물질이 인체에 미치는 효능에 대해 과학적으로 접근하고 증명하기 시작했다. 이는 아로마의 화학성분의 분석이 가능해지면서 부터이다.

이후 19세기 현대의학과 합성화학의 급속한 발전으로 값싼 의약품이 대량 생산되면서 아로마에 대한 관심이 감소되기 시작했다. 그러나 20세기 들어오면서 화학 합성물의 부작용이 보고되면서 아로마테라피에 대한 관심이 다시 증가하기 시작했다.

(6) 현대

1937년 프랑스의 화학자 르네 모리스 가트포쎄(Reme M. Gattefosse)에 의해 '아로마테라피' 라는 용어가 최초로 정립되었다. 가트포쎄는 아로마의 피부질환 치유효과를 발견해내고, 하나의 아로마를 사용하는 것보다 두 개 이상의 아로마를 사용할 경우 시너지 효과(상승효과)를 가진 것도 알게 되었다.

이후 프랑스의 장 발레(Dr. Jeam Vallet)에 의해 아로마의 치료적 효능이 임상적으로 입증하였고, 어떤 향기성분은 정신질환의 치료에도 효과가 있다는 사실을 알아냈다.

아로마를 피부미용에 사용한 것은 마가렛 모리(Madame Marguerite Maury)를 통해서이다. 마가렛 모리는 아로마를 마사지에 적용해 탁월한 미용효과가 확인하였다.

II. 에센셜 오일의 추출방법

1. 수증기 추출법(distillation)

대부분의 오일을 추출하는데 사용되는 방법으로, 뜨거운 물, 수증기를 이용하여 오일을 추출하는 방법이다. 이미 5,000년 전부터 이용해오던 방법으로 10세기 말 아랍인 의사 아비센나(Abicenna, 980~1037)가 개발한 추출법이다. 그는 58년 동안 유랑생활을 하면서 100권의 책을 저술하였고, 최초로 장미오일을 추출하였으며, 그 후 다양한 식물의 아로마를 수증기추출법으로 추출하였다. 그의 방법은 화학이 발전하는데 큰 기여를 했다.

수증기 증류법은 식물에 수증기나 뜨거운 물을 접촉시켜 식물세포가 파괴되면서 세포안에 들어있던 향을 수증기와 같이 증류해 아로마를 얻어내는 방법이다. 대량의 오일을 생산하고 공정비가 다른 방법에 비해 저렴한 것이 장점이나, 열이나 수증기 및 끓는 점 때문에 향기물질이 파괴될 수 있는 단점이 있다.

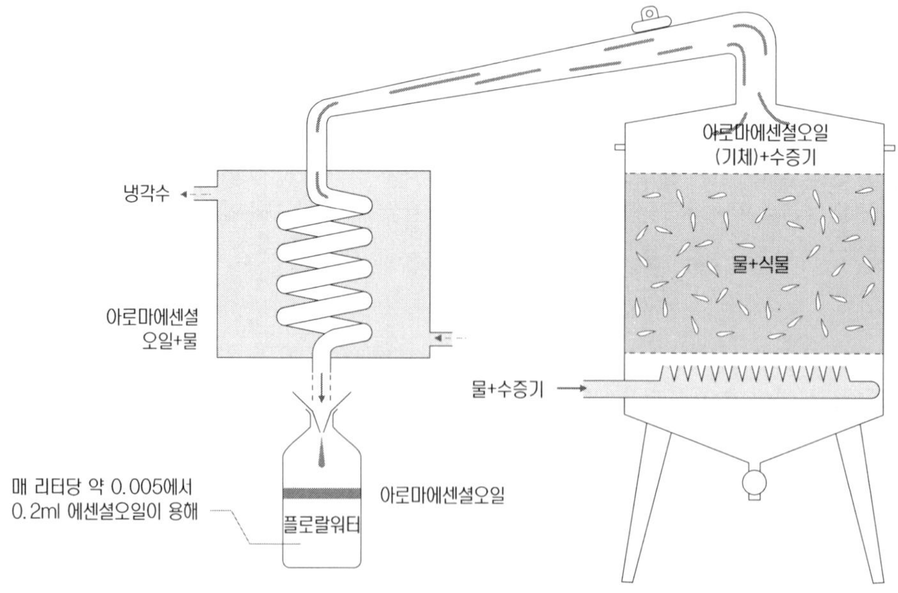

[수증기 증류법의 원리]

2. 압축법(expression)

주로 감귤류의 오일을 추출하는 방법으로, 감귤류의 껍질에서 추출하며 압착법이라고도 한다. 감귤류의 아로마 성분은 열에 매우 약하므로 식물에 일정한 압력을 주어 추출하는 방법이다. 감귤류의 껍질을 잘게 썰어서 약간의 물과 함께 섞은 후 기계를 이용해 즙을 짜내는 방식으로, 여기서 나온 액을 모아 일정한 시간 보관후, 원심분리를 이용해 물과 오일을 분리한다.

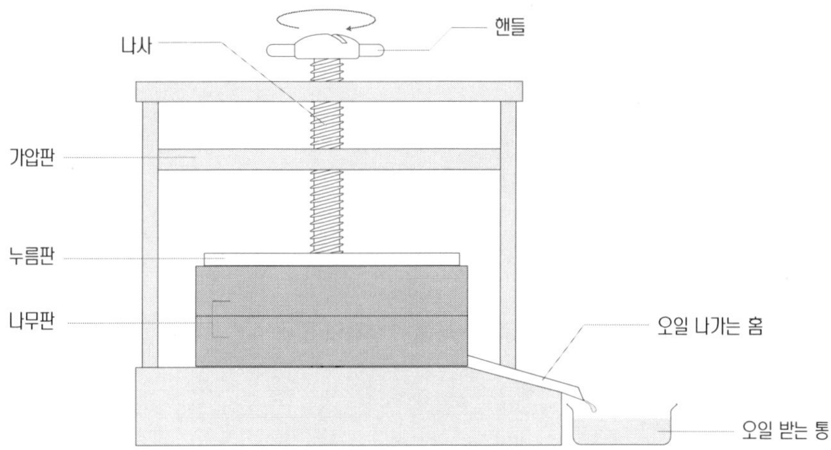

[압축법의 원리]

3. 용매추출법

오일을 추출할 때 휘발성 용매 또는 비휘발성 용매를 이용하여 오일을 추출하는 방법을 말한다. 주로 꽃잎에서 오일을 추출할 때 사용되며, 식물의 향기물질이 수증기, 고온, 압력을 가할 때 쉽게 파괴되고 추출되는 양이 너무 적을 때 사용되는 방법이다. 식물의 재료에 휘발성 용매인 석유에테르, 메탄올, 헥산, 에틸알콜 등을 이용하거나 비휘발성 용매인 우지나 돈지 등을 이용하여 추출한다. 천연 그대로의 향을 잘 유지할 수 있는 장점이 있다.

(1) 휘발성 용매추출법

신선한 꽃잎에 용매로 사용되는 에테르나 헥산 등을 넣고 상온 추출하고, 이를 저온으로 다시 옮겨 일정시간 두면 왁스타입의 물질이 얻어진다. 이것을 콘크리트라고 한다. 콘크리트에 에탄올을 넣고 여러 차례 휘발시켜 향기물질을 얻어내는 방법이다.

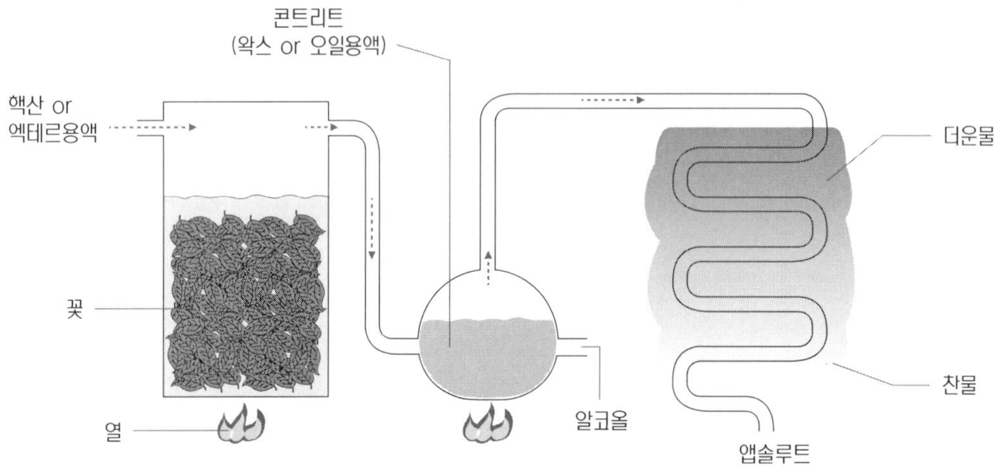

[휘발성 용매 추출법의 원리]

(2) 비휘발성 용매추출법

비휘발성 용매추출법은 프랑스 남부 지방에서 널리 행해지던 전통적인 방법이다. 동물의 지방을 이용하여 향기물질을 흡수시키는 방법으로 노동력이 많이 드나, 많은 양의 아로마를 추출해낼 수 있는 장점이 있다. 동식물성 지방유를 가열하여 일정한 온도를 유지한 후, 여기에 식물의 꽃잎을 넣어 일정시간 방치하고, 또 다른 꽃잎으로 교체하기를 반복하면 지방유가 포마드(pomade) 형태의 방향성 왁스가 만들어진다. 대표적으로 장미나 자스민은 냉침법(enfleurage)으로, 네놀리나 장미 같은 경우는 온침법(maceration)의 방법으로 추출한다.

[영화 '향수'에 소개된 냉침법]

4. 액화 이산화탄소 추출법(초임계 추출법)

공기중에 기체로 존재하는 이산화탄소는 온도를 낮추고 압력을 높이면 액체로 바뀐다. 이 상태에서 온도를 더 낮추고 압력을 가하면 고체로 바뀌게 되는 특성을 이용하여 아로마를 추출하는 방법이다. 식물의 재료에 액체의 이산화탄소를 가하면 향기물질이 이산화탄소에 용해되고 향기물질이 녹아있는 이산화탄소를 증발시켜 아로마를 얻는 방법이다. 열이나 용매에 의해 향기성분이 파괴되는 것을 막으며, 안전하게 아로마를 얻어내는 방법이나 추출비용이 비싸다. 용매로는 액화 프로판 가스, 부탄가스, 탄산가스를 이용한다.

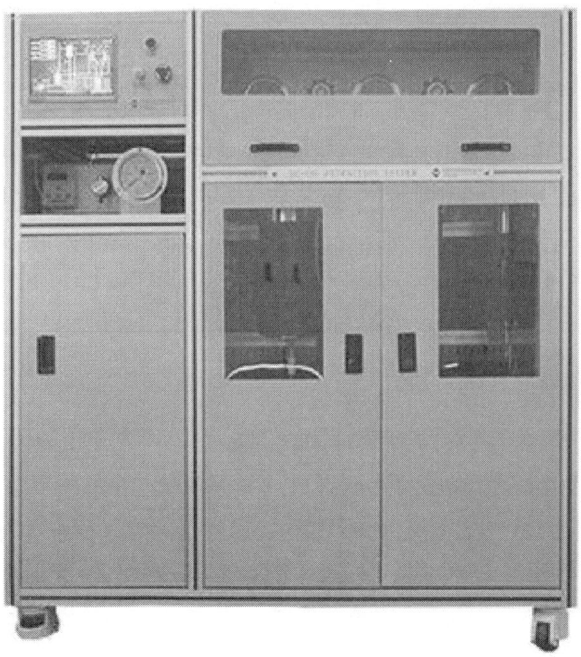

[초임계 추출 장치]

Ⅲ. 에센셜 오일의 분류

에센셜오일을 분류할 때 구체적인 사물의 명칭을 빌리거나 감각적인 용어를 사용하여 아로마의 특징을 표현한다. 또는 향의 농도나 추출부위에 따라 구분하기도 한다. 대표적인 에센셜오일 분류법으로는 노트(note) 표현법, 계통에 따른 분류법, 화학구조에 따른 분류법 등이 있다.

1. 노트(note)에 따른 분류법

노트 구분법은 19세기 프랑스의 피쎄(Piesse)가 향수제조를 위해 에센셜 오일의 향의 느낌을 음악적인 기준에 따라 분류하고 표현한 방법이다. 음악의 화음이 세가지 음을 동시에 울려 밸런스를 이루는 것에서 차용하였다. 공기 중의 향이 노출되었을 때 향의 휘발도에 따라 에센셜오일을 탑 노트(top note0, 미들 노트(middle note), 베이스노트(base note)로 구분하였다.

(1) 탑 노트(top note)

탑 노트는 에센셜 오일을 사용하거나 개봉했을 때 가장 먼저 감지되는 향이다. 향수를 제조할 때 헤드노트(head note)라는 명칭으로 통용된다. 미들 노트나 베이스 노트의 에센셜 오일에 비해 가장 큰 휘발성을 지녀 지속성이 가장 짧다. 사용하거나 개봉시 약 2시간 이내에 향이 증발하지만, 향이 첫인상을 결정하기 때문에 오일의 블렌딩에서는 매우 중요하다.

시트러스(citrus, 감귤류)계가 대표적인 탑 노트 오일로, 베르가못, 레몬, 오렌지, 그레이프프루트 등이 있고, 그 외 유칼립투스, 티트리 등이 포함된다.

(2) 미들 노트(middle note)

미들 노트는 탑 노트 에센셜 오일의 향이 발향되고 사라지면, 그 다음으로 맡아지는 향이다. 가슴으로 느끼는 향, 향의 중심이 되는 향이라 하여 하트 노트(heart note)라는 명칭으로도 통용된다. 사용하거나 개봉 후 약 3~5시간 정도 향이 지속된다. 탑 노트의 오일보다 다소 무겁지만 따뜻한 느낌이 나며, 부드럽고 성숙한 느낌을 주는 것이 특징이다.

신진대사 기능을 촉진하는 효과가 뛰어난 오일들이 많다. 플로럴(floral)계의 오일과 허브(herb)계 오일들이 여기서 들어간다. 대표적인 오일로는 카모마일, 로즈마리, 주니퍼, 사이프러스 등이 있다.

(3) 베이스 노트(base note)

베이스 노트는 향의 지속시간이 5~6시간 정도이며, 혹은 몇일간 향이 지속되기도 한다. 향의 깊이가 있고 강렬하고 심연한 느낌을 준다. 심신을 안정시키고 정신적인 차원에 영향을 주기 때문에 종교적 의식에 오랫동안 사용되어 왔다. 주로 탑 노트 또는 미들 노트의 오일과 블렌딩시 사용된다. 최고급 향수 제조할 때 많이 사용되고, 에센셜 오일을 피부에 직접 사용시 혼합재료로도 사용된다.

휘발성이 가장 낮고 향의 지속성이 가장 높아 탑 노트와 미들 노트의 향이 발향되고 향이 사라진 후에도 오랫동안 향이 지속되어 잔향, 즉 라스트 노트(last note)라고도 한다. 주로 우디(woody)계, 발삼(balsam)계의 오일이 여기에 들어가며, 대표적인 오일로는 샌달우드, 시더우드, 미르, 프랑켄신스 등이 포함된다.

2. 계통에 따른 분류법

계통에 따른 분류법은 에센셜 오일의 향의 농도와 특징, 추출부위 등에 따라 분류하여 같은 계열의 에센셜 오일끼리 구분하는 방법이다. 에센셜 오일 블렌딩시 배합의 효율성, 작업성, 상품성을 결정짓는 중요한 기준이 되며 특히 향수의 향을 구분하여 판매하는 분류법이기도 하다.

(1) 플로럴계(florals)

플로럴계는 달콤하고 부드러운 꽃향기로 주로 여성들이 선호하는 향의 그룹이다. 식물의 꽃, 꽃잎, 열매, 씨앗 등에서 추출하며, 대표적인 에센셜 오일로는 로즈, 카모마일, 자스민, 제라늄, 네놀리 등이 있다. 꽃을 기본으로 만들어지는 에센셜 오일이 주종을 이루고 있으며, 에센션 오일 중 가장 기본적인 향이다. 종류로는 한가지 꽃향기를 표현한 싱글 플로럴과, 결혼식의 부케처럼 여러 가지 꽃향기를 한번에 맡을 수 있는 플로럴 부케로 나뉜다. 플로럴계 에센셜 오일은 거의 모든 계열의 오일과 무난하게 잘 어울리는 대중적인 향기라고 할 수 있다.

(2) 엑조틱계(exotics)

엑조틱계는 이국적이고 낭만적인 동양의 독특한 향으로 오리엔탈계라고도 불린다. 동양의 신비롭고 고급스러운 관능적 에로티즘을 표현하는 것이 특징이다. 주로 식물의 꽃, 잎, 줄기,수지 등에서 추출하며, 대표적인 오일로는 샌달우드, 일랑일랑, 패츌리, 프랑켄신스 등이 있다. 자극적이고 강한 개성, 여성의 섹시함과 따스함을 표현하기에 적절한 향이다. 향의 지속성이 뛰어나 너무 많이 사용하게 되면 자극적인 향취로 인해 역효과가 날 수 있으므로, 적은 향을 사용하는 것이 좋다.

(3) 수지계(fesins, balsam)

수지계는 격조있고 품위있는 향으로, 식물의 수액이나 수지 등을 추출해서 얻는다. 대표적인 오일로는 미르, 캄파, 퍼, 갈바넘 등이 있다. 자연의 향기를 머금은 것 같은 싱그럽고 격조있는 오일로, 신선하고 그급스러운 이미지를 연출하는 데 적합하다. 플로럴계 오일과 조합하여 사용시 꽃과 풀의 향기가 어우러져 환상적인 자연의 향을 표현하게 된다. 향 자체가 너무 강하거나 자극적이지 않아 누구나 사용할 수 있으며, 피곤하고 지친 심신에 활력을 주는 에센셜 오일이다.

(4) 스파이스계(spices)

스파이스계는 다소 자극적인 향으로, 식물의 열매, 씨앗, 잎, 껍질 등에서 추출한다. 대표적인 오일로는 블랙페퍼, 진저, 신나몬 등이 있다. 향긋하고 짜릿하며 생기있고 톡톡튀는 느낌의 에센셜 오일이 여기에 들어간다. 자극적인 향이 특징인 만큼 유혹적이고 강한 인상을 남기고 싶을 때 사용하기 적합한 오일이다.

(5) 수목계(woods, Trees)

수목계는 나무 특유의 시원하고 상쾌한 향이 특징으로, 나무의 내부 중심부분(심재), 잎, 가지 등에서 추출한다. 대표적인 오일로는 시더우드, 티트리, 파인, 유칼립투스 등이 있다. 나무의 신선함과 여유로움이 느껴지는 에센셜 오일로 나무의 껍질과 뿌리의 향이 주위 풀과 이끼 등의 향기와 어우러지는 독특한 향을 지닌다. 부드럽고 고상하지만 약간 무겁고 건조한 느낌이 든다. 겨울철에 잘 어울리며 깔끔하고 단정한 느낌을 표현하는 데 적합하다.

(6) 허브계(herbs)

허브계는 약용식물의 특유의 약초와 같은 향을 지닌다. 주로 식물의 꽃, 잎, 줄기, 껍질, 뿌리 등에서 추출하며, 대표적인 오일로는 라벤더, 로즈마리, 클라리세이지, 페퍼민트 등이 있다. 따뜻하고 부드러우며 감각적인 향을 지닌 에센셜 오일로 라벤더가 대표적이다. 풋풋하고 신선하며 심플하면서도 지적이고 편안한 느낌을 표현하기에 적합하다. 심신을 맑게 해주고 안정시켜 주는 효능이 있다.

(7) 시트러스계(citrus)

시트러스는 달콤하고 상쾌한 감귤류의 향으로, 감귤계 열매의 껍질이나 씨앗에서 추출한다. 대표적인 오일로는 레몬, 버가못, 만다린, 그레이프룻 등이 있다. 오렌지의 상큼함과 레몬의 신선함으로 대표되는 오일이기도 하며 탑 노트 계열이 많이 포함되어 있다. 향이 신선하고 가벼워 부담없이 사용 가능하고 자신을 산뜻하게 표현할 수 있는 대표적인 오일 가운데 하나이다. 화장품에도 많이 사용되고 있으며, 우울함이나 불안함을 해소하는 데 많이 사용한다.

3. 화학성분에 따른 분류법

에센셜 오일은 수십 가지 혹은 수백 가지 이상의 화학성분이 모여 구성된다. 이런 화학성분들은 에센셜 오일의 향과 효능을 결정짓는 중요한 요소이다. 에센셜 오일에 포함된 화학적 성분은 식물의 재배지, 환경, 추출방법에 따라 달라지므로 식물들의 원산지와 학명이 매우 중요하다.

에센셜 오일을 구성하고 있는 화학성분의 분자는 대부분 탄소(C)와 수소(H), 산소(O) 원자로 구성되어 있다. 향기성분의 화학적 분류법에 의해 구분하면 탄화수소계, 알콜계, 케톤계, 페놀계, 알데히드계 등으로 나눌 수 있다.

(1) 알데하이드계(aldehydes)

알데하이드 계열은 신경계를 안정시키고, 항염증 작용, 살균작용, 해열작용, 혈압강하 등의 효능이 있는 아로마 계열을 말한다. 상쾌한 감귤향을 가진 것들이 여기에 해당되며, 레몬, 레몬그라스가 대표적이다. 대표적인 성분으로는 제라늄의 제라니알(geranial), 신나몬의 신남알데하이드(cinnamaldehyde), 유칼립투스의 시토레네랄(citronellal) 등이 있다.

(2) 탄화수소계(terpens)

대부분 테르펜 구조를 하고 있어, 테르펜계라고도 한다. 오렌지, 레몬, 파인, 사이프러스, 시더우드 등이 이러한 계열이며, 박테리아 및 곰팡이균을 퇴치하고 바이러스를 살균하는 능력이 뛰어나다. 그러나 장시간 사용할 경우 피부자극을 유발할 수도 있다. 대표적인 성분으로는 베르가못, 레몬, 펜넬의 리모넨(limonene), 카모마일의 카마쥴렌(chamazulene) 등이 있다.

(3) 알코올계(alcohols)

대부분 테리펜계열에 수산기(−OH)가 결합된 구조로, 수렴작용, 항염작용, 항균작용이 있다. 코리안더, 페티그레인, 로즈, 유칼립투스, 네놀리, 라벤더 등에 많이 함유되어 있다. 주 성분으로는 박하의 멘톨(mentaol), 라벤더, 레롤리, 일랑일랑의 리나룰(linalool), 네롤리의 네롤(nerol), 로즈의 제라니올(geraniol), 제라늄의 시트로네롤(citronellol) 있다.

(4) 에테르계(ethers)

에테르계는 진경, 진통, 항경련, 항균작용이 우수하고, 대표적인 오일로는 바질, 넛맥, 펜넬 등이 있다. 많은 양의 에테르는 경련을 동반하고 신경에 독성을 미친다. 대표적인 성분으로는 메틸 챠비콜(methyl chavocol), 메틸 유게놀(methyl eugenol), 메틸 에테르(methyl ether) 등이 있다.

(5) 옥사이드계(oxides)

옥사이드계는 거담작용이 있어 담을 제거해주고, 점액질을 묽게 희석시켜 폐와 기간지를 깨끗하게 해주는 효과가 있는 오일들이다. 대표적인 오일로는 유칼립투스, 페퍼민트, 로즈마리 등이 있다. 대표적인 성분으로 유칼립투스, 티트리, 로즈마리에 함유된 시네올(cineole), 유칼립투스의 유칼립톨(eucalyptol) 등이 있다.

(6) 에스테르계(esters)

에스테르계는 일반적으로 과일향이 나는 것으로 향기로운 향을 갖고 있어 향수에 사용되거나 화장품에 배합된다. 안전하고 독성이 낮고 진경, 진정, 토닉 작용이 있다. 라벤더, 자스민, 일랑일랑, 제라늄 등의 성분이 여기에 포함된다. 대표적인 성분으로는 자스민의 성분인 벤질아세테이트(benzyl acetate), 라벤더와 유칼립투스의 성분이 제라닐아세테이트(geranyl acetate), 베르가못, 네놀리의 리나릴아세테이트(linalyl acetate0 등이 있다.

(7) 페놀(phenols)

페놀계는 강력한 살균작용으로 박테리아를 즉시 사멸시키는 살균특성이 있다. 아로마오일 중 가장 강한 살균력을 지니며, 페놀의 살균력을 기준으로 방부제나 살균제의 방부력이나 살균력을 나타내기도 한다. 타임, 클로브, 블랙페퍼 등에 많이 함유되어 있다. 대표적인 성분으로는 타임의 티몰(thymol), 신나몬의 유게놀(eugenol) 등이 있다. 피부를 자극하고 간손상 등의 부작용이 있을 수 있으므로 단기간 사용하고 사용시 주의가 필요하다.

[향수의 분류]

종류	부향률(%)	지속시간(h)	특징
퍼퓸	15~30	6~7	부향률이 높아 고가이며, 파티와 같은 짙은 향을 발산하고 싶을 때 사용
오데퍼퓸	9~12	5~6	퍼퓸에 가까운 지속성과 향의 깊이가 있음
오데토일렛	6~8	3~5	오데코롱의 가벼움과 오데퍼퓸의 지속성을 동시에 가져, 상쾌하면서 풍부한 향
오데코롱	3~5	1~2	향수를 처음 사용하는 사람에게 적합
샤워코롱	1~3	약 1시간	샤워후 사용하며, 가볍고 산뜻함

Ⅳ. 에센셜 오일의 흡수경로

1. 후각을 통한 흡수

아로마 오일은 보통 호흡이나 피부를 통해 인체내로 유입되어 혈관을 타고 전신을 돌며 영향을 미치다가 체외로 배설된다. 아로마 오일이 인체에 유입되어 인체에 영향을 미치는 첫 번째 경로는 코를 통한 흡수이다. 특히 후각신경을 통해 뇌로 직접 신호가 전달되는 것은 인체에 영향을 주는 방법 중 가장 강한 경로이다. 향유의 냄새를 맡고 0.3초 후면 뇌의 정서를 관장하는 중추, 기억중추, 호르몬을 조절하는 중추가 자극을 받아, 인체에서 향유가 가진 고유의 작용이 시작된다. 코의 점막을 통해 전달된 아로마는 코의 후각세포에서 전기적 신호로 변환되어 후각신경을 통해 뇌로 전달되고 뇌신경을 자극해 감정을 조절한다.

후각이 이처럼 빠르게 전달되는 이유는 시각, 청각, 미각, 촉각과 같은 다른 감각은 대뇌의 측두엽이나 다른 곳에 전달되었다가 변연계에 전달되지만, 후각은 뇌의 번연계에 직접 전달되는 유일한 감각기관이기 때문이다. 변연계는 대뇌피질에 의해 둘러싸여 있는데, 대뇌피질이 고도의 사색기능, 판단기능, 창조적 기능 등에 관여하는 반면, 변연계는 인간의 원초적이고 본능적인 성욕, 식욕, 목마름 등의 활동에 관여한다.

2. 호흡을 통한 흡수

아로마 오일은 휘발성 물질이라 호흡하면서 기관지를 통해 폐로 들어가게 되고, 다시 혈액을 타고 인체를 순환하면서 필요한 작용을 한다. 코를 통해 흡수된 오일은 코의 부비강을 지나 인후를 거쳐 기관지로 가게 되고, 폐의 폐포를 통해 혈관으로 유입되는 경로를 거친다.

3. 피부를 통한 흡수

피부는 인체를 외부의 유해한 환경으로부터 피부내부를 보호하는 역할을 하기도 하지만, 아로마를 체내로 흡수시키는 통로역할도 하고 있다. 아로마는 휘발성이 있는 분자량이 작은 성분으로 피부로 쉽게 흡수된다. 마사지를 통해 블렌딩된 오일은 피부의 표피를 지나 진피까지 흡수되고 진피에 존재하는 혈관을 통해 전신을 돌며 기능을 하게 된다.

4. 아로마 오일이 인체에 미치는 영향

(1) 신경계에 미치는 영향

아로마가 인체에 흡수되어 혈액을 타고 돌며 인체에 영향을 미친다. 특히 스트레스를 감소시키고 신경의 긴장을 이완시켜 주는 역할이 커 불안, 불면, 쇼크 등 스트레스 관련 문제에 에센셜 오일이 효과적으로 작용한다. 더불어 마음을 정화시키는 효과가 있는 오일은 마음을 편안하게 해주어 기억과 집중력을 높여주고 정신적 피로를 감소시킨다.

(2) 내분비계에 미치는 영향

호르몬은 항상 일정한 양이 분비되어 인체의 생리를 조절하며 항상성을 유지하도록 하고 있다. 이처럼 아로마 오일은 인체에 흡수될 경우 사람의 호르몬과 유사한 방식으로 작용하게 되는데, 이를 식물성 호르몬, 즉 피토호르몬(phyto hormone)이라고 한다. 펜넬은 여성호르몬인 에스트로겐을 함유하고 있어 생리전 증후군이나 폐경에 효과적으로 작용한다. 남성과 여성에게 필요한 에스트로겐은 근육톤, 피부와 결합조직의 탄력, 혈액순환 촉진, 뼈를 강인하게 유지하는데 필요하다.

(3) 순환계에 미치는 영향

아로마는 혈액을 따라 움직이면서 순환계에 긍정적 효능을 나타낸다. 오일 중 긴장을 이완시키는 오일이 있어 스트레스와 관련하여 혈압이 높은 경우 혈압을 떨어뜨리기도 한다. 특정의 에센셜 오일은 혈액순환을 자극하여 순환이 좋지 못한 경우에 도움이 된다. 또한 모세혈관을 확장시켜 많은 양의 혈액이 지나가도록 하여 손상된 근육조직을 회복하는데 필요한 산소와 영양분을 공급한다.

(4) 림프계에 미치는 영향

림프순환과 관련된 증상에 아로마가 효과를 나타낸다. 림프시스템은 신체의 해로운 물질에 대해 면역반응을 나타내는 중요한 역할을 한다. 거의 모든 에센셜 오일은 면역성을 활성화하는 백혈구를 증가시킨다. 그 중에서도 라벤더, 카모마일, 로즈마리, 버가못, 티트리가 대표적이다.

허벅지와 엉덩이 부위에 집중적으로 나타나는 셀룰라이트는 지방의 축적에 의해 발생하지만, 노폐물과 체액이 정체되어 나타나기도 하는데, 이는 림프순환의 저하와 관련되어 있다. 이때 이뇨효과가 있는 아로마를 이용해 마사지를 해주면 림프 배농을 도와 체액의 정체와 셀룰라이트 증상을 개선할 수 있다.

(5) 골격계와 근육계에 미치는 영향

관절염이 있어 관절 부위에 축적된 요산크리스탈은 염증과 경직, 통증을 유발한다. 독소배출효과가 있는 아로마를 이용하면 이 증상을 완화시킬 수 있다. 또한 항염효과가 있는 오일은 관절 부위의 염증을 완화시킨다. 에센셜 오일은 격렬한 운동으로 인해 손상입은 근육섬유의 치료에도 도움이 된다.

(6) 호흡계에 미치는 영향

천식, 기관지염 등과 같은 호흡계 문제를 해결하는데 아로마가 도움이 된다. 아로마의 항염작용은 기관지염과 부비강염을 감소시키고, 거담제로 작용하여 점막의 노폐물을 제거하여 호흡이 편해진다. 대표적인 오일로는 클라리세이지, 프랑켄신스, 페퍼민트가 있으며, 이들은 특히 기관지의 경련을 진정시키는 역할을 한다.

V. 에센셜 오일의 적용

1. 인체에 오일을 효과적으로 적용하는 방법

(1) 흡입법

1) 건식 흡입법(dry inhalation)

아로마 오일을 한 두 방울 손수건이나 티슈에 묻혀 3~5분 정도 향을 맡는 방법이다. 아로마를 코로 흡입하는 것으로 사용이 간편해 가장 많이 활용하는 방법이다. 때와 장소를 가리지 않고 언제 어디서나 활용할 수 있는 장점이 있다.

특히 심신의 안정이 필요할 경우, 자극에 의한 기분 전환, 정신 집중, 멀미 등에 효과적이며, 단시간 내 빠른 효과를 보인다.

2) 증기 흡입법(steam inhalation)

증기 흡입법은 습식 흡입법으로도 불리며, 빠른 시간 내에 오일을 인체에 흡입하는 방법이다. 40℃ 정도의 따뜻한 물에 준비한 오일을 떨어뜨리고 수건을 둘러쓴 후 얼굴과의 거리를 20cm 정도 유지하며 코로 증기를 5~20분간 흡입하는 방법이다. 이때 오일의 아로마틱 성분이 눈에 들어가지 않도록 눈을 감고 증기를 흡입한다.

[증기 흡입법]

3) 램프 확산법

아로마 사용시 가장 많이 사용되는 방법으로, 보통 크기의 방에 물이 담긴 램프에 오일 네 방울을 떨어뜨려 발향시켜 오일의 향기성분을 흡입한다. 이때 사용하는 오일의 종류와 양은 증상과 목적에 따라 다르지만, 흡입시간은 3~4시간 정도가 적당하다. 램프에서 발향되는 아로마틱 성분이 코로 흡입될 수 있도록 창문은 닫는다.

[아로마 램프]

(2) 피부도포법

1) 광역 도포법

광역 도포법은 피부의 노화방지 및 마음의 안정을 취하며, 면역증강과 질병예방을 돕는 방법이다. 마사지를 통해 오일을 피부에 도포하는 방법으로 진행한다. 마사지시 사용하는 오일은 피부에 직접 도포해서는 안되며, 반드시 캐리어 오일(carrier oil)에 2~3%로 희석해서 사용해야 한다.

2) 국소 도포법

피부질환을 치료할 목적으로 피부에 문제가 있는 부분에만 오일을 도포하는 방식이다. 이때 아로마 오일을 5~10%로 희석해서 사용한다. 주로 피부습진, 찰과상, 화상, 무좀, 여드름, 아토피 등에 적용한다.

(3) 목욕법

목욕법은 코와 폐를 통해 아로마를 흡수하고, 피부를 통해서도 흡수시킬 수 있는 효과적인 방법 중 하나이다. 목욕을 하기 전 샤워를 마친 후, 준비한 10~20mL의 천연유화제(꿀, 웅, 천연소금, 생크림 등)에 섞은 오일을 욕조에 부어 잘 섞은 후 목욕을 한다. 생리불순이나 변비가 있을 경우 10분 정도 전신욕이나 반신욕을 하면 효과적이다. 심신의 안정을 취하고 싶은 경우 대야에 물을 받아 족욕이나 수욕을 15~30분 정도 하면 좋다.

2. 에센셜 오일의 선택 방법

시판되고 있는 다양한 종류와 가격대의 아로마에서 좋은 오일을 선택하는 것에 대한 기준이 필요하다. 아래의 사항을 확인하여 선택시 활용하도록 한다.

① 정유의 학명(origin name)을 확인한다.
② 오일의 생산지를 확인하다.
③ 오일의 추출방법을 확인한다.
④ 오일의 용기를 확인한다.
⑤ 오일을 손등에 떨어뜨려보고 문질러 향을 확인한다.
⑥ 오일을 알코올, 물에 섞어본다.
⑦ 캐리어오일을 섞은 후 오일의 점도를 비교해 본다.

⑧ 가스 크로마토그래피(gas chromatography)를 이용해 성분을 확인한다.

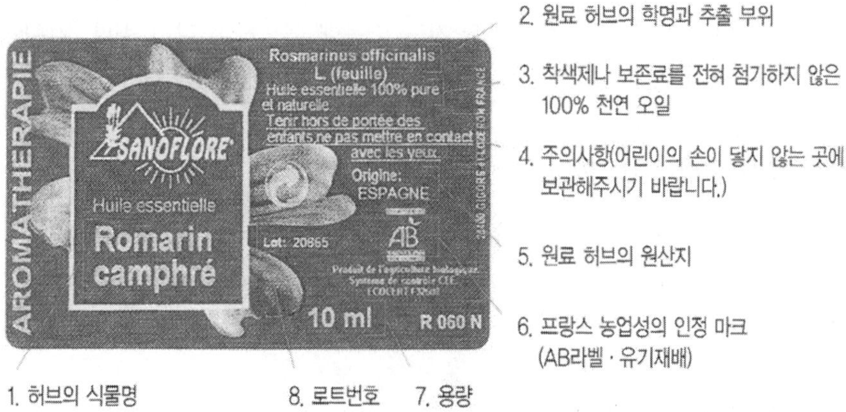

[아로마 용기의 라벨을 통한 정보]

3. 에센셜 오일 사용시 주의사항

대체요법으로서 에센셜 오일에 대한 관심이 높아지고 있다. 아로마테라피는 감기, 비염, 아토피, 여드름, 셀룰라이트, 탈모, 무좀, 스트레스 등 다양한 문제에 대한 효능을 보이고 있으나, 만병통치약이 아니므로 전문지식과 더불어 사용시 각별한 주의가 필요하다.

(1) 에센셜 오일을 피부에 직접 도포하거나 마사지 하지 않는다.

에센셜 오일은 매우 농축된 물질이므로 반드시 희석해서 사용해야 한다. 희석하지 않고 피부에 직접 도포가 가능한 것은 티트리, 라벤더 정도이다. 그 외 다른 오일은 모두 캐리어 오일에 희석해야 화상 등을 예방할 수 있다.

(2) 새로운 오일을 사용할 때는 반드시 패치 테스트를 실시한다.

처음 사용하는 오일은 평소에 사용하던 것보다 10배 이상 희석해서 팔꿈치 안쪽에 패치 테스트를 해 보는 것이 좋다. 24시간이 지나 붓거나 가려움증의 증상 등이 나타나면 사용을 중지하고 다른 오일을 사용하는 것이 좋다.

(3) 감광성에 주의한다.

시트러스계 오일은 자외선에 노출될 경우 색소침착이 일어날 수 있으므로 주로 밤에 사용하고, 자외선에 노출시 사용 후 6시간 지난 다음에 외출하는 것이 좋다. 감광성에 주의해야 할 오일은 버가못, 라임, 오렌지, 오렌지, 레몬, 그레이프 프룻 등이 있다.

(4) 오일을 다양하게 바꿔 사용한다.

한 가지 오일을 너무 오랫동안 사용하지 말고 짧게는 3주, 길게는 3개월이 지나면 오일을 바꿔준다. 장기간 같은 오일을 사용할 경우 간이나 신장에 독소가 축적되기 때문이다. 오일을 바꾸는게 싫으면 1주일 이상 휴지기를 가지는 것도 방법이다.

(5) 오일을 절대 먹어서는 안된다.

아로마 오일은 100% 천연 식물성 추출물이라 당연히 몸에 좋을 것으로 생각하여 먹어도 된다고 생각하는 사람이 있다. 그러나 에센셜 오일은 높은 농도로 농축되어 있기 때문에 희석했다 하더라고 절대 복용해서는 안된다. 특히 어린 아이가 집에 있을 경우에는 아이들 손이 닿지 않는 곳에 보관하는 것이 필요하다.

(6) 오일을 구입할 때 반드시 순도 100%인지 확인해야 한다.

다양한 회사의 아로마 제품들이 시판되고 있다. 이 중 순도 100%가 아닌 제품도 섞여 있을 수 있다. 구입하기 전 반드시 100%인지 확인해야 한다. 순도가 높을수록 원하는 효과를 얻을 수 있기 때문이다.

(7) 개봉 후 1년이 지난 오일은 버린다.

에센셜 오일은 식물에서 체취한 성분을 모아둔 것으로, 잘못 보관하면 성분이 변하여 산화하기 때문에 원하는 효과를 얻지 못하고 오히려 건강에 해로울 수 있다. 특히 효과적인 보관을 위해 햇빛이 들지 않는 서늘한 곳에 보관해야 한다.

(8) 용량을 정확히 지켜야 한다.

에센셜 오일을 사용할 때는 용량, 용법, 노출시간 등을 정확히 지켜야 한다. 어린이나 노인의 경우 성인보다 낮은 비율로 사용해야 한다. 지나치면 피부염, 두통, 메스꺼움 같은 신체적 변화 뿐만 아니라 심리적 이상 현상까지 나타날 수 있으니 주의한다.

(9) 에센셜 오일은 약이 아니다.

대체요법의 장점을 지닌 아로마테리피는 천연물질을 통해 다양한 질병을 예방하고 심신에 대한 긍정적 효과가 임상적으로 확인된 경우도 많다. 그러나 에센셜 오일은 약물이 아니다. 불충분한 지식으로 성급히 사용할 경우 사고를 낼 수 있으니 약물과 엄격히 구별할 필요가 있다.

(10) 임산부들이 피해야 할 오일들을 확인한다.

에센셜 오일은 생리주기에 영향을 주거나 자극적인 것도 있기 때문에 주의가 필요하다. 임신의 전 기간을 통해 피해야 할 오일로는 클라리세이지, 사이프러스, 시더우드, 자스민, 주니퍼, 페퍼민트, 마조람, 바질, 펜넬, 로즈 등이 있다. 특히 임신초기에는 제라늄, 라벤더, 카모마일, 로즈마리 등의 오일사용을 자제하는 것이 좋다.

4. 에센셜 오일의 보관

에센셜 오일은 햇빛, 공기, 열의 영향을 받아 향, 색소, 성질의 변화가 올 수 있으므로 보관방법에 주의가 필요하다.

① 오일은 자외선으로부터 보호하기 위해 어두운 암갈색의 병에 보관한다.
② 통풍이 좋고 온도변화가 적은 서늘한 곳에 보관한다.
③ 어린이 손에 닿지 않는 곳에 보관한다.
④ 공기중 산소와 만나 산화하는 일이 없도록, 사용 후 병뚜껑은 단단히 닫는다.
⑤ 미개봉한 오일은 2년, 개봉한 오일은 1년 정도 사용이 가능하다.

5. 에센셜 오일의 일반적 특징

① 아로마틱(aromatic): 아로마의 정유성분이 후각을 자극하여 정신적인 부분을 조절한다.
② 고농축 : 유효성분이 고농도로 농축되어 있다.
③ 지방에 용해 : 지방과 오일에 잘 녹아 인체의 피지와도 친화성이 있어 잘 흡수된다.
④ 알코올에 용해 : 알코올에 잘 녹아 향수 제조시 활용되고 있다.
⑤ 휘발성 : 분자량이 작아 공기보다 가볍고 증발이 빠르다.

Ⅵ. 에센셜 오일 각론

1. 그레이프푸룻(Grapefruit)

- 학명 : *Citrus paradisi*
- 원산지 : 열대 아시아 및 서인도
- 주생산지 : 美캘리포니아 및 플로리다, 브라질, 이스라엘
- 추출부위 및 방법 : 신선한 과일(자몽)의 껍질 / 냉동압착
- 향기 : 부드럽고 상쾌한 시트러스향의 황록색 정유
- 노트 : 탑 노트

그레이프 푸룻은 기분을 좋게하여 감정을 고양시키고, 다른 오일들처럼 살균, 소독효과가 우수하다. 림프순환을 촉진시키고 이뇨작용이 있어 셀룰라이트를 제거하는 등 비만에 효과적이다. 모발의 성장을 촉진하고 피지를 조절하여 여드름, 지성 피부 개선에 효과적이다. 비누, 세제, 화장품, 식품, 향수 등을 제조할 때, 향료 또는 기능성원료 등으로 광범위하게 사용되고 있다. 오일을 바르고 햇빛을 보게되면 색소침착의 우려가 있으므로 주의해서 사용해야 한다.

2. 네롤리(neroli)

- 학명 : *Citrus aurantium*
- 원산지 : 이탈리아
- 주생산지 : 스페인, 이탈리아, 영국, 아프리카 등
- 추출부위 : 오렌지의 꽃잎
- 추출방법 : ① 솔벤트추출법 : 오렌지 플라워 앱솔루트
  ② 수증기증류법 : 에센셜오일
- 노트 : 미들 노트

네롤리는 오렌지 꽃을 추출한 것으로 1670년경 네놀리 백작부인이 처음으로 사용하여 이름 붙여진 오일로, 심리적으로 안정되도록 하여 불안, 불면, 우울증을 해소시켜 준다. 피부세포의 재생을 촉진시켜 피부탄력을 개선하여 노화피부에 사용하기 좋다. 튼살에도사용했을 때 효과를 나타낸다. 고급화장품과 향수의 향으로 많이 사용된다.

3. 라벤더(Lavender)

- 학명 : *Lavendula angustifolia*
- 원산지 : 지중해연안
- 주생산지 : 프랑스, 영국, 스페인 등
- 추출부위 : 꽃의 끝부분
- 추출방법 : ① 수증기증류법 : 에센셜오일
  ② 솔벤트추출법 : 콘크리트와 앱솔루트
- 노트 : 미들 노트

라벤더는 라틴어의 '씻다'에서 유래된 말로 라벤더 꽃을 목욕할 때 사용한데서 유래했다. 심신을 진정시키고 이완시키는 기능이 탁월하여 스트레스, 불안, 불면의 해소에 효과적이다. 인체 면역력을 높여주고, 항바이러스, 항박테리아, 항균기능도 우수하다. 통증을 진정시키고 소염작용이 있어 관절염과 근육통증을 해소한다. 상처입은 피부를 빠르게 재생시키고 피부노화를 억제한다. 화장품, 비누, 향수, 식품, 의약품 등에 가장 널리 사용되는 아로마 중 하나이다. 임시초기 여성과 저혈압 환자의 경우 사용시 각별한 주의가 필요하다.

4. 라임(Lime)

- 학명 : *Citrus aurantifolia*
- 원산지 : 말레이시아, 인도
- 주생산지 : 말레이시아, 인도, 미얀마
- 추출부위 : 신선한 과일의 껍질
- 추출방법 : 압착법
- 노트 : 탑 노트

라임은 소화를 촉진하고 항바이러스 효과가 있어 감기나 몸살을 치유한다. 피부의 모공을 수축시켜 수렴작용이 있으며, 이뇨작용이 우수해 피부의 노폐물을 제거한다. 무기력하거나 우울증의 경우 사용하면 효과를 볼 수 있다. 화장품, 향수, 식품 등의 향료로 사용되거나 양념으로도 널리 사용된다. 광과민성이 있어 햇빛에 나갈 때 주의해야 한다.

5. 레몬(Lemon)

- 학명 : *Citrus limonium*
- 원산지 : 히말라야, 인도
- 주생산지 : 이탈리아, 스페인, 포르투갈, 캘리포니아
- 추출부위 : 신선한 과일의 껍질
- 추출방법 : 압착법
- 노트 : 탑 노트

레몬은 아시아가 원산지이며, 중세 십자군 전쟁때 유럽으로 전파되어 현재는 미국 캘리포니아에서 대규모로 재배되고 있다. 집중력을 향상시키는데 효과적이며, 강력한 항

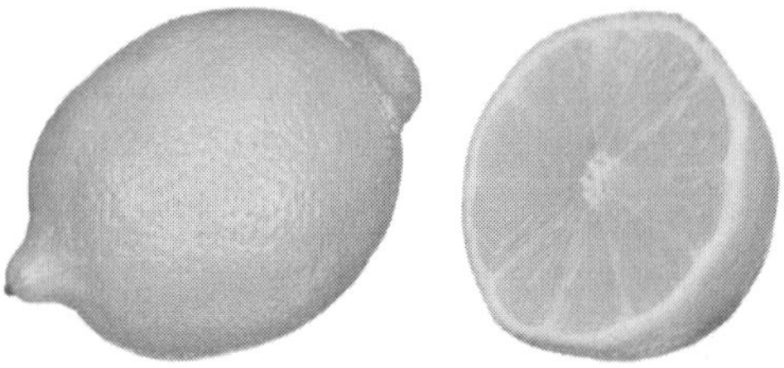

균, 살균효과가 있어 공기를 정화시키는 데도 사용하기 좋다. 백혈구 생성을 촉진하여 면역력을 높여주어 감기, 독감, 기관지염 치유에 사용된다. 셀룰라이트를 제거하여 비만에 사용하기에도 적합하며, 소화를 촉진시키고 당뇨의 치유에도 도움이 된다. 피부를 희게 하는 기능이 있어 미백물질로 사용이 가능하고, 피지를 조절하여 여드름, 지성피부에도 효과적이다. 방향제로 일상에서 흔히 사용되고 있으며, 화장품, 비누, 향수, 음료수 등을 제조할 때 향이나 기능성 재료로 사용되기도 한다. 민감한 피부는 자극적일 수 있으므로 주의가 필요하며, 광과민성이 있으므로 햇빛에 나갈 때 사용시 주의가 필요하다.

6. 레몬그라스(Lemongrass)

- 학명 : *Cymbopogon citratus*
- 원산지 : 스리랑카, 인도
- 주생산지 : 인도, 말레이시아, 스리랑카 등
- 추출부위 : 신선한 부분 건조된 잎과 줄기
- 추출방법 : 수증기증류법
- 노트 : 탑 노트

레몬그라스는 '레몬향이 나는 풀'이라는 뜻으로 시트러스는 아니지만, 잎에서 레몬향이 난다. 주로 요리에 향신료로 많이 사용된다. 인체에 적용시 항박테리아 작용이 있어 인후염, 기관지염을 개선시킨다. 소화를 촉진하고 위의 통증을 완화시키는 작용도 한다. 근육에 쌓은 젖산을 제거하여 근육통을 감소시키고, 모공을 수축하는 수렴효과가 있어 여드름과 지성피부에 효과적이다. 그 외 무좀을 치료하는데 사용되기도 한다. 비누, 화장품, 향수, 음료수에 널리 사용되고 있다. 사용시 피부에 자극을 줄 수 있으므로 낮은 용량으로 사용하고, 고혈압, 손상된 피부, 유아에게 사용시 주의가 필요하다.

7. 로즈(Rose)

- 학명 : *Rosa damascena, Rosa centifolia*
- 원산지 : 서아시아
- 주생산지 : 불가리아, 터키 등
- 추출부위 : 꽃잎
- 추출방법 : ① 수증기증류법 : 에센셜오일과 오토(otto), 부산물: 로즈워터 생산
  ② 솔벤트추출법 : 콘크리트와 앱솔루트
- 노트 : 미들 ~ 베이스 노트

로즈는 심신의 긴장과 피로, 스트레스을 완화시키고, 여성과 관련된 증상을 완화시켜 생리불순 등에 사용하면 효과적이다. 피부재생 능력이 뛰어나 노화피부, 건성피부, 민감성 피부를 개선시킨다. 강한 소염성분을 갖고 있어 피부염증과 가려움증을 치유할 때도 사용된다. 로즈워터는 화장품이나 음식용, 콘크리트와 앱솔루트 오일은 비누, 화장품, 향수 등에 널리 사용되고 있다. 알러지성이 있으며, 착상된 수정란을 자궁에서 떨어지게 하는 작용이 있으므로 임신중에는 사용하지 않는다.

8. 로즈제라늄(Rose geranium)

- 학명 : *Pelargonium rosium*
- 원산지 : 남아프리카
- 주생산지 : 이집트, 남유럽, 일본 등
- 추출부위 : 신선한 꽃과 잎
- 추출방법 : 수증기증류법
- 노트 : 미들 노트

로즈제라늄은 이뇨작용을 통해 간과 신장의 독소를 제거하며, 부종을 제거하여 고급 마사지 오일로 널리 사용되고 있다. 살균, 항균성분을 지녀 여름철 모기 등 해충을 제거하는

데도 사용된다. 또한 폐경기여성, 생리전후 증후군 등 여성과 관련된 질환에 사용하기 좋다. 피부노화를 억제하고 튼살, 손상된 피부를 개선하는 기능도 있다. 비누, 화장품, 향수 등에 널리 사용되며, 진정제, 진통제, 이뇨제, 지혈제, 살균제 등으로 제약부문에도 많이 사용되고 있다. 임산부와 민감한 피부는 사용시 주의가 필요하다.

9. 로즈마리(Rosemary)

- 학명 : *Rosemarinusv officinalis*
- 원산지 : 지중해 연안(남유럽)
- 주생산지 : 스페인, 튀니지, 영국, 프랑스
- 추출부위 : 꽃잎, 잎
- 추출방법 : 수증기증류법
- 노트 : 미들 노트

로즈마리는 '바다의 장미'라는 어원을 갖는데, 지중해 지역 바닷가 벼랑에서 독특한 향기를 풍기며 자라는 모습에서 유래되었다. 정신을 한 곳으로 집중시켜 기억력을 좋게 한다. 또한 혈압을 높여주는 작용도 있어 심장을 강하게 해주며 저혈압을 해소시킨다. 셀룰라이트를 제거해 비만인 사람에게 사용하기에 좋다. 모발의 생성을 촉진시켜 탈모예방에 사용하기에 좋다. 그 외 항균성분이 있어 여드름, 지성피부의 트러블을 개선시키는 작용도 한다. 혈압을 높여주는 작용이 있으므로 고혈압 환자, 간질환자, 임산부는 사용시 주의가 필요하다.

10. 만다린(Mandarin)

- 학명 : *Citrus reticulata*
- 원산지 : 중국, 동아시아
- 주생산지 : 이탈리아, 스페인, 알제리, 중동, 브라질
- 추출부위 : 신선한 과일의 껍질
- 추출방법 : 압착법
- 노트 : 탑 노트

만다린은 불면증을 해소하고, 심신의 피로와 스트레스를 개선시킨다. 또한 소화를 촉진하고, 마사지시 사용하면 체내 가스제거와 장의 통증을 개선시키는데 효과적이다. 임신중에도 비교적 안심하고 사용할 수 있는 에센셜 오일로, 임신선을 예방하기도 한다. 비누, 화장품, 향수 등의 향으로 사용되고 제과와 드링크에도 향으로 사용된다. 광과민성이 있으므로 피부에 바른후 햇빛에 나갈 때 주의가 필요하다.

11. 베르가못(Bergamot)

- 학명 : *Citrus bergamia*
- 원산지 : 이탈리아
- 주생산지 : 이탈리아, 모로코 등
- 추출부위 : 거의 익은 과일의 껍질
- 추출방법 : 압착법
- 노트 : 탑 노트

베르가못은 오일이 처음 만들어진 이탈리아의 도시 '베리가모'에서 유래되었다. 스트레스로 이난 식욕부진을 해소하고, 심리적으로 불안정한 상태를 해소시켜 준다. 비뇨기계의 감염치유에 효과가 있어 방

광염과 요도염 등의 치료에도 활용된다. 항박테리아, 항바이러스, 항균효과가 있어 여드름 등 염증성 피부를 개선시키고, 해충을 제거하며, 탈취제의 용도로도 사용된다. 화장품, 향수, 비누 제조시 향으로 사용되고, 오데코롱의 원료가 된다. 성분 중 푸로쿠마린과 베르갑텐은 광독작용을 하기 때문에 피부에 바르고 햇빛에 직접 노출되지 않도록 주의한다.

12. 페퍼민트(Peppermint)

- 학명 : *Mentha piperita*
- 원산지 : 중국, 인도, 이집트
- 주생산지 : 이탈리아, 프랑스, 인도, 이집트, 미국
- 추출부위 : 꽃과 잎
- 추출방법 : 수증기증류법
- 노트 : 탑 노트

페퍼민트는 '박하'라고 불리는 것으로, 로마신화에서 유래했다. 주 성분이 멘톨(menthol)은 소화촉진, 구풍, 진경, 항바이러스, 항박테리아, 소염, 거담, 해열, 진통, 집중력향상, 호르몬 조절 등의 효과를 나타낸다. 피부에 마사지 할 경우 근육의 통증을 해소시켜주고, 여드름과 지성피부의 피지를 조절한다. 그 외 방부효과와 해충을 퇴치하는데도 사용한다. 감기약, 위장약 등의 약품의 향으로 사용되고, 각종 식품과 음료수의 향 원료로, 화장품, 비누, 치약, 담배, 향수의 향으로도 흔하게 사용된다. 예민한 피부는 사용시 자극이 될 수 있으므로 피하는 것이 좋으며, 임산부와 간질환자에게 사용시 각별한 주의가 필요하다.

13. 스피아민트(Spearmint)

- 학명 : *Mentha spicata*
- 원산지 : 지중해
- 주생산지 : 유럽, 서아시아, 중동, 미국 등
- 추출부위 : 잎
- 추출방법 : 수증기증류법
- 노트 : 탑 노트

스피어 민트는 페퍼민트와 동일한 효능을 지닌다. 그 외 두통의 해소에도 도움을 준다.

14. 씨더우드(Cedarwood)

- 학명 : *Cedrus atlantica*
- 원산지 : 모로코
- 주생산지 : 이집트, 서아시아, 중동, 미국 등
- 추출부위 : 나무, 그루터기, 톱밥
- 추출방법 : 수증기증류법
- 노트 : 베이스 노트

씨더우드는 '히말라야 삼나무'로 불려진다. 신장기능을 활성화시켜 부종을 치유하고 개선시키는 기능이 뛰어나다. 지방성분의 분해를 촉진하여 셀룰라이트가 제거되어 비만을 개선시키기도 한다. 각종 피부염과 곰팡이균에 의한 피부감염, 종기, 발진 등을 치유한다. 여드름, 지성피부의 개선과 비듬제거, 탈모 예방에도 사용된다. 그 외 기관지염, 방광염, 질염을 개선하고, 면도후 박테리아 감염을 예방하기 위해 남성화장품에도 배합된다. 케톤성분을 함유하고 있어 임산부나 수유기 여성에게 사용을 금한다.

15. 씨트로넬라(Java citronella)

- 학명 : *Cymbopogon nardus*
- 원산지 : 스리랑카
- 주생산지 : 미얀마, 마다가스카르, 남아메리카
- 추출부위 : 신선하고 부분 또는 완전 건조된 잎
- 추출방법 : 수증기증류법
- 노트 : 탑~미들 노트

씨토로넬라는 해충을 퇴치하고, 항바이러스, 항균, 항염기능이 있어 감기, 독감의 치유에도 사용된다. 우울증을 해소하기도 하고 두통, 신경통, 편두통을 해소시킨다. 피지조절 기능으로 여드름과 지성피부에 사용시 개선효과를 기대할 수 있다. 정원용 벌레퇴치제로 사용하는 경우가 많다. 피부에 직접 사용할 경우 민감한 피부에 자극을 주며, 호르몬 조절에 영향을 미치므로 임신중에는 사용을 금한다.

16. 유칼립투스(Eucalyptus)

- 학명 : *Eucalyptus globules / Eucalyptus radiata*
- 원산지 : 호주
- 주생산지 : 스페인, 포르투갈, 브라질, 美캘리포니아
- 추출부위 : 잎이나 어린 가지
- 추출방법 : 수증기증류법
- 노트 : 탑 노트

유칼립투스는 '상처를 잘 낫게한다'라는 뜻을 지닌 말로, 호주 원주민의 상처치유에 오랫동안 사용되어 왔으며, 코알라가 잘 먹는 식물이기도 하다. 거담작용으로 가래를 제거하며, 항박테리아, 항바이러스 효과가 뛰어나 감기, 독감 치료에 많이 사용된다. 그 외 방광염 치유, 근육통이나 류마티스 등의 근육의 통증을 완화시키는데 효과적이다. 연고, 치약, 기침약의 성분으로 사용되며, 비누, 세제, 화장품, 향수 등의 원료로도 사용된다. 예민하고 민감한 피부에는 자극을 주기 때문에 장기간으로 과량 사용하지 않는 것이 좋다. 임산부와 간질환자는 사용을 금한다.

17. 자스민(Jasmin)

- 학명 : *Jasminum officinalis*
- 원산지 : 중국. 인도 북부, 서아시아 등
- 주생산지 : 중국, 인도, 지중해지역 등
- 추출부위 : 꽃
- 추출방법 : 앱솔루트에서 수증기증류로 추출
  ① 콘크리트 : 솔벤트추출법
  ② 앱솔루트 : 콘크리트에서 알코올과 분리 생산
- 노트 : 베이스 노트

자스민은 밤에 꽃이 피어 인도에서는 '밤의 여왕'으로도 불린다. 긴장을 완화시켜 정서적 안정을 취할 수 있도록 해주는 오일이다. 여성관련 질환에 많이 사용되는 오일로, 자궁강장과 진경작용이 있어 생리통을 완화시키고, 출산 후 산모의 회복을 도와주며 모유분비를 증가시킨다. 우울증이나 무력감에 사용했을 경우 도움을 받을 수 있으며, 건조하고 민감한 피부를 개선시킨다. 향이 우아하고 그급스러워 비누, 화장품, 향수 제조시 향으로 사용된다. 자극과 알러지를 발생시킬 수 있어 눈, 점막 부위에는 사용하지 않는 것이 좋다.

18. 제라늄(Geranium)

- 학명 : *Pelargonium graveolens*
- 원산지 : 남아프리카
- 주생산지 : 이집트, 러시아, 영국, 미국 등
- 추출부위 : 꽃, 잎, 줄기
- 추출방법 : 수증기증류법
- 노트 : 미들 노트

화초로 재배하기 쉬우며 꽃을 잘 피워 세계적으로 사랑받는 식물이다. 인체에 적용시 셀룰라이트를 제거하고 비만에 효과적이고, 호르몬 활동을 정상화시키는 효능이 있다. 에스트로겐처럼 작용해 생리전증후군(PMS, premenstrual syndrome), 폐경기증후군 등 여성관련 질환의 개선과 치료에 사용하기 좋다. 피부에 적용시 여드름과 지성피부의 트러블을 개선시킨다. 여름철에 모기 등 해충을 퇴치하는 향을 발산해 화분으로 사용하기도 한다.

19. 카모마일 저먼(Chamomile German)

- 학명 : *Matricaria chamomilla*
- 원산지 : 이집트, 지중해지역
- 주생산지 : 독일, 프랑스, 헝가리, 이집트, 이탈리아
- 추출부위 : 꽃
- 추출방법 : 수증기증류법
- 노트 : 미들 노트

오일의 색이 푸른빛을 띠고 있어 "블루 카모마일"이라고도 한다. 학명의 Matricaria는 여성의 자궁을 의미하며, 부인병에 효과가 있다. 독성이 매우 적어 대부분의 질환에 효과적으로 사용이 가능하다. 달콤한 과일향으로 심신의 긴장과 피로를 완화시키며 건조한거나 민감한 피부에 효과적으로 사용이 가능하다. 항염증, 항박테리아, 살균, 소독력이 우수하다. 특히 민감한 피부를 진정시키는 성분인 카마쥴렌을 다량 함유하고 있어 가려움이 있거나 붉은 피부를 진정시킨다. 고급샴푸의 원료로 사용되고 아토피피부를 개선시키는데 사용된다.

20. 클라리세이지(Clary sage)

- 학명 : *Anthemis nobilis*
- 원산지 : 이집트, 지중해지역
- 주생산지 : 독일, 프랑스, 헝가리, 이집트, 이탈리아

• 추출부위 : 꽃
• 추출방법 : 수증기증류법
• 노트 : 미들 노트

클라리세이지는 에스트로겐과 유사한 작용을 보여 생리불순 등 여성관련 질환에 효과를 보이며, 피부노화를 방지한다. 스트레스로 인한 근육경직과 통증을 해소하고, 불안, 불면, 우울증에도 도움을 준다. 피지조절 기능이 있어 여드름, 지성피부, 비듬, 탈모에 효과적으로 사용 가능하다. 혈압을 떨어뜨리는 작용이 있어 고혈압 환자에게는 유용하나 저혈압 환자가 사용할 경우 주의가 필요하다.

21. 탠저린(Tangerine)

• 학명 : *Citrus reticculata*
• 원산지 : 동남아시아
• 주생산지 : 유럽 남부, 미국 남부지역 등
• 추출부위 : 신선한 과일이 껍질
• 추출방법 : 압착법
• 노트 : 탑 노트

탠저린은 시트러스 계열의 모든 아로마가 가진 공통적인 기능을 가진다. 감정고양, 스트레스 해소, 불면증 개선, 식욕부진 외 소화촉진, 장내 가스 제거 기능과 함께 피지조절을 통해 여드름과 지성피부를 개선시킨다. 감광성이 있으므로 바르고 햇빛에 나갈 때 주의가 필요하다.

22. 티트리(Tea Tree)

- 학명 : *Melaleuca alternifolia*
- 원산지 : 오스트레일리아
- 주생산지 : 오스트레일리아
- 추출부위 : 잎과 잔가지
- 추출방법 : 수증기증류법
- 노트 : 탑 노트

티트리는 1770년 영국 쿡(Cook) 선장이 호주에서 티트리나무를 영국으로 가져가 잎을 차로 마시면서 티트리라는 이름이 붙여졌다. 살균소독력이 다른 오일에 비해 강해 여드름 치료에 효과적이다. 여드름 외 피부트러블, 비듬에도 효과적으로 사용할 수 있다. 강한 항박테리아, 항바이러스, 항진균 효가가 우수하고, 백혈구를 활성화시켜 질병치유기간을 단축시키기도 한다. 강한 살균력으로 피부에 자극이되므로 예민한 피부는 사용하지 않는 것이 좋다.

23. 파인(Pine)

- 학명 : *Pine sylvestris*
- 원산지 : 북미, 북유럽
- 주생산지 : 북유럽, 동아시아, 러시아 등
- 추출부위 : 신선한 잎
- 추출방법 : 수증기증류법
- 노트 : 미들 노트

파인은 소나무로 우리나라에서 잘 자라며, 공기청정제나 냄새제거제로 사용이 많다. 강한 항박테리아 효과가 있으며, 거담, 점액과다를 치유한다. 그 외 관절염, 류마티스, 근육통 개선 효과가 있으며, 피지분비 조절로 여드름에도 사용하기에 적합하다. 비누, 치약, 탈취제, 살균제, 남성화장품 등에 광범위하게 사용되고 있다. 다소 자극적이므로 예민한 피부는 사용시 주의가 필요하다.

24. 멜리사(Mellisa)

- 학명 : *Pine sylvestris*
- 원산지 : 북미, 북유럽
- 주생산지 : 북유럽, 동아시아, 러시아 등
- 추출부위 : 신선한 잎
- 추출방법 : 수증기증류법
- 노트 : 미들 노트

멜리사는 그리스어로 '꿀벌'이란 뜨으로 달콤한 허브향이 꿀벌을 모으기 때문에 붙여진 이름으로 '레몬밤'이라고도 한다.

멜리사는 불면증 개선, 혈압강하, 피부 알러지, 천식, 기침에 효과적으로 사용해왔다. 자궁을 강화시키고 생리주기와 배란 패턴을 정상화시키며, 갱년기 여성의 피부질환에 사용하기에 좋다. 세정제품, 고급화장품, 향수의 향으로 사용되나, 감광성이 있어 자외선 노출시 주의해야 하고, 임산부와 저혈압 환자는 사용하지 않는 것이 좋다.

25. 마조람(Marjoram)

- 학명 : *Origanum Majorana, Majorana hortensis*
- 원산지 : 지중해, 북아프리카 지역
- 주생산지 : 남유럽 지역, 이집트, 스페인, 독일 등
- 추출부위 : 꽃과 잎
- 추출방법 : 수증기증류법
- 노트 : 미들 노트

마조람은 감정을 억제시키는 성분이 있어 오래전부터 신부, 승려, 수도사 등이 감정이나 성욕을 조절하기 위해 사용해왔다고 한다. 신경계 뿐만 아니라 근육, 내장기관도 이완시키는 기능이 있다. 불안, 불면, 두통에도 사용시 효과를 볼 수 있다. 그러나 과다 사용시 감정이 지나치게 저하될 수 있으니 주의가 필요하다.

26. 샌달우드(Sandalwood)

- 학명 : *Santalum album*
- 원산지 : 열대아시아
- 주생산지 : 인도, 유럽, 미국 등
- 추출부위 : 심재(心材)를 건조한 만든 가루
- 추출방법 : 수증기증류법
- 노트 : 베이스 노트

샌달우드는 '백단향'이라 불리는 나무로, 예로부터 불상을 만들거나 종교의식에 사용해왔다. 이국적인 수목의 향으로 신경과 근육을 이완시키고 시원한 느낌을 준다. 살균, 방부 효과도 뛰어나 살균소독제로 사용하기도 하였다. 수분이 부족하고 건조하여 각질이 일어나는 피부, 아토피 피부, 노화피부를 개선시킨다. 비누, 세제, 화장품, 향수 제조시 우디향, 오리엔탈향의 원료로 주로 사용된다. 과다하게 사용시 감정이 지나치게 저하되어 우울증이 생길 수 있으니 주의가 필요하다.

27. 일랑일랑(Ylangylang)

- 학명 : *Cananga odorata*
- 원산지 : 열대아시아
- 주생산지 : 필리핀, 인도네시아, 마다카스카르
- 추출부위 : 신선한 꽃
- 추출방법 : 수증기증류법
- 노트 : 베이스 노트

일랑일랑은 말레이시아어 '꽃중의 꽃'(alang-ilang)에서 유래한 것으로, 자스민과 향이 비슷해 '가난한 사람의 자스민'이라고도 불려진다. 스트레스 호르몬, 교감신경을 활성화시키는 호르몬)이 분비되어 기분좋은 상태를 유지하고, 긴장, 불안, 분노 상태를 완화시켜준다. 피지분비 밸런스를 조절하여 지성피부를 개선시키고, 건성피부에는 보습을 부여한다. 고혈압을 개선하고 성욕을 강화시킨다. 그 외 생리불순 및 생리로 인한 스트레스를 완화시키며 유방의 탄력을 유지시킨다. 혈압을 떨어뜨리므로 저혈압 환자는 사용시 주의가 필요하며, 알러지를 유발할 수 있어 민감성 피부도 주의가 필요하다.

28. 프랑킨신스(Frankincense)

- 학명 : *Boswellia carteri*
- 원산지 : 지중해지역
- 주생산지 : 북아프리카, 중국, 중동지역 등
- 추출부위 : 엄선된 수지(樹脂, Resin)
- 추출방법 : 수증기증류법
- 노트 : 베이스 노트

프랑킨신스는 유향나무(감람나무)라고 하는 것으로 줄기에서 뽑아낸 점액질을 굳힌 '유향'을 수증기 증류하여 얻는다. 이스라엘 민족이 종교의식때 사용하던 고급향료로, 예수가 탄생했을 때 동방박사의 선물 중 하나다. 호흡을 느리게 하고 마음의 위로와 위안을 주어 불안, 강박증, 스트레스를 해소시킨다. 자궁출혈과 월경과다의 증상을 완화시키며, 세포 재생력도 뛰어나 노화되고 손상된 피부를 개선시킨다.

29. 펜넬(Fennel)

- 학명 : *Foeniculum vulgare*
- 원산지 : 지중해지역
- 주생산지 : 헝가리, 불가리아, 프랑스, 이탈리아, 인도
- 추출부위 : 잘게 부순 씨앗
- 추출방법 : 수증기증류법
- 노트 : 미들 노트

펜넬은 미나리과 식물로 한방에서는 '회향'이라고 부르며, 셀룰라이트제거와 비만치료에 많이 사용되었다. 에스트로겐과 유사한 식물성 호르몬을 갖고 있어, 마치 에스트로겐처럼 작용하여 폐경기 여성의 문제, 생식기관의 정상화, 생리전후 증후군, 생리통, 모유 분비 증가와 같은 역할을 한다. 차로 복용시 이뇨작용을 하며, 해독작용이 뛰어나 과다한 음식, 알코올, 약물로 인해 독성을 제거한다. 임산부와 간질환자는 사용을 금한다.

30. 타임(Thyme)

- 학명 : *Thymus vulgaris*
- 원산지 : 스페인, 지중해지역
- 주생산지 : 아시아, 알제리, 미국, 러시아, 중국
- 추출부위 : 꽃과 잎
- 추출방법 : 수증기증류법
- 노트 : 탑 노트

타임은 향이 백리까지 간다고 하여 '백리향'이라고 하며, 중국에서 '지초'라 부른다. 강력한 살균, 소독, 방부 기능이 있어 각종 염증을 치료하고 관절염과 류마티스 치료에도 사용한다. 기관지염, 방광염, 요도감염 치료, 백혈구 생산을 촉진하다. 그 외에도 뇌의 활동을 자극하여 기억력을 증진시키고 두통, 신경성 질환에도 사용한다. 구강청정제나 치약, 감기약 등에 많이 활용되며, 주 성분인 티몰(thymol)은 수술기구를 소독할 때 사용되며, 피부에 닿을시 심한 자극을 유발하므로 주의해야 한다.

31. 사이프러스(Cypress)

- 학명 : *Cupressus sempervirens*
- 원산지 : 동 지중해지역
- 주생산지 : 북아프리카, 지중해지역 등
- 추출부위 : 잎과 가지
- 추출방법 : 수증기증류법
- 노트 : 미들 노트

Cyprus섬에서 숭배한 나무에서 유래한 사이프러스는 모공수렴 효과가 뛰어나고, 여드름, 비듬, 지성피부의 트러블을 개선한다. 부종을 제거하고 림프 배농을 촉진시켜 셀룰라이트를 분해한다. 발한을 억제하여 땀이 많이 나는 사람은 화장품에 배합하여 사용하면 효과적이다. 식물성 에스트로겐과 같은 역할이 있어 임신중에는 사용하지 않는 것이 좋으며, 고혈압 환자의 경우도 사용하지 않는다.

32. 진저(Ginger)

- 학명 : *Cupressus sempervirens*
- 원산지 : 동 지중해지역
- 주생산지 : 북아프리카, 지중해지역 등
- 추출부위 : 잎과 가지
- 추출방법 : 수증기증류법
- 노트 : 미들 노트

진저는 생강의 뿌리로, 원기를 회복시키고 피로는 해소시킨다. 혈액순환을 촉진시키므로 손발이 찬 사람에게 효과가 있고, 감기와 독감을 치유하기도 한다. 소화불량, 위통, 구토, 설사, 변비, 식욕부진, 멀미 등의 증상을 치유해서 소화제 등의 원료로 많이 사용된다. 그 외 근육통과 류마티스 관절염 등을 개선한다. 광독성을 지녀 바르고 햇빛에 노출하지 않도록 하며, 민감한 피부는 자극이 될 수 있으므로 사용시 주의가 필요하다.

33. 패출리(Patchouli)

- 학명 : *Pogostemon cablin*
- 원산지 : 열대아시아, 인도네시아, 필리핀
- 주생산지 : 인도, 중국, 말레이시아, 남미 등
- 추출부위 : 발효시킨 건조한 잎
- 추출방법 : 수증기증류법
- 노트 : 베이스 노트

패츌리는 한방에서 '곽향'으로 불리는 것으로, 불안, 우울증에 효과가 있다. 일광화상과 피부염의 치료에도 이용되며, 여드름, 습진, 튼살, 상처의 치유에도 사용된다. 식욕을 억제하고 셀룰라이트를 제거하여 비만을 개선시키는데 사용하기에 좋다. 불쾌한 냄새를 제거하는 효능이 있어 체취방지 및 발한억제에도 사용된다. 알러지를 유발할 수 있어 민감성 피부에는 사용시 주의가 필요하다.

34. 팔마로사(Palmarosa)

- 학명 : *Cymboopogon martini*
- 원산지 : 인도, 파키스탄
- 주생산지 : 아프리카, 인도네시아, 브라질 등
- 추출부위 : 신선하고 건조한 잎과 줄기
- 추출방법 : 수증기증류법
- 노트 : 탑 노트

팔마로사는 방광염, 요도염, 질염 등을 치유하며, 몸의 열을 내리고 식욕을 증진시킨다. 항균 및 살균작용이 있어 여드름, 지성피부의 트러블을 개선시키고, 탈모, 건선, 습진 등을 치유한다. 향신료로 사용될 경우 담배와 같이 일부 분야에 제한적으로 사용된다. 임산부는 사용을 금한다.

35. 미르(Myrrh)

- 학명 : *Commiphora Myrrha*
- 원산지 : 북동아프리카, 서남아시아
- 주생산지 : 홍해부근, 소말리아, 이디오피아
- 추출부위 : 수지(樹脂, Resin)
- 추출방법 : 수증기증류법
- 노트 : 베이스 노트

미르는 아랍어로 '맛이 쓰다(myrrha)'에서 유래했으며, 한방에서는 몰약이라고 한다. 감람나무과 식물에서 나무의 수지가 흘러나와 굳어 생긴 것을 수증기증류하여 얻는다. 동방박사가 아기 예수에게 선물한 보물 중 하나이다. 방부 및 항염증, 항균효과가 뛰어나 미이라를 제조할 때 사용했다. 거친 피부와 갈라진 피부, 튼 피부, 주름에 사용한다. 피부의 상처, 진물나는 피부, 무좀의 치유에 사용되었고, 구내염, 치내염, 구취예방에도 사용한다. 임산부는 사용하지 않는다.

36. 바질(Basil)

- 학명 : *Ocimum basilicum*
- 원산지 : 열대아시아, 아프리카
- 주생산지 : 유럽, 지중해, 태평양군도, 북미, 남미 등
- 추출부위 : 꽃과 잎
- 추출방법 : 수증기증류법
- 노트 : 탑 노트

바질은 집중력을 향상시키고, 두통과 편두통을 해소시킨다. 에스트로겐과 유사한 기능을 지녀 여성질환의 치유에 효과적이다. 근육통, 관절염, 류마티스 등의 통증을 감소시키고, 피부가려움과 상처를 치유한다. 비누, 화장품, 향수 등에 쓰이며, 음식의 향신료로 많이 사용하고 있다. 민감성피부는 자극이 될 수 있으므로 사용시 주의가 필요하며, 임산부는 사용하지 않는다.

37. 쥬니퍼베리(Juniper Berry)

- 학명 : *Junipers Communis, Juniper Sabina*
- 원산지 : 북유럽, 시베리아, 북아시아
- 주생산지 : 이탈리아, 프랑스, 스페인, 독일, 캐나다
- 추출부위 : 신선하게 건조된 열매와 가지
- 추출방법 : 수증기증류법
- 노트 : 미들 노트

쥬니퍼베리는 '노간주 나무', '두송 나무'의 열매를 수증기 증류하여 얻는다. 해독작용이 있어 체내 독소를 배출하며, 관절염, 류마티스염, 근육통을 치료하는데 효과적이다. 강력한 항균, 살균 기능이 있어 피부염과 여드름, 지성피부 트러블을 개선한다. 부종을 가라앉게 하고 당뇨병을 완화시킨다. 임신중에는 사용을 금지하고 신장병 환자도 사용을 금한다.

Ⅶ. 캐리어 오일

캐리어 오일(carrier oil)은 베이스 오일(base oil)로도 불리는 것으로, 에센셜 오일을 희석(블렌딩)시키는데 사용하는 식물성 오일이다. 에센셜 오일을 피부에 효과적으로 침투시킬 목적으로 사용한다. 주로 식물의 씨앗이나 열매를 냉동압축하여 추출한 것으로, 다른 혼합물 없이 순수한 오일로 구성되어 있다. 향과 휘발성이 거의 없어 다소 끈적이는 성분이 많다. 캐리어 오일 자체로 다양한 피부의 문제를 개선하고 치유한다. 대부분 액체로 불포화지방산인 올레인산, 리놀산, 리놀렌산 등을 함유하고 있다. 개봉 후 공기가 유입되어 산패되지 않도록 밀봉하여 냉장보관하는 것이 좋다.

블렌딩(blening)이란 두 개 이상의 오일을 혼합하는 것으로, 에센셜 오일을 다른 매개물(증류수, 식물성 오일, 크림, 팩 등)과 혼합하여 사용하는 것을 말한다. 개별사용보다 여러 개를 함께 사용할 경우 시너지(synergy) 효과를 기대할 수 있다.

블렌딩시 고객의 상태와 취향에 맞는 오일을 선택하는 것이 중요하다. 보통 2~3가 지 종류의 오일을 선택하는 것이 이상적이나, 향의 조화와 블렌딩 목적에 따라 가감해도 된다. 서로 상반되는 진정기능과 자극기능이 있는 오일을 함께 블렌딩하지 않도록 주의한다. 오일을 피부에 적용할 경우 반드시 원액 대신 블렌딩한 오일을 희석해서 사용해야 하지만, 라벤더, 티트리는 단독으로 사용가능하다.

블렌딩시 안면은 에센셜 오일의 농도를 1% 정도로 희석하며, 전신에 사용할 경우 3% 정도로 블렌딩한다.

1. 호호바 오일(jojoba oil)

호호바는 아메리카 대륙의 건조한 지대에서 자생하는 나무의 열매를 냉동압착해서 얻는다. 피부의 피지와 조성이 비슷하여 피부 친화력이 우수하고 잘 흡수되는 장점이 있다. 산화에 영향을 받지 않아 오랜 기간 보존이 가능하고, 안정성이 높고 수분유지력이 높아 화장품에 많이 사용된다. 습진, 여드름, 민감성, 두피 트러블, 건선의 치료에 사용 가능하다.

2. 스윗 아몬드 오일(sweet almond oil)

아몬드는 두가지 종류가 있는데, 스윗 아몬드와 비터 아몬드로, 단맛이 나는 스윗 아몬드를 주로 사용한다. 쓴맛이 나는 아몬드는 아미그달린이 함유되어 있어 독성을 나타낸다. 아몬드오일은 씨앗에서 추출해 단백질과 각종 비타민의 함량이 높다. 오래전부터 피부관리에 사용해오던 오일로 보습작용이 우수하여 거칠거나 건조한 피부 개선에 효과를 보인다. 모든 피부에 사용 가능하며 특히 가려움증을 개선한다.

3. 아보카도 오일(avocado oil)

아보카도는 남아메리카 습지에서 자생하여 현재는 캘리포니아, 플로리다, 하와이에서 많이 재배된다. 아보카도의 과육에서 오일을 추출하여, 비타민 A, B, D, 레시틴 등이 풍부하다. 피부관리에 오래전부터 사용해오던 마사지 오일로, 건조한 피부나 주름이 발생한 피부에 수분을 공급하여 건조를 방지한다. 한편 쉽게 산화되는 단점이 있어 사용 후 잘 밀폐하여 냉장보관하는 것이 좋다.

4. 포도씨 오일(grape seed oil)

포도의 씨앗을 유기용매로 추출한 것으로, 피부에 흡수가 잘 되고 끈적임이 없으며, 피부를 부드럽게 하는 장점이 있다. 다량의 리놀린산과 소량의 비타민E(토코페롤)을 함유하고 있다. 모든 피부 타입에 사용해도 된다.

5. 윗점 오일(wheat germ oil)

윗점은 밀의 씨눈을 건조시켜 압착하여 추출한 오일로, 맥아오일이라고도 한다. 비타민의 함량의 가장 높은 캐리어 오일 중 하나로 약간 끈끈하게 점성이 있다. 피부재생 효과가 있어 노화가 진행중인 피부에 사용할 경우 효과적이다. 단백질을 함유하고 있어 알레르기 체질은 알레르기를 유발할 수도 있다.

6. 살구씨 오일(apricot kernel oil)

살구는 중국이 원산지였으나, 실크로드를 통해 서양으로 전파되었다. 살구의 씨앗은 한방에서 '행인'이라고 하여 호흡기질환이나 거담제로 오래전부터 사용해왔다. 살구씨에서 추출한 오일은 주성분인 올레인산과 리놀산이 풍부하며, 저온에서도 투명한 액체 상태를 유지해 기온이 낮은 지방에서도 바디 오일로 사용가능하다. 피부에 쉽게 흡수되어 피부를 부드럽게 하고, 피부와 모발에 윤기와 탄력을 증가시킨다. 특히 건조한 피부, 노화 피부, 민감성 피부를 개선시키는 효능이 우수하다.

7. 달맞이 오일(evening primrose oil)

달맞이꽃은 주로 여름철 하천변에서 많이 관찰되며, 밤이 되면 꽃이 피는 데서 유래했다. 오래전부터 미국의 인디언들이 달맞이꽃을 추출해 만능치료제로 사용해왔다. 프로스타글란딘 호르몬처럼 작동하여 혈압을 낮추고, 혈전이 생기는 것을 억제해주며 콜레스테롤 생성을 억제시킨다. 그 외 체내 및 피부의 염증과 부종을 억제하여 붓기를 제거해 주며, 아토피에 사용 가능하다. 공기중에 산화가 잘 되므로 밀봉 후 냉장보관이 필요하다.

8. 로즈힙 오일(rose hip oil)

로즈힙 오일은 열매에서 오일을 추출하며 비타민 E가 풍부하고 불포화지방산을 함유하고 있어 마사지용으로 많이 사용된다. 콜레스테롤의 증가를 막아 혈액의 순환을 개선시킨다. 염증과 타박상의 치료나 노화피부에는 효과적이나, 여드름과 지성피부에 사용시 주의가 필요하다.

9. 카렌듈라 오일(calendula oil)

카렌듈라는 메리골드 꽃이라고도 하고, 금잔화라고도 하는 식물로, 꽃을 따서 오일을 추출하며, 비타민 A, B, D, E와 미네랄이 풍부하다. 감염, 경련, 욕창, 상처, 습진 등 다양한 피부질환에 사용 가능하다. 부종을 감소시키고, 상처와 화상, 방부, 재생, 순환촉진, 수렴 효과 등 다양하게 이용된다. 여드름, 습진을 치료하고 아토피 피부를 개선시킨다.

10. 마카다미아너트 오일(macadamia nut oil)

마카다미아 너트 오일은 마카다미아 나무의 열매를 추출하여 얻은 오일로, 냄새가 없고 투명하다. 지방의 구성이 피부의 피지와 유사하여 노화되면서 부족한 피지를 보충해 주는 역할을 해 노화피부에 사용하면 효과적이다. 피부에 적용했을 경우 흡수가 가장 잘 되는 오일 중 하나로, 바르면 쉽게 흡수되고 사라지는 것처럼 보여 '바니싱 오일(vanishing oil)'이라고도 한다.

PART 5.
한국형 특수관리

Ⅰ. 한국형 특수관리의 이해

1. 한국형 특수관리란?

(1) 경락의 정의

한국형 특수관리란 '경락마사지(meridian massage)'을 의미하는 것으로, 인체에 분포하는 에너지 포인트(energy point, 경혈)에 마사지 테크닉을 접목하여 피로한 심신의 안정을 취하게 하고, 혈액순환을 활성화시키는 테라피를 말한다. 신체를 건강하게 만들기 위해 대체요법으로서 경락은 인체의 경혈을 찾아내는 것이 무엇보다 중요하다.

경락(經絡)은 사람의 몸안에서 에너지가 흐르는 길을 말한다. 이 에너지는 다른 말로 기(氣)와 혈(血)을 통틀어 말한다. 즉 경락은 몸안에 기와 혈이 흐르는 경로라고 할 수 있다. 경락은 눈에는 보이지 않지만 전신에 모든 부분에 닿지 않는 곳이 없으며, 이 경락을 통해 인체가 살아 움직이는 것이다.

(2) 경락의 구성

전신에 분포된 경락은 크게 12개로 구성되어 있다. 손에서 시작하거나 끝나는 경락이 6개, 발에서 시작하거나 끝나는 경락이 6개이다. 이는 다시 음의 경락과 양의 경락으로 나누어진다. 태음, 궐음, 소음, 양명, 소양, 태양은 에너지의 모양을 표현한 것이다.

- 태음 : 둥글게 원을 그리는 형상
- 소음 : 부드럽고 섬세하며 아래에서 위로 꼬불꼬불 상승하는 기운
- 궐음 : 회전하면서 빨려드는 기운
- 태양 : 차가우면서 긴장되고 가라앉으면서 응축하는 기운
- 소양 : 안에서 밖으로 폭발하는 따뜻하면서도 뽀송뽀송한 기운
- 양명 : 날카롭고 빳빳하고 견고하며, 한 방향으로 쑥 뻗는 기운

이러한 모양을 지닌 경락 중 양명과 태음은 신체의 전면을 흐르고, 소양, 궐음은 신체의 측면을, 태양과 소음은 신체의 등 방향에서 각각 흐르고 있다.

12경락 가운데 6개의 음의 경락은 위로 올라가는 성질이 있고, 6개의 양의 경락은 아래로 내려가는 성질이 있다.

경락	수삼음경	수태음폐경
		수궐음심포경
		수소음심경
	수삼양경	수양명대장경
		수소양삼초경
		수태양소장경
	족삼양경	족양명위경
		족소양담경
		족태양방광경
	족삼음경	족태음비경
		족궐음간경
		족소음신경

(3) 경락마사지의 효과

① 혈액순환을 통해 신지대사를 촉진시켜 인체를 건강하게 한다.
② 림프순환을 촉진시켜 피부를 정화시키고 몸의 부종을 예방한다.
③ 긴장된 근육을 이완시켜 심신을 편안하게 유지한다.

(4) 경락마사지시 주의사항

① 뼈를 강하게 누르지 않는다.
② 강하게 압을 주지 않는다.
③ 도구를 사용하여 관리시 피부에 상처나 멍이 생기지 않도록 주의한다.
④ 식후 1시간 경과 후 마사지를 시작한다.
⑤ 고객의 반응을 살피며 강약을 조절한다.
⑥ 순환 방향에 맞게 일정한 속도를 유지하며 마사지한다.
⑦ 동작은 유연하고 밀착감있게 리듬감을 갖고 실시한다.
⑧ 염증성 질환이 있거나 악성빈혈, 악성 종양, 임산부는 관리하지 않는다.

2. 기(氣)

(1) 기의 정의

기(氣)는 인체를 구성하는 기본물질이며, 생명을 유지하는데 반드시 필요한 기초 물질이다. 우주 안의 모든 것들은 기의 운동과 변화로부터 생성되고 소멸된다.

(2) 기의 형성

1) 정기(精氣)

신체의 포궁(자궁)에서 만들어지며, 상부로 올라가 음양으로 나누어진 후, 삼초에 머물게 되는 에너지를 말한다.

① 상초에 머무는 기 : 순환기, 호흡기에 관여
② 중초에 머무는 기 : 소화기에 관여
③ 하초에 머무는 기 : 비뇨기, 생식기에 관여

2) 곡기(穀氣)

음식물의 섭취를 통해 얻어지는 후천적인 에너지를 말하며, 음의 기와 양의 기가 있다.

① 음의 기 : 신장에 머물면서 생명활동과 생식활동을 담당
② 양의 기 : 심장에 머물면서 혈액순환의 원동력

(3) 기의 종류

1) 원기(元氣)

인체에서 가장 근본을 이루는 선천의 기, 생명활동의 원동력이 되고, 주로 신장에서 시작되어 하단전에 저장된다.

2) 영기(營氣)

맥속에서 혈과 함께 순행하는 기로서 영양분을 흡수하여 만들어진다.

3) 종기(宗氣)

가슴 부위에 있으며 자연계의 청기와 음식물을 섭최하여 생긴 영기가 결합하여 형성되고, 호흡, 심장박동, 체온 조절에 관계한다.

4) 위기(衛氣)

맥관 밖을 흐르는 기이며, 영기와 같이 음식물을 섭취하여 생김, 장부를 따뜻하게 하며, 피부를 윤택하게 하고, 신체의 외부를 외기의 침입으로부터 막아주는 역할을 한다.

(4) 기의 작용

① 혈액을 밀어 움직인다.
② 체온을 조절한다.
③ 외기의 침입을 막아 신체 보호 작용을 한다.
④ 체액의 배설을 조절하여 진액의 유실을 막는다.
⑤ 음식물의 소화, 흡수와 같은 대사 과정에 관여한다.

3. 음양오행

(1) 음양의 정의

음양이란 어떤 사물이나 현상에 대해 대립되는 부분을 음과 양으로 나누어 놓은 것이다. 대체로 움직이는 것, 동적인 것을 '양'으로 판단하고, 움직이지 않거나 정적인 것을 '음'이라 할 수 있다.

(2) 미용경락에 있어서 음양

1) 경락에 있어 음양의 분류

음의 장기는 정(精), 기(氣), 신(神)을 담당하고, 양의 장기는 음식물의 소화와 배설을 주로 담당하고 있다.

① 음 : 간, 심, 비, 폐, 신 (5장)
② 양 : 담, 소장, 위, 대장, 방광, 삼초 (6부)

(3) 오행

오행은 오랫동안 중국에서 의학과 철학의 기본 이론으로 사용되어 왔다. 세상의 모든 사물은 나무, 불, 흙, 쇠, 물(목, 화, 토, 금, 수)의 5가지로 구성되어 있다고 보는 이론이다. 이 오행 안에는자연현상, 사물, 신체, 감정 등 우주 안의 모든 것들이 포함된다. 이들 다섯 가지 요소는 서로 상생과 상극의 규칙을 가지고 있으며, 서로 보완, 견제하면서 치료 효과를 나타낸다.

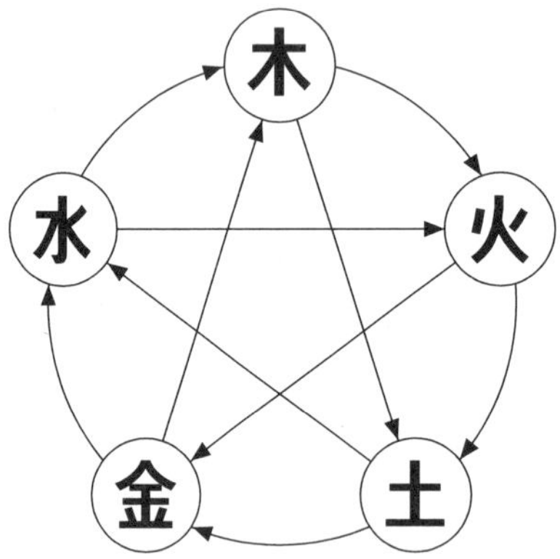

[오행의 상관관계]

(4) 오행 배속표

구분	목(木)	화(火)	토(土)	금(金)	수(水)
오장	간	심장	비장	폐	신장
육부	담	소장	위장	대장	방광
오색	청, 녹	적, 홍	황	회, 흰	검, 보
오방	동	남	중앙	서	북
오계	봄	여름	환절기	가을	겨울
오기	풍(風)	열(熱)	습(濕)	조(燥)	한(寒)
오미	신맛	쓴맛	단맛	매운맛	짠맛
오관	눈	혀	몸	코	귀

II. 오행 체질 분석

1. 오행체질이란?

사람을 체질에 따라 목, 화, 토, 금, 수의 5가지 유형으로 분류해서 사람의 체질을 분석하고 분석된 체질을 바탕으로 건강상태를 예측하고 확인하는 것을 말한다. 체질에 따른 미용적 변이나 증상을 예측하여 모자라는 기운을 보(補)해주고 넘치는 기운을 사(瀉)하여 이미 나타난 신체상의 문제는 해결하고 아직 나타나지는 않았지만 그 사람의 체질에서 나타나기 쉬운 변이는 미리 대비하려는 목적으로 체질을 분석한다.

2. 천간과 지지

(1) 천간(天干)의 오행 배정표

오행	목(木)	화(火)	토(土)	금(金)	수(水)
양	갑(甲)	병(丙)	무(戊)	경(庚)	임(壬)
음	을(乙)	정(丁)	기(己)	신(辛)	계(癸)

(2) 지지(地支)이 오행 배정표

오행	목(木)	화(火)	토(土)	금(金)	수(水)
양	인(寅)	오(午)	진(辰), 술(戌)	신(申)	자(子)
음	묘(卯)	사(巳)	축(丑), 미(未)	유(酉)	해(亥)

(3) 간지 조견표

일시 \ 시	자	축	인	묘	진	사	오	미	신	유	술	해
시간	23~01	01~03	03~05	05~07	07~09	09~11	11~13	13~15	15~17	17~19	19~21	21~23
갑・기 (甲・己)	갑자	을축	병인	정묘	무진	기사	경오	신미	임신	계유	갑술	을해
을/경 (乙・庚)	병자	정축	무인	기묘	경진	신사	임오	계미	갑신	을유	병술	정해
병/신 (丙・辛)	무자	기축	경인	신묘	임진	계사	갑오	을미	병신	정유	무술	기해
정/임 (丁・壬)	경자	신축	임인	계묘	갑진	을사	병오	정미	무신	기유	경술	신해
무/계 (戊・癸)	임자	계축	갑인	을묘	병진	정사	무오	기미	경신	신유	임술	계해

3. 각 체질별 특징

(1) 목형 체질

1) 성격

- 仁
- 어질고 인자하고 남을 배려하는 마음이 있다. 태과하면 질투심이 있고 마음이 작고 불급하면 절도가 없으며 인색하다.

2) 미용상의 문제

- 눈 밑에 기미가 나타나기 쉽다.
- 목이나 턱에 닭살이 생기기 쉽다.
- 넓은 모공
- 피부의 탄력이 부족해질 수 있다.
- 튼 살이나 정맥류가 생길 수 있다.

3) 체형의 문제

- 목이 굵은 편이며 발목이 두꺼우며, 옆구리가 비대한 편이다.

• 하체 비만이 되기 쉽다. 특히 허벅지 안쪽은 물렁물렁하며 측면은 딱딱한 형태를 이룬다.

(2) 화형 체질

1) 성격

• 禮

• 예의 바르고 예의를 중시하며 명랑하고 밝고 환하며, 성격이 민첩하고 언변이 좋다. 태과하면 성질이 조급하고 혹독하며, 불급하면 잔재주에 능하고 결단력이 부족하다.

2) 미용상의 문제

• 열성 여드름이 많다. 즉, 화형의 여드름은 농포성, 낭포성보다는 whitehead와 구진성의 여드름이며, 얼굴 전체에 분포하기도 하고 이마 부위에 집약되어 나타나기도 한다.

• 부종, 건조성 예민

• 상체 비만. 특히 가슴부위가 비대하고 단중이 붉다.

3) 신체상의 특징

• 안색이 붉으며 잇몸이 넓고, 어깨와 등, 대퇴부와 복부의 발육이 좋다.

(3) 토형 체질

1) 성격

• 信

• 신의가 있으며, 충성심과 효심이 있다.

• 매사에 정확한 편이며 신용이 있고 화합하며 종교적이다.

• 중후하고 조용하다.(태과하면 고집 불통이고 현명치 못하며, 불급하면 인색하고 괴팍하다)

2) 미용상의 문제점

• 볼의 늘어짐

• 눈 주위의 처짐

• 복합성 피부

• 습열성 피부염

• 허벅지 비대, 무릎 안쪽의 경직

3) 신체상의 특징

- 안색이 노랗고 얼굴이 둥글다.
- 손발이 작고 육질이 많으며 상하의 균형을 이룬다.

(4) 금형 체질

1) 성격

- 義
- 형식과 규칙을 중요하게 생각하며 그 범위를 잘 벗어나지 않음.
- 의지가 강하고 냉정하며 용감하고 추진력과 자존심이 강하다.
- 명예를 중히 여기고, 위엄이 있으며 결단성이 있다.(태과하면 욕심이 많고 무모하며, 불급하면 생각은 많으나 결단성이 없고 시비를 좋아한다.)

2) 미용상의 문제점

- 볼의 예민, 민감성 피부, 모세혈관이 확장되는 경우가 많다.
- 알레르기성 피부(금기운이 저하되면 피지분비가 원활하지 못하며 피부 저항력이 약한 환경에 놓이게 되므로 작은 자극에도 피부 반응이 강하다)
- 금형은 예민함을 대표로 하므로 예민관리가 잘 이루어 지지 않으면 색소침착을 가져올 수 있다.(기미관리를 할때는 목형의 기미관리와는 다르게 예민관리 병행)
- 턱 주변의 결절형 여드름
- 상완의 비대, 셀룰라이트가 형성된다.
- 엉덩이 상부의 처짐.

3) 신체상의 특징

- 체형이 마른 사람이 많다. 마른 체형에서는 등이 곧은 경우가 많으나 비만형에서는 등이 굽고 가슴 부위가 위축된다.
- 승모근 주변의 비대
- 어깨가 구부정하며 옆모습이 S자 형태를 띄기 쉽다.

(5) 수형 체질

1) 성격

- 智
- 슬기롭고 총명하며 계교가 많다.

• 총명하고 임기응변과 적응력이 좋으며 기억력, 암기력, 지혜가 많다.
• 정력이 강하고 양보할 줄 알며 기다릴 줄 안다.
• 태과하면 고집이 세고 처사가 사리에 어긋나며 불급하면 용기가 없고 총명하지 못하다.

2) 미용상의 문제점

• 피부 노화, 주름이 잘 생기는 편이다. 거칠음, 윤기 저하. 눈가 처짐.
• 체내 수분이 정체되어 잘 부으며, 부종으로 인한 살이 찌기 쉽다.
• 수형의 여드름 발생률은 그리 높지 않으나 생식기 계통의 문제로 인해 턱 주변에 여드름이 발생할 수 있다.

3) 신체상의 특징

• 발목이 굵어지기 쉽고, 턱 밑에 주름과 눈 밑이 검어지기 쉽다.
• 부종에 의한 비만이 많다.

Ⅲ. 12경락

■ 골도법

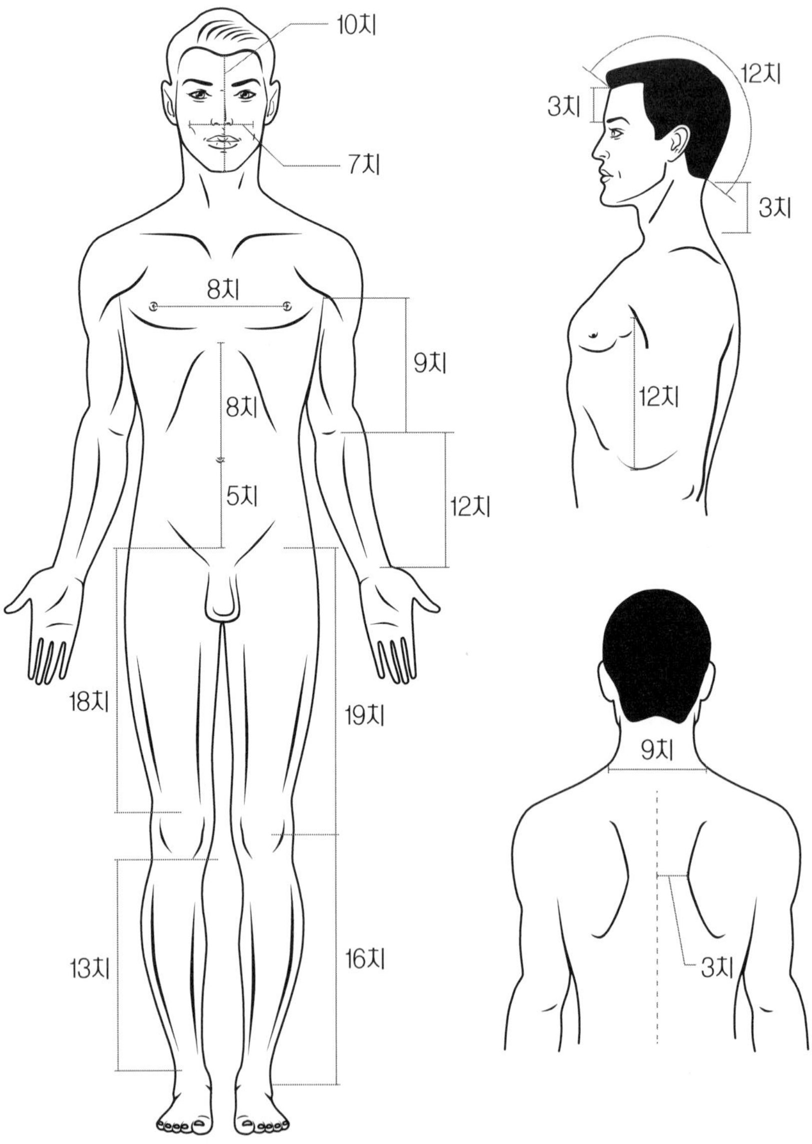

1. 수태음폐경

(1) 수태음폐경

폐경은 호흡기를 건강하게 하며, 호흡을 통해 피부의 내부와 외부의 에너지의 균형을 꾀해 피부의 수분을 조절해주고 피부와 모발에 윤기를 부여한다. 폐경에 이상이 있으면 피부노화의 진행이 빠르고 잔주름이 잘 생기며, 기미, 주근깨 등의 색소침착과 피부가 많이 건조해진다.

(2) 폐경 관리가 필요한 경우

- 피부건조, 알르레기 피부, 거친 피부, 모세혈관 확장 피부
- 쇄골아래 통증
- 기침, 천식, 편도선염
- 등의 통증
- 코로 숨쉬기 힘들어하며, 마음이 답답할 때
- 호흡할 때 가슴을 들먹임

(3) 폐경의 순환경로

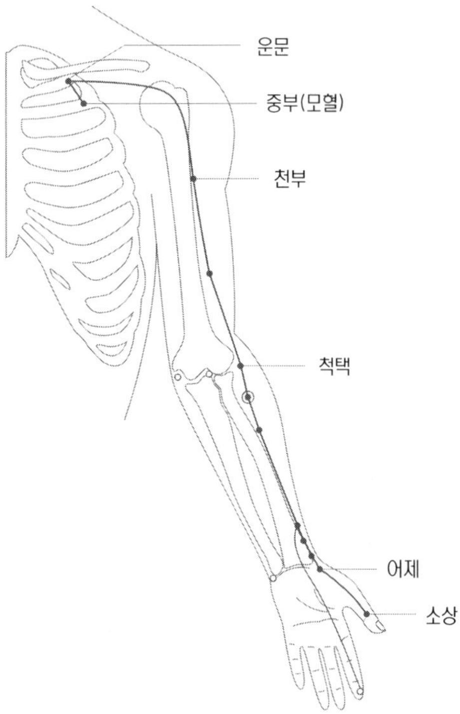

(4) 폐경의 경혈점 효능

① 운문 : 예민한 피부, 여드름, 알르레기 피부
② 중부(모혈) : 기관지염, 천식, 여드름, 안면부종
③ 척택 : 편도선염, 기침, 인후염, 팔의 비만, 검버섯, 색소침착
④ 태연 : 감기, 천식, 여드름, 예민피부, 만성피로
⑤ 어제 : 엄지손가락 통증, 급체,여드름, 피지분비, 변비
⑥ 소상 : 감기, 중풍, 급체, 편도선염, 여드름, 안면부종

2. 수궐음심포경

(1) 수궐음심포경

심포는 심장을 싸고 있는 막으로 무형의 존재이나 기능은 있다. 심포경의 문제가 발생할 경우 심장병, 정신질환을 앓게 되는 경우가 있다. 신체의 신진대사를 원활하게 해주고 외부로부터 신체를 보호하고 혈액을 순환시키는 기능을 하고 있다. 심포경의 문제가 있을 경우 피부에 나타나는 이상증상은 트러블, 가려움증, 습진 등이다.

(2) 폐경 관리가 필요한 경우

- 손바닥 화끈거림
- 겨드랑이가 붓고 가슴과 옆구리 통증
- 가슴 두근거림
- 불안, 답답함, 까닭없이 웃음
- 열성 여드름

(3) 심포경의 순환경로

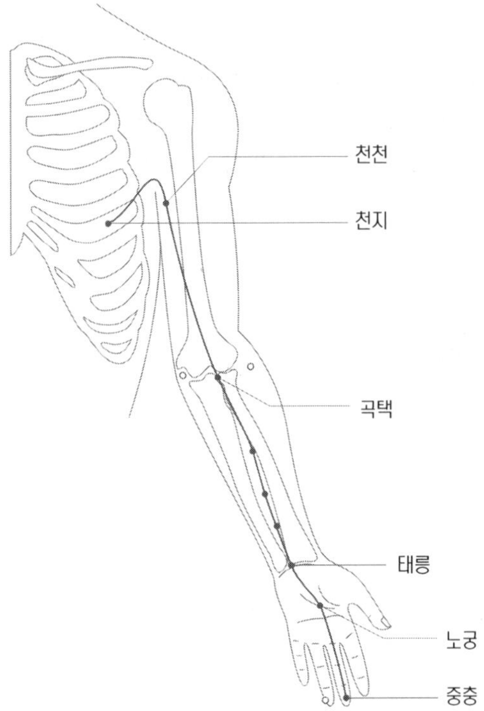

(4) 심포경의 경혈점 효능

① 천지 : 심장질환, 늑간신경통, 부종, 가슴과 옆구리 통증
② 천천 : 화기에 의한 여드름, 상완비대, 가슴 두근거림
③ 곡택(모혈) : 주관절통, 심장질환, 화농성 여드름, 상완비대, 팔이 휘어보임
④ 태릉 : 여드름, 손바닥 열증, 심장쇠약
⑤ 노궁 : 여드름, 피로, 모든 신경성 증상
⑥ 중충 : 기억력 향상, 심장질환, 뇌출혈

3. 수소음심경

(1) 수소음심경

심경은 사람의 마음을 다스리는 기관으로 정신활동과도 관계가 깊어 오장육부를 통솔하는 기관으로 볼 수 있다. 혈액을 전신으로 보내는 역할을 하기 때문에 피부의 윤기와 혈색을 부여한다. 심경에 이상이 생기면 피부색이 칙칙하고 윤기를 잃고 이마에 좁쌀같은 여드름을 만든다.

(2) 심경 관리가 필요한 경우

- 가슴 두근거림, 숨이 찬 증상
- 저절로 땀이 나는 증상
- 몸이 노곤하며 힘이 없음
- 혀에 백태가 낌
- 무서운 꿈을 꾸고 자다가 웃음
- 눈이 황색을 띠고 충혈되기 쉬움
- 손바닥이 화끈거리고 아픔

(3) 심경의 순환경로

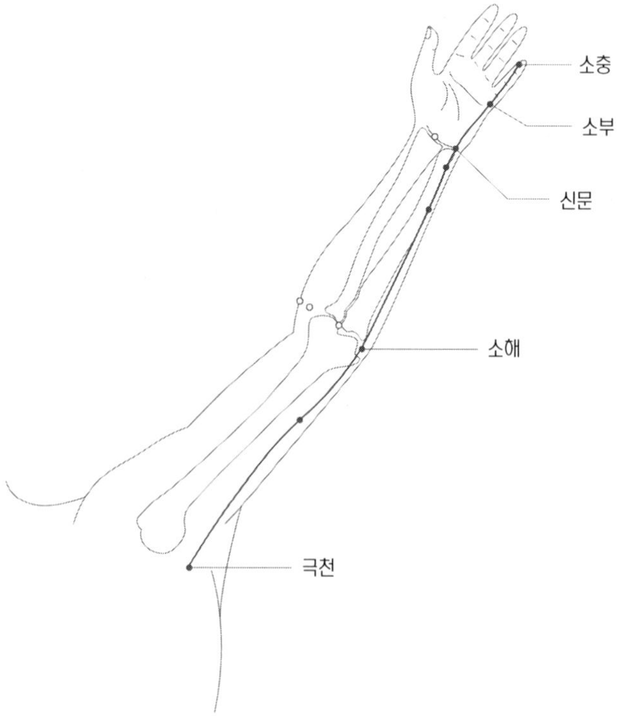

(4) 심경의 경혈점 효능

① 극천 : 여드름, 유방비대,가슴처짐 개선

② 소해 : 불면, 신경성 여드름, 심장질환, 정신분열

③ 신문 : 심장의 열로 생기는 열성 여드름, 변비, 불면증

④ 소부 : 다한증, 신경성 여드름

⑤ 소충 : 흉통, 열성 여드름, 불안

4. 수양명대장경

(1) 수양명대장경

대장경은 인체의 배설을 담당하고 있으며, 소장에서 영양을 흡수하고 남은 수분을 모두 흡수하는 역할을 한다. 대장경에 문제가 생길 경우 가장 흔하게 나타나는 반응은 변비이며, 변비가 지속될 경우 기미가 생길수도 있으며, 피부트러블이 지속되고, 특히 턱 주변의 단단한 여드름을 만들기도 한다.

(2) 대장경 관리가 필요한 경우

- 설사, 변비, 인후염, 코피, 코막힘
- 장이 끊어질 듯 아프고 배꼽이 아픔
- 코가 막히고 인후와 목이 부음
- 어깨에서 팔에 걸쳐 통증
- 코와 입주위 여드름

(3) 대장경의 순환경로

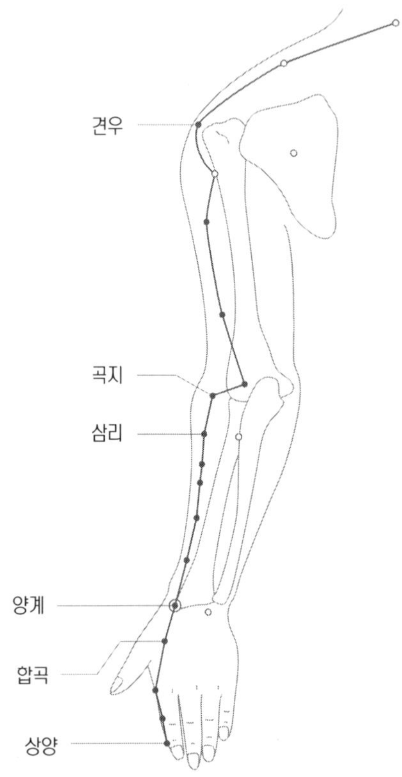

(4) 대장경의 경혈점 효능

① 상양 : 이명, 난청, 편도선염, 인후통, 발열, 설사
② 합곡 : 편도선염, 여드름
③ 양계 : 기침, 인후통
④ 삼리 : 여드름, 안면부종, 상완부종
⑤ 곡지 : 여드름, 설사, 변비, 대장기능을 판단하는 곳
⑥ 견우 : 오십견, 상완비만, 여드름

5. 수소양삼초경

(1) 수소양삼초경

태어나면서부터 가진 선천의 기는 몸의 세 곳에 나누어 저장되는데, 이러한 에너지를 저장하는 상초, 중초, 하초를 삼초라고 하며 장기는 존재하지 않지만 기능은 한다. 삼초에 이상이 생길 경우 피부가 예민해지고 부종이 발생한다.

(2) 삼초경 관리가 필요한 경우

- 소리가 잘 안 들리고 눈의 피로
- 귀에서 볼까지 통증
- 변비
- 땀을 많이 흘림
- 귀에서 소리가 나고 목안이 부으면서 아픔
- 어깨와 팔의 통증
- 머리와 얼굴이 화끈거리고 달아오르면서 얼굴이 붉어짐
- 배에 가스가 차고 단단해지며 소변보기 어려움

(3) 삼초경의 순환경로

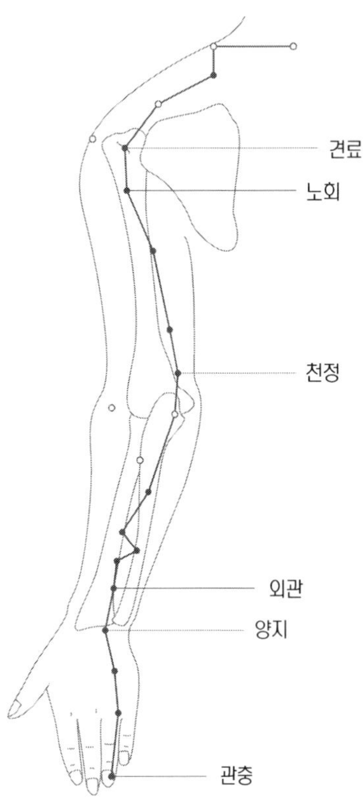

(4) 삼초경의 경혈점 효능

① 관충 : 두통, 이명, 눈충혈, 중이염
② 양지 : 기미, 주근깨, 호르몬 불균형에 의한 비만
③ 외관 : 어깨결림, 목의 경직, 턱 늘어짐, 감기, 고열
④ 천정 : 주관절질환, 이명, 편두통, 오십견
⑤ 노회, 견로 : 오십견, 견관절통

6. 수태양소장경

(1) 수태양소장경

소장은 소화과정 중 음식물의 영양을 흡수하는 중요한 역할을 하는 장기이다. 소장경에 문제가 생기면 장염, 중이염 등이 생길 수 있다.

(2) 소장경 관리가 필요한 경우

- 어깨가 빠질듯한 통증, 팔의 통증
- 귀울림
- 얼굴과 아래턱이 부어오름
- 변비, 설사
- 목이 아프고 편도선이 부어오름
- 아랫배가 아프고 소변보기 어려움
- 블랙헤드가 얼굴전체에 생김
- 턱선에 화농성 여드름 발생
- 헤어라인을 따라 각질 발생

(3) 소장경의 순환경로

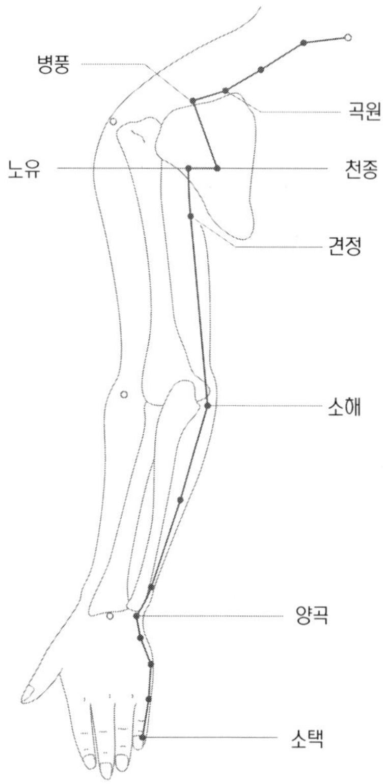

(4) 소장경의 경혈점 효능

① 소택 : 협심증, 두통, 감기, 발열, 졸도, 기절, 열에 의한 여드름
② 양곡 : 척골신경통, 손목신경통, 이명, 이하선염, 볼 여드름, 볼처짐
③ 소해 : 척골신경통, 주관절염, 무도병, 심장질환
④ 견정, 노유, 천종, 병풍, 곡원 : 오십견, 어깨 통증, 승모근 경직

7. 족태음비경

(1) 족태음비경

비장은 '지라'라고도 하는 장기로, 주로 적혈구를 파괴하거나 림프구를 생성하는 기능을 하고 있는 장기이다. 비경은 음식물을 몸에 필요한 물질로 바꾸어 필요한 곳으로 이동시킨다. 비경에 이상이 발생하면 혈변을 보거나 자궁출혈, 두피건조 등이 생긴다.

(2) 비경 관리가 필요한 경우

- 식욕부진, 찬 음식을 먹으면 설사
- 근육무력, 사지무력증
- 월경과다
- 멍이 잘 듦
- 비만
- 눈밑이 반달 모양으로 늘어짐
- 눈꺼풀 늘어짐, 피부탄력 저하
- 손발바닥이 유난히 노란색
- 견갑골 아래 뭉침, 혈해부위 단단히 뭉침

(3) 비경의 순환경로

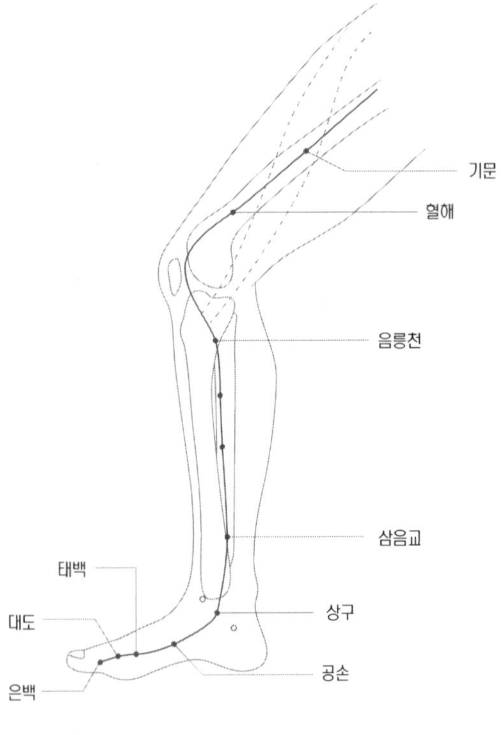

(4) 비경의 경혈점 효능

① 은백 : 복부비만, 눈밑 늘어짐, 생리불순, 급성위염
② 상구 : 하지부종, 발목부종, 족관절염
③ 삼음교 : 3개의 음경이 교차하는 곳, 노화방지, 발목부종, 종아리 슬리밍 효과
④ 음릉천 : 하복부 늘어짐, 엉덩이 처짐
⑤ 혈해 : 하체비만, 전신비만

8. 족궐음간경

(1) 족궐음간경

간은 가장 큰 장기로,탄수화물대사, 아미노산 및 단백질 대사, 지방 대사, 담즙산 및 빌리루빈 대사, 비타민 및 무기질 대사, 호르몬 대사, 해독 작용 및 살균 작용 등의 주요 기능을 담당하고 있다. 특히 혈액을 조장하고 혈액의 양을 조절하는 작용을 한다. 인체는 간으로부터 혈액을 공급받아 움직이며, 근육이 뭉쳐 피로하면 간도 피로를 느낀다.

(2) 간경 관리가 필요한 경우

- 색소침착, 콧등의 색소침착, 눈밑 기미
- 눈동자가 탁함
- 복부가 전체적으로 비대해짐
- 발목 비대
- 허벅지 안쪽 비대
- 안면이 노란색, 목마름, 가슴 답답한 증상
- 쉽게 피로하고 시력이 떨어짐

(3) 간경의 순환경로

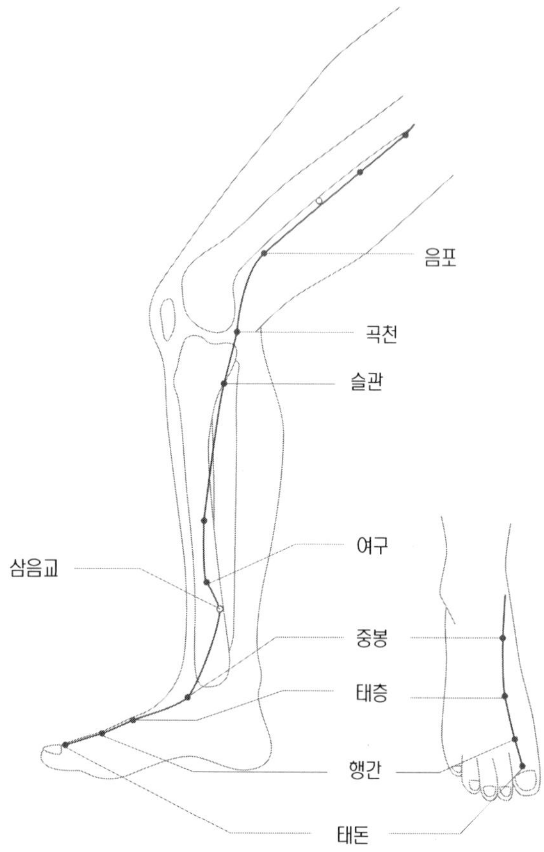

(4) 간경의 경혈점 효능

① 태돈 : 기미, 발목부종, 독소제거, 족저통
② 중봉 : 비만, 발목부종, 간염, 요통
③ 삼음교 : 노화방지, 발목부종, 종아리 슬리밍 효과
④ 곡천 : 허벅지 비대, 무릎 비대
⑤ 음포 : 부인병, 하복부 냉증

9. 족소음신경

(1) 족소음신경

신장은 배의 뒤쪽에 쌍으로 존재하는 기관으로, 체내 노폐물을 배설하고 인체를 항상 같은 상태로 유지하도록 하는 중요한 역할을 하는 장기이다. 하루에 신장을 통해 여과되는 혈액량은 무려 180L에 이르지만 대부분은 재흡수되고 실제로 배설되는 소변량은 1~2L에 불과하다. 이는 인체에서 필요한 수분과 영양분들은 재흡수가 되고 더 배설이 필요한 물질은 분비가 되어 최종적으로 소변이 만들어지기 때문이다. 신경에 문제가 생기면 피부가 붓고 거칠어지고, 전신에 부종이 발생하며 모발이 푸석해진다.

(2) 신경 관리가 필요한 경우

- 눈밑이 검어지고 꺼짐
- 피부색이 검고 거칠음
- 입주변이 지저분해지고 입 아래 단단한 여드름 발생
- 피부건조, 노화, 부종
- 무릎 시림
- 용천 부위가 두꺼워짐
- 얼굴과 몸의 부종
- 땀을 많이 흘림

(3) 신경의 순환경로

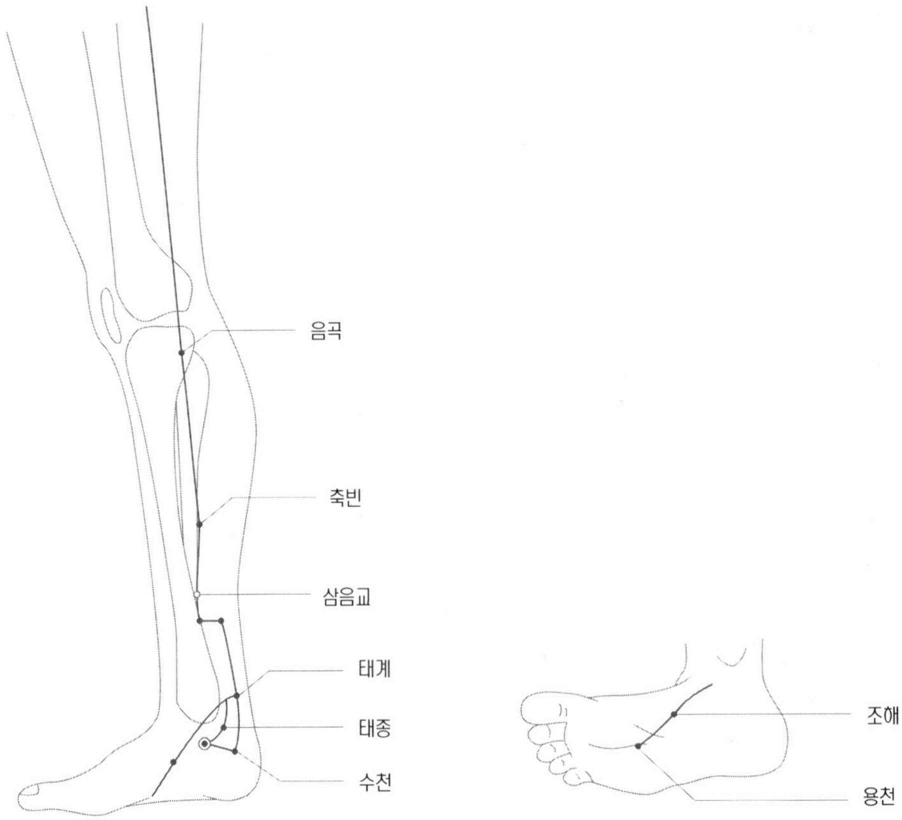

(4) 신경의 경혈점 효능

① 용천 : 부종에 의한 비만, 에너지 강화, 신장염
② 연곡 : 발목 부종, 발등 부종, 눈 부종
③ 태계, 태종, 수천 : 아킬레스건 부종, 기미, 복부비대, 변비
④ 삼음교 : 노화방지, 발목부종, 종아리 슬리밍 효과
⑤ 음곡 : 기미, 색소침착, 피부노화

10. 족양명위경

(1) 족양명위경

위경은 소화과정 중 음식물이 위산에 의해 분해되어 소장에서 흡수가 용이하도록 만든다. 위경에 문제가 생길 경우 피로감이 커 사지가 무력해지고 피부의 늘어짐이 발생하며 탈모도 유발한다.

(2) 위경 관리가 필요한 경우

- 턱의 U존이 늘어지고 피부가 전체적으로 늘어짐
- 코에 피지가 많고 모공이 넓음
- 윗입술의 선이 흐릿하고 눈밑이 꺼짐
- 복부가 나오고 배에 힘이 없음
- 허벅지 비대
- 입술 끝이 헐고 입주변의 여드름

(3) 위경의 순환경로

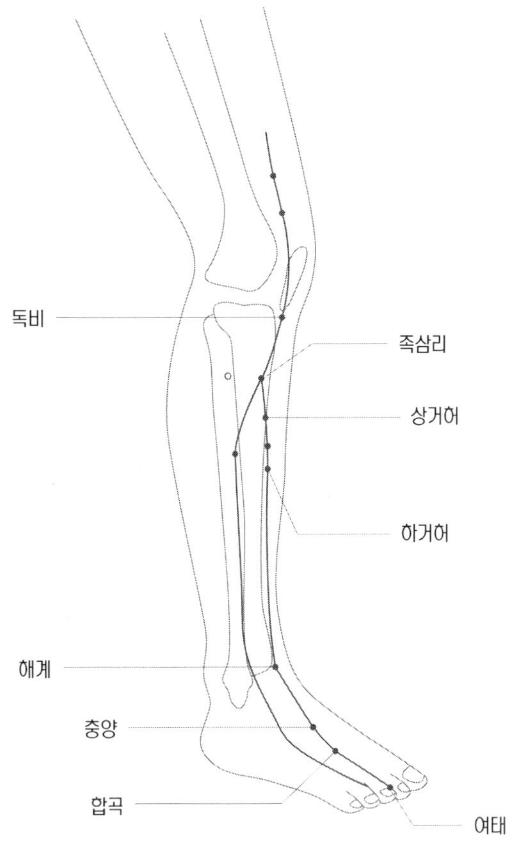

(4) 위경의 경혈점 효능

① 독비 : 무릎위쪽의 비대, 슬관절염
② 족삼리 : 비만, 체지방 연소
③ 상거허, 하거허 : 다리부종, 입주변 여드름
④ 해계 : 발부종, 족관절염, 안검하수
⑤ 여태 : 비만, 볼처짐

11. 족소양담경

(1) 족소양담경

담은 '쓸개'를 말하며, 간의 아래쪽에 위치해 간에서 분비되는 쓸개즙을 저장하는 곳으로 담낭이라고도 한다. 쓸개즙에는 지방을 분해하는 효소가 저장되어 있어 지방의 소화에 도움을 준다. 담경에 이상이 생기면 열이 나고 입이 쓰며 황달이 생기기도 한다.

(2) 담경 관리가 필요한 경우

- 피부에 윤기가 없고 피부색이 검어짐
- 기미, 콧등 부위가 푸른색
- 피지가 많고 모공이 넓어짐
- 피부에 닭살이 돋고 거칠어짐
- 목에 가래가 끼고 목이 두꺼워짐
- 상체 비만

(3) 담경의 순환경로

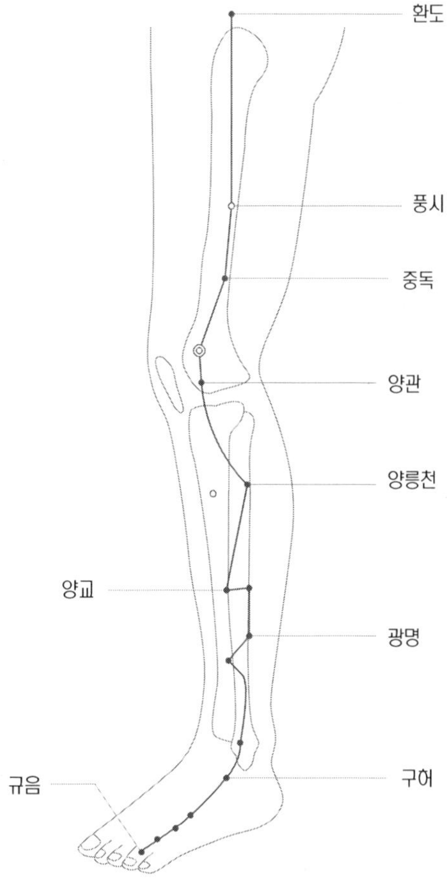

(4) 담경의 경혈점 효능

① 환도 : 엉덩이 처짐, 비만 예방
② 양릉천 : 다리근육 마비, 변비 예방
③ 양교 : 여드름, 엉덩이 처짐, 근육마비
④ 구허 : 상복부 비대, 발목 두꺼워짐 예방
⑤ 규음 : 기미, 닭살, 대퇴 바깥쪽의 비만

12. 족태양방광경

(1) 족태양방광경

방광은 소변을 저장했다가 배출시키는 역할을 하는 장기로, 방광경은 12경맥 중 가장 긴 경락이다. 방광경에는 배수혈(배유혈)들이 존재하여 장기의 상태를 바로 반영해서 이상상태를 알려주기도 한다. 방광경에 이상이 생기면 혈액과 체액이 산성화되고 산중독을 일으키며, 손발이 붓는 증상이 나타난다.

(2) 방광경 관리가 필요한 경우

- 피부가 푸석푸석하고 흰머리가 잘 생김
- 피부가 거칠고 윤기가 없음
- 아랫배가 단단하게 뭉침
- 아킬레스 부위의 통증
- 발꿈치 갈라짐
- 엉덩이가 처지고 윤곽이 없어짐
- 엉덩이 부위가 검고 닭살이 생김

(3) 방광경의 순환경로

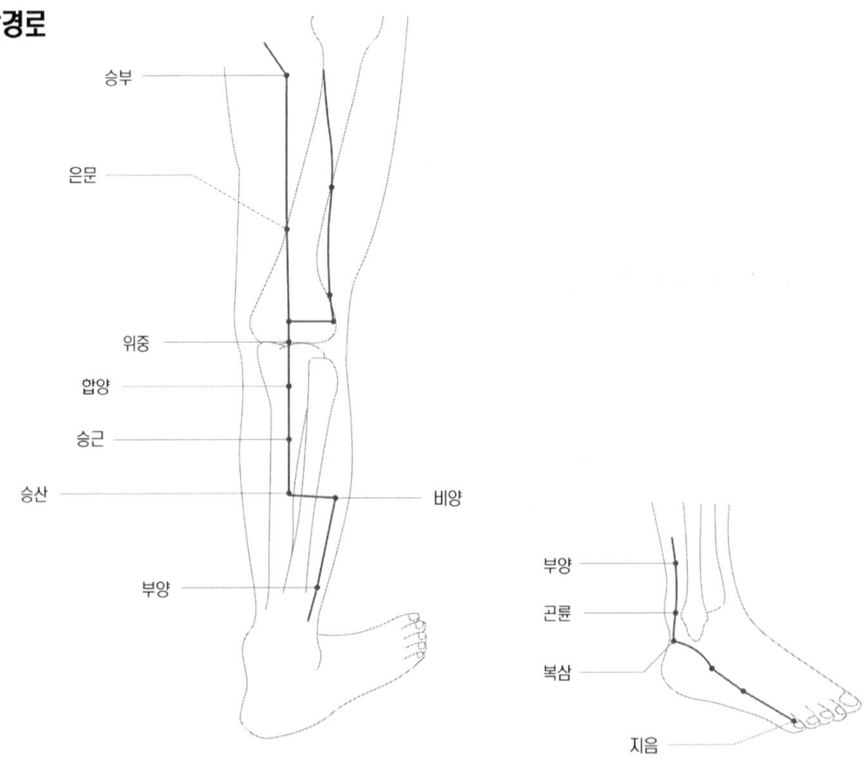

(4) 방광경의 경혈점 효능

① 승부: 엉덩이 처짐, 비만, 하지마비
② 위중 : 종아리 비대, 비복근 팽대
③ 승산 : 근육노화 방지, 비만
④ 곤륜 : 발목부종
⑤ 지음 : 반신불수, 두통

(5) 배수혈(배유혈)

수혈은 방광경에 위치한 혈점으로 오장육부의 에너지가 등의 특정한 곳에 모이는 것을 말한다. 오장육부의 문제를 치료하는데 사용되며, 특히 피부미용과 관련된 증상, 피부의 탄력 저하, 윤기 저하, 노폐물 배출 등에 활용할 수 있다.

명칭	위치	수혈(유혈)
폐수	흉추 3번 양쪽 1.5寸	폐경의 수혈
궐음수	흉추 4번 양쪽 1.5寸	심포경의 수혈
심수	흉추 5번 양쪽 1.5寸	심경의 수혈
간수	흉추 9번 양쪽 1.5寸	간경의 수혈
담수	흉추 10번 양쪽 1.5寸	담경의 수혈
비수	흉추 11번 양쪽 1.5寸	비경의 수혈
위수	흉추 12번 양쪽 1.5寸	위경의 수혈
삼초수	요추 1번 양쪽 1.5寸	삼초경의 수혈
신수	요추 2번 양쪽 1.5寸	신경의 수혈
대장수	요추 4번 양쪽 1.5寸	대장의 수혈
소장수	선추 1번 양쪽 1.5寸	소장의 수혈
방광수	선추 2번 양쪽 1.5寸	방광의 수혈

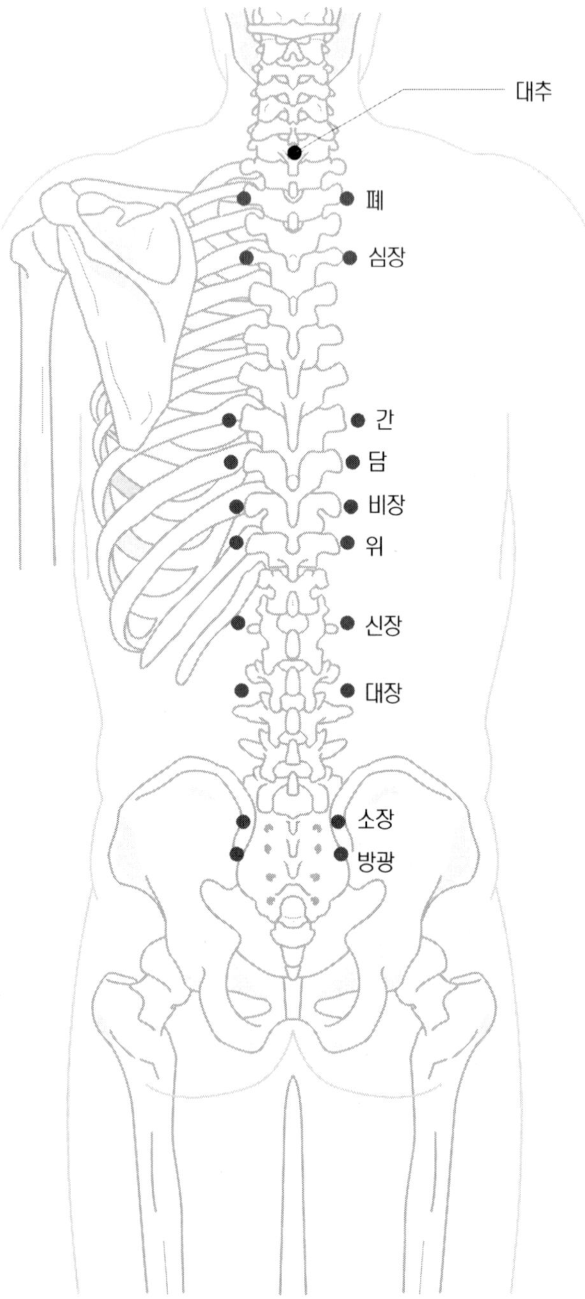
대추
폐
심장
간
담
비장
위
신장
대장
소장
방광

13. 임맥

(1) 임맥

임맥은 복부의 정중앙선을 지나는 경락으로 모든 음의 경락을 주관한다. 주로 생식기 계통의 질환을 주관하고 노화방지, 다이어트에 응용된다.

(2) 임맥 관리가 필요한 경우

- 생리통, 생리불순
- 아랫배의 차가움
- 소화가 잘 되지 않을 때

(3) 임맥의 순환경로

임맥

(4) 임맥의 모혈

모혈은 장기의 에너지가 복부에 특정한 곳에 모이는 혈을 말하는 것으로, 장기에 이상이 생겼을 경우 진단과 치료가 동시에 이루어지는 곳이기도 하다.

명칭	위치	모혈
중부	앞가슴의 제 2 늑골의 외측	폐경의 모혈
단중	정중앙선과 양 유두 사이	심포경의 모혈
거궐	정중앙선의 배꼽 위 6寸	심경의 모혈
중완	정중앙선의 배꼽 위 4寸	위경의 모혈
천추	배꼽의 양쪽 방향 2寸	대장경의 모혈
석문	정중앙선의 배꼽 아래 2寸	삼초경의 모혈
관원	정중앙선의 배꼽 아래 3寸	소장경의 모혈
중극	정중앙선의 배꼽 아래 4寸	방광경의 모혈
기문	거궐혈 양쪽 방향 3.5寸	간경의 모혈
일월	기문혈 바로 아래 1寸	담경의 모혈
장문	제11늑간 앞쪽 아래, 팔을 굽혀 팔꿈치가 닿는 곳	비장경의 모혈
경문	제 12 늑간 아래	신경의 모혈

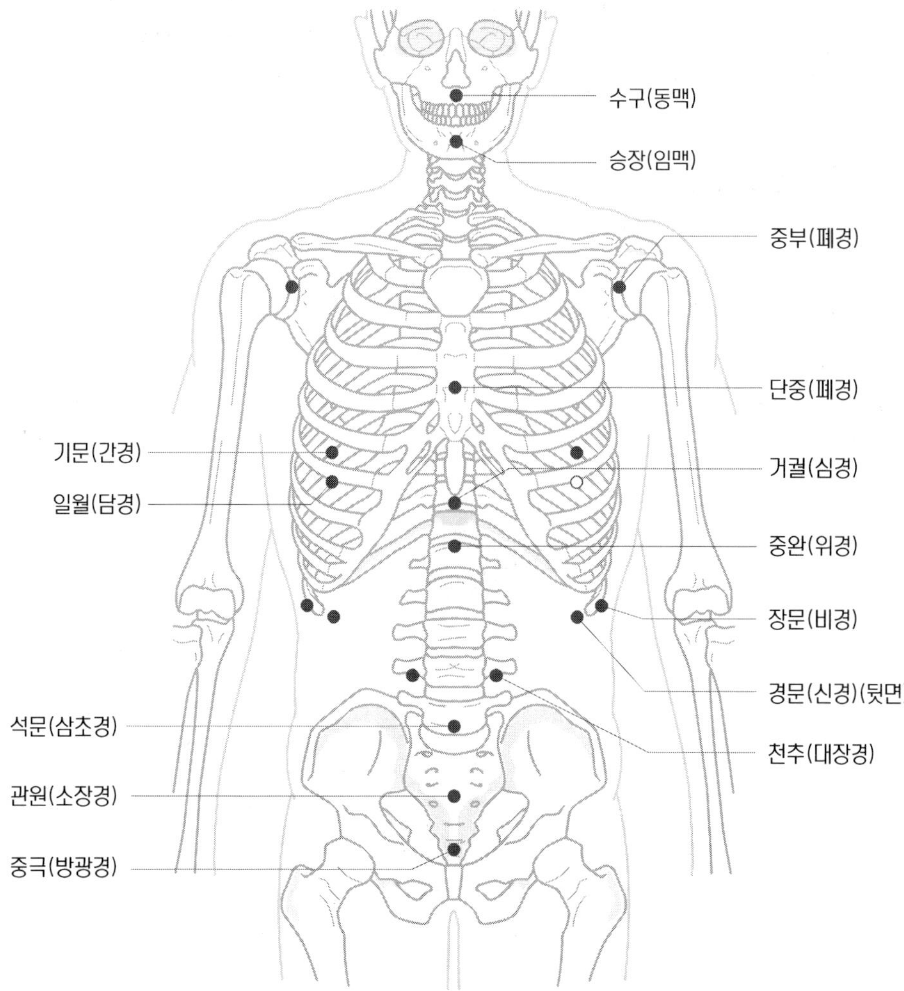

수구(동맥)
승장(임맥)
중부(폐경)
단중(폐경)
기문(간경)
거궐(심경)
일월(담경)
중완(위경)
장문(비경)
경문(신경)(뒷면)
석문(삼초경)
천추(대장경)
관원(소장경)
중극(방광경)

14. 독맥

(1) 독맥

독맥은 우리몸의 하수구 역할을 하는 경락으로 등의 정중앙선에 위치한다. 모든 양의 경락을 주관하며, 몸 속의 독소를 제거하고 비만을 예방하며 감기, 신경쇠약에 좋다. 이상이 생길 경우 상체에 열이 발생하고 피부와 모발의 푸석해진다.

(2) 독맥 관리가 필요한 경우

- 정신불안
- 불임증
- 노폐물 축적으로 인한 안색 정화

(3) 독맥의 순환경로

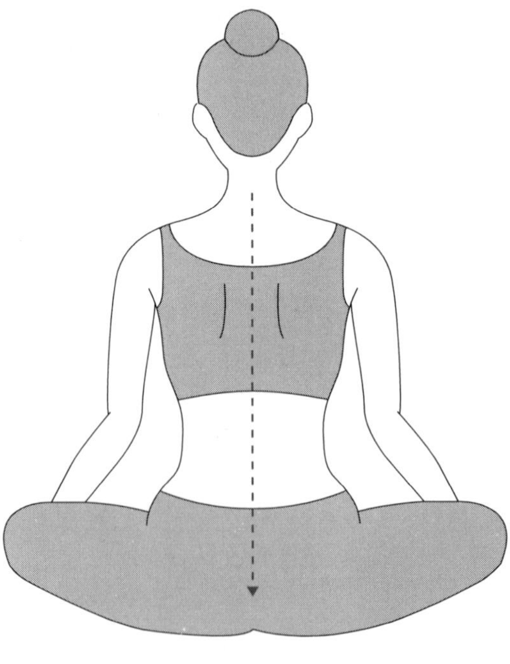

독맥

15. 안면의 경혈

① 정명 : 눈가 주름 예방, 안구건조 예방, 눈의 피로 개선
② 찬죽 : 눈가주름 완화, 눈떨림 방지, 피부 탄력
③ 사죽공 : 눈의 피로 개선, 시력 개선
④ 동자료 : 시력 개선, 눈의 피로 개선
⑤ 승읍 : 다크써클 예방
⑥ 사백 : 눈가주름 예방
⑦ 거료 : 볼처짐 방지, 얼굴 부종 예방, 코막힘 예방
⑧ 권료 : 볼처짐 방지, 얼굴 부종 예방, 작은 얼굴 만들기
⑨ 영향 : 팔자주름 예방
⑩ 수구(인중) : 얼굴 비대칭 개선
⑪ 지창 : 입술 주름 예방, 피부 트러블 예방
⑫ 승장 : 얼굴 비대칭 개선
⑬ 염천 : 이중턱 예방
⑭ 청궁 : 청각 개선, 볼처짐 예방
⑮ 예풍 : 시력저하 예방

[참고문헌]

- 경락의 이론과 실제, 이덕수, 김영숙, 김영순, 차훈철, 훈민사, 2004
- 교과서 아로마테라피, 사공정규, 김양희, 현문사, 2006
- 기능성화장품, 하병조, 신광출판사, 2001
- 두피 & 탈모 관리학, 조성일, 최주미, 리그라인, 2004
- 모발화장품학, 김주섭, 김찬수, 임대진, 최은정, 장현희, 신지은, 구민사, 2010
- 메디컬스킨케어, 나현숙, 곽진경, 김선희, 김희야, 범희주, 윤미숙, 이채미, 수문사, 2010
- 미용경락학, 한말란, 나명순, 곽은희, 김주연, 홍란희, 청구문화사, 2006
- 뷰티테라피, 김기연, 현문사, 2010
- 아로마테라피, 하병조, 수문사, 2000
- 아로마테라피 이론 및 실제, 김선미, 김경란, 김란, 김봉인, 김선옥, 김해남, 모정희, 윤미숙, 장문정, 하명희, 정문각, 2013
- 에스테틱 실기지침서, 황금순, 배정하, 수문사, 2002
- 온전한 미용을 위한 홀리스틱경락원론, 안남훈, 도서출판HOLISM, 2003
- 피부과학, 고재숙, 하병조, 강승주, 고혜정, 장경자, 수문사, 2000
- 피부관리학, 강성심, 박미령, 배정하, 선우현정, 송인영, 이성내, 이성옥, 훈민사, 2002
- 피부관리학, 김명숙, 현문사, 2001
- 피부미용기기관리학, 한영숙, 고혜정, 김광옥, 김기연, 김문주, 양현옥, 윤영숙, 차영애, 하명희, 함명옥, 정담미디어, 2003
- 피부미용인을 위한 아로마테라피, 오흥근, 강성심, 권혁미, 김명숙, 김문주, 김봉인, 김선옥, 김춘자, 김해남, 박미령, 송인영, 오유경, 이승자, 이혜영, 장문정, 장태수, 정은영, 훈민사, 2002
- 피부질환 진단과 관리, 이은주, 김경영, 김은주, 황완균, 구민사, 2013
- 페이스 매뉴얼 트리트먼트, 임진숙, 최경임, 훈민사, 2009
- 화장품학, 김경영, 배유경, 이은주, 김수미, 김은애, 안선례, 메디시언, 2013

[저자 소개]

김 경 영 용인예술과학대학교 뷰티케어과 교수

이 은 경 용인예술과학대학교 뷰티케어과 교수

최신 피부관리학 (개정판)

2019년 10월 28일 (초판 발행)
(개정판) 2023년 2월 21일 (1판 1쇄 인쇄) / 2023년 3월 2일 (1판 1쇄 발행)
2025년 2월 28일 (1판 2쇄 인쇄) / 2025년 3월 5일 (1판 2쇄 발행)
지은이. 김경영, 이은경
펴낸이. 고범석 | 펴낸곳. 가담플러스. 서울시 마포구 동교로 144-7 영일빌딩
등록. 2014년 3월 18일 제 2014-000094호
E-mail. gadambooks@naver.com
www.gadamplus.com

ISBN 979-11-86447-51-2 93590 가격 **20,000**원